基于机器学习的物体自动理解技术

刘贞报　著

科学出版社
北京

内 容 简 介

本书用丰富的图示和实验，将物体的自动理解技术和机器学习的理论相结合，以实现物体的自动理解技术为主线，以机器学习的理论作为主要方法，结合实例逐步深入地介绍了机器学习相关理论。主要内容包括特征提取、三维网格分割、三维场景重建、三维模型功能性分析等，涵盖了目前常用的主流的各种学习方法。

本书结构紧凑，内容逐步深入，同时包含大量实验进行讲解说明。适合相关领域的本科生、研究生以及工程技术人员阅读。

图书在版编目（CIP）数据

基于机器学习的物体自动理解技术/刘贞报著. —北京：科学出版社，2016. 12
ISBN 978-7-03-051073-0

I. ①基… II. ①刘… III. ①机器学习–研究 IV. ①TP181

中国版本图书馆 CIP 数据核字（2016）第 307414 号

责任编辑：赵敬伟／责任校对：钟 洋
责任印制：张 伟／封面设计：耕者工作室

科 学 出 版 社 出版
北京东黄城根北街 16 号
邮政编码：100717
http://www.sciencep.com

北京京华虎彩印刷有限公司 印刷
科学出版社发行 各地新华书店经销
*
2016 年 12 月第 一 版 开本：720 × 1000 B5
2018 年 4 月第三次印刷 印张：15 3/8
字数：300 000

定价：98.00 元
（如有印装质量问题，我社负责调换）

前　　言

物体自动理解是室内机器人、无人驾驶汽车、无人飞行器面临的一项复杂课题。理解的任务在于，利用搭载的深度传感器、多视角相机、机载雷达等，主动识别场景中的物体，认识物体与物体之间的结构关系，明确场景中人作为活动对象与物体之间的交互作用。理解的实现方式为，将室内场景、外部道路周边环境、空间环境自动转换为物体标注，解析物体关系，建立人与物体的交互关系，重建三维环境。正确的场景感知可以实现自主认知和适应环境，有利于室内机器人室内定位和移动路径规划；有利于无人驾驶汽车实现在复杂道路上的安全自动驾驶；有利于无人飞行器实现空中搜救与环境监测等无人值守的全自动任务。

机器学习也是近年来的研究热点，在机器学习领域，各种新型的算法层出不穷。本书将物体自动理解与机器学习相结合，从多个方面对基于机器学习的物体自动理解技术进行了详细的介绍。

本书由以下几部分构成：

第一部分叙述了物体自动理解技术的概念和研究意义，详细阐述了本书的研究价值。

第二部分介绍了多种前沿的、有效的特征提取方法。针对图像的场景解析，本书提出了一种全新的深度学习框架，能够有效地进行结构化学习。设计了两套构建高层结构化信息的三维信息学习框架：基于环特征的学习框架和基于词包编码的特征学习框架。同时，提出了基于深度置信网络的三维形状高层特征提取方法，成功将深度学习方法应用于三维形状数据的理解中。

第三部分在分析研究主流三维网格分割算法的基础上，提出了两个新的基于多标准的三维网格评价度量手段，提供了一种更符合人类认知的评价方法，解决了网格分割标准不唯一的问题。同时，提出了一种基于凹陷区域探测和启发式快速行进二分类方法的三维模型自动分割算法，利用该方法提取三维模型的标准姿态，实现了对非刚性三维模型的检索。

第四部分在三维物体识别的基础上，进行了三维场景的重建。与传统重建技术有着本质区别，本书提出的三维重建方法不是简单地将深度相机获得的点云数据进行配准得到场景重建，而是对场景中的所有物体进行识别并与数据库中的模型进行匹配，实现了三维场景的语义重建。本书利用随机回归森林法从数据库中匹配出物体的最相似三维模型，并根据深度信息变换到场景中，得到单幅图像的模型重建，利用改进的迭代最近点方法进行数据配准，得到多幅图像之间的坐标变换，从而将单幅图像的重建结果融合到一个完整的场景。

第五部分对三维模型的功能性分析技术进行了介绍。功能性检测是最近几年才被提出来的三维模型理解方法，本书将以基于人体骨架的三维模型功能性分析为主，对该类方法进行详细的论述。通过将特定的模型与待检测的物体模型互相交互来判断某物体是否具有某项功能，进而找到该物体的功能位置；同时，采用基于舒适性的姿态调整方法生成人体模型，通过舒适程度的大小来判断当前人体模型的姿态合理性。

目　　录

第三部分　三维网格分割与模型检索

第四部分 三维场景重建

第五部分 三维模型功能性分析

第一部分　绪　　论

第1章 什么是物体自动理解技术

1.1 物体自动理解技术概念

本书介绍了一些前沿的基于机器学习的物体自动理解技术。所谓物体自动理解，广义上说，即在任意环境下识别任意物体。从计算机的角度来说，就是建立在对图像理解的基础上，通过对获取的图像数据进行处理和分析，让计算机能自动地把图像数据中的物体进行分类。物体自动理解是一个颇具挑战性的问题，是智能化信息处理的关键技术，相关研究成果已经应用于不同的领域，主要包括图像检索、视频监控、智能家居、机器人领域的目标寻找、避障等，具有重要的理论研究意义和工程应用价值。

理解的任务在于利用搭载的深度传感器、多视角相机、机载雷达等，主动识别场景中的物体，认识物体与物体之间的结构关系，明确场景中人作为活动对象与物体之间的交互作用。理解的实现方式为，将室内场景、外部道路周边环境、空间环境自动转换为物体标注，解析物体类别和关系，建立人与物体的交互关系，重建三维环境。正确的场景物体感知，可以实现自主认知和适应环境，有利于室内机器人室内定位和移动路径规划，有利于无人驾驶汽车实现复杂道路上的安全自动驾驶，有利于无人飞行器实现空中搜救与环境监测等无人值守的全自动任务。因此，根据不同应用需求，目前场景物体理解的工作可以划分为两类，室外和室内。室内场景与室外环境截然不同，效果无法移植，麻省理工学院 Quattoni 教授曾在研究中指出：许多物体识别模型在室外场景表现良好，但并不适用于室内[1]。相对于室外场景，室内场景通常包含更多照明变化、杂乱布置、遮挡、大小不同的物体。另外，室外场景元素 (如地面、天空、大海、绿地等) 无法变化外观，然而室内场景物体可变性较强。

本书将围绕室内复杂环境中的物体自动理解技术，以三维模型作为切入点，通过三维模型的特征提取、三维网格语义分割、三维模型的检索、三维场景的重建以及三维模型功能性检测等多方面对该技术进行了详细的论述。

1.2 研 究 意 义

随着智能时代的到来，机器人、无人机、自动驾驶汽车、智能手机等便携设备在民用和军事领域的应用越来越广泛，通过这些智能设备对环境做出环境感知，尤其是场景的解析，能够帮助其实现更高层次的功能。例如，实现无人机或者机器人的自主运行，自动寻着目标等；对于便携式设备可以实现智能导航、虚拟现实、智能战场等。如何利用这些设备对周围环境做出感知和认识是目前的研究热点之一，而这一切都源于场景识别、场景解析、物体识别、地图构建和定位 (SLAM)、场景的三维重建等技术的成熟。

在民用领域，自动驾驶汽车和机器人是主要的应用对象，如图 1-1 所示，目前美国的谷歌公司，德国的奔驰、宝马等知名公司已基本实现汽车的自动驾驶，但其缺点是使用较为复杂的传感器和计算设备，导致系统价格高、全天候运行能力差等。为克服这些问题，目前主要的研究方向是如何减少传感器的使用量，并提高其对环境的感知能力。例如，高精度、高实时性的行人、车辆、红绿灯、指示牌等的识别、判断等。预期到 2020 年左右，自动驾驶系统将成熟并实现商业化运作。

图 1-1　谷歌公司的自动驾驶汽车和其场景感知的示意图 (阅读彩图请扫封底二维码)

对于军事领域，应用较多的一类智能设备是无人机 (unmanned aerial vehicle，UAV)，如图 1-2 所示。目前无人机系统的智能程度和自主水平还比较低，无人机的控制方式主要以操作员遥控和预编程控制为主，这种控制方式无法应对高度不确定的环境变化，不能有效处理各种突发威胁。针对目前的技术水平，美国国防部《2009—2034 财年无人系统综合路线图》规划指出：无人机系统自主能力和鲁棒性的提高，能够改进对战场的感知，提高目标定位的速度和精度，增强生命力，扩大任务的灵活性，计划到 2015 年无人机系统将实现感知–规避能力，到 2034 年实现在线态势感知，具有完全自主能力[2]。因此场景的感知已成为目前学术界和工业界比较重要的一个研究方向。

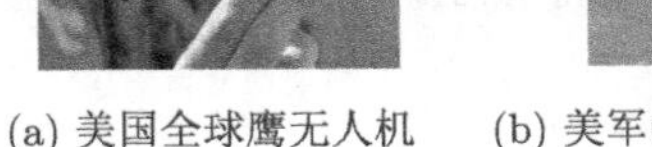

(a) 美国全球鹰无人机　(b) 美军的微型侦查无人机　(c) 本研究室制作的四旋翼微小型无人机

图 1-2　三种无人机

第二部分　特 征 提 取

第 2 章　三维模型概述

本书主要论述基于消费级深度传感器的室内场景物体自动理解技术，即物体自动理解是以三维数据作为数据源的。因此，我们首先对其数据源进行简单的介绍。

2.1　三维模型的起源与发展

随着科技水平的不断提高，现有的数据类型已经不能满足人们的需要，三维模型的出现，极大地丰富了可供选择的数据形式。三维模型能够保留物体丰富的曲面、颜色和纹理等信息，目前已经被广泛应用于图形领域、虚拟现实、多媒体、计算机视觉、娱乐、设计和制造等。

在建筑设计领域，通常会在施工之前，用三维软件仿制出建筑的构造图，进行受力分析和外观修正，确保建筑设计的合理和美观；在考古领域，三维模型技术被用来对损坏的文物进行修补；在娱乐方面，3D 电影早已进入普通人的日常生活中，带来了前所未有的观影感受，而 3D 游戏的产生，可以给玩家带来更加绚丽的操作体验。三维模型诸如此类的应用不胜枚举，由此看来，三维模型已经完全融入到我们的生活中，成为不可或缺的一部分。

三维模型领域发展最迅速的当属 3D 打印。3D 打印技术出现很早，最早能够追溯至 20 世纪末期，这项技术的基本原理是将粉末状的材料作为打印对象，按照分层打印的方式来生成物体。最初的 3D 打印技术只能用于一些简单模型或模具的制造，图 2-1(a) 中展示了一个 3D 打印的汽车模型外壳。但经过最近几年的发展，3D打印技术有了很大的提高，可以进行许多复杂产品的生产制造，图2-1(b) 中

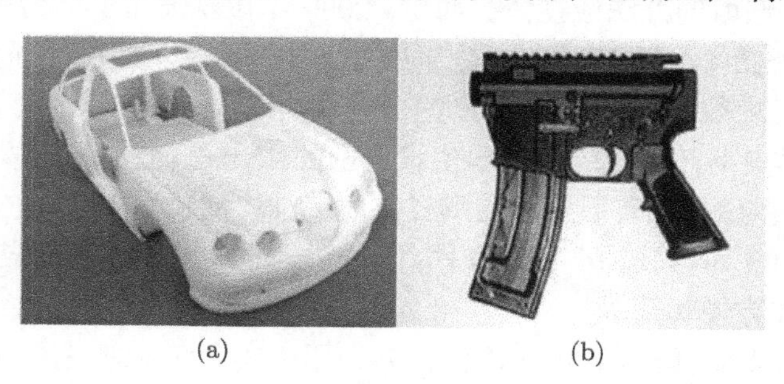

(a)　　(b)

图 2-1　3D 打印产品

展示了一款由 3D 打印技术制造的机枪。3D 打印技术的进一步发展，会使得三维模型的制造变得非常容易。

在三维模型广泛应用的背后，是与三维模型相关的许多技术的突破性进展，越来越多的三维模型被更加容易地设计和制造出来。

2.2　三维模型的获取与存储

目前，人们获得三维模型的方法越来越多样化，许多公开的模型库，如 Google 3D warehouse 等三维模型数据库，包含的模型也越来越丰富。另外，三维模型扫描技术已经愈加成熟，所使用的设备也愈加易于上手使用。还有各种三维模型的设计软件，其功能也变得愈加强大，使用界面也愈加简单易用。

2.2.1　常见三维模型获取方式

扫描式和软件生成是目前应用较为广泛的两种三维模型获取方式。

常见的三维模型扫描设备有接触式与非接触式之分，所谓接触式测量即通过物理上的触碰来获得物体的形状信息，该扫描方法的精度极高，对于物体的某些复杂区域可以重复探测，且不受被扫描物体的颜色和外界环境的影响，但是该扫描方法的探测过程极为复杂，硬件要求较高，还有可能损坏物体，而且应用范围受到了很大限制，多为工业应用，人们常用的扫描对象 (包括人体) 都无法使用该方法进行扫描。非接触式测量是近年来随着多媒体处理技术的发展而出现的一类技术，这类技术利用电磁波或者声波的反射原理判断扫描探头与被扫描物体之间的距离关系，不再需要物理上的接触，然后利用三维模型的对齐技术或者陀螺仪定位系统计算扫描探头的位置变动情况，进而通过特定的算法将获得的各个部分融合成一个整体，根据扫描探头使用的原理不同，可分为光学测量、电磁测量和声学测量等几大方向。非接触式扫描技术与接触式扫描技术相比虽然扫描精度较低，但是简单易用得多，一些接触式扫描难以处理的物体使用该方法可以较好地扫描。在具体的扫描过程中，选取的方法应视情况而定。2009 年微软发布了名为 Kinect 的首款 RGBD 设备，如图 2-2(a) 所示，它是一个 3D 体感摄影机，可以通过多种简单方便的方式得到三维数据，由于 Kinect 的价格较为低廉，在实际中可以进行大量的应用。德州大学奥斯汀分校的几个学生设计出的 LynxAcamera 立体照相机，如图 2-2(b) 所示，可以像操作普通照相机那样完成三维模型的渲染，这些捕获到的三维模型可直接在 3D 建模软件中进行操作。这些 RGBD 设备的广泛应用，使得三维数据的获取更加方便和简单。

随着计算机多媒体技术的快速发展，各种用于绘制和处理三维模型的软件，如 3Dmax，Google Sketch Up 等，也日臻完美，一些复杂的人的大脑都难以想象的物体或者是只有几张从不同角度拍摄的某个物体的照片，这类软件也能够较为完美地生成对应的三维模型，给人们带来了空前的便利。同时，这类软件让人们在处理一些现有的三维模型，例如对模型进行拉伸变形等操作时更加方便，也能获得更好的更合理的效果。

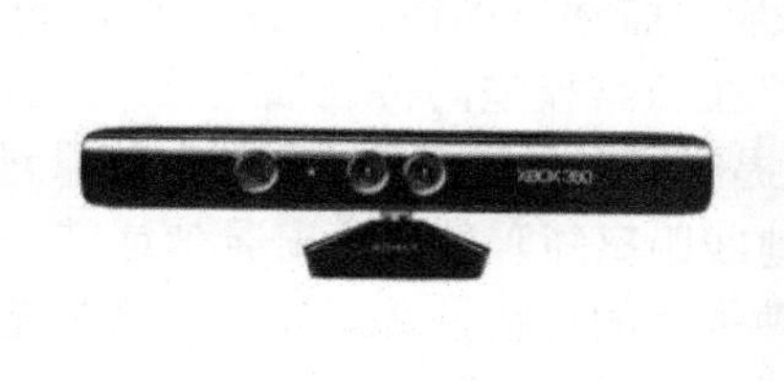

(a) Kinect

(b) LynxAcamera

图 2-2 RGBD 设备

2.2.2 三维数据的存储

通过各个途径获得的三维模型用特定的方法进行保存，一般来说有点云模型和面模型两种保存形式。非接触式扫描模型常用的保存形式为点云模型，即只保存了物体上各个扫描点的坐标信息，将这些点按其坐标值出现在一个场景中，可以大致表现出所扫描物体的空间形态，点的密度越高，表现效果越好。面模型是将扫描所得的点云模型中的相邻点按一定的规则连成多边形，各个多边形之间按照不同的大小和连接关系，可以表现出极为复杂的形状。由于三角形的稳定性，所以三角网格的效果最好。同时由于面信息的使用，三维模型可以表现出颜色等高层次的特征，使其表现的形式更加丰富，在现实中的应用范围也更加广泛，这类模型多由三维软件直接生成，或者是由三维点云模型按照一定的计算方法重建出来的。

2.3 国内外三维模型特征提取的研究现状

无论是点云模型还是面模型，其所包含的信息都较为抽象，难以直接使用，因此，如果我们要使用三维模型，需要从三维模型中提取一些具体的信息即特征，来进行使用。

10 多年来，三维模型的研究发展极快，取得了巨大的进步，各种三维模型的研究方法被纷纷提了出来，这些方法多数都与三维模型的特征描述相关，文献 [3] 整理出一些早期三维模型研究工作中常用的特征描述符，文献 [4] 和文献 [5] 则是一些较新的研究进展。

根据特征表达的不同层次，三维模型数据的特征描述方法可以大致概括为两大类：全局特征描述子和局部特征描述子。

全局特征描述子考虑的是三维模型整体的形状特点，是从全局角度对三维模型进行的特性表达。早期的一些研究成果包括欧氏距离分布、球面谐波特征描述符等。三维形状的测地线距离有一个内在的特性，就是它的值对于三维模型的关节形变是具有鲁棒性的，因此是一种生成特征描述符的很好选择。文献 [6] 提出使用三维模型测地线矩阵的第一特征值来产生三维模型的特征描述符，按照这种方法得到的特征具有等容不变性。文献 [7] 提出了一种类似的方法，它的原理是基于测地线距离矩阵的谱分解，同样利用测地线距离矩阵的最大奇异值或特征值来进行三维模型特征描述符的构造。另外一种类型的特征描述子设计策略是充分考虑三维数据的全局拓扑连接关系，将高维度的曲面信息转化成等价的低维度数据形式。例如，文献 [8] 提出三维模型的骨架描述方法，利用三维模型的骨架匹配辅助三维模型的检索，这种方法能够对模型的刚体变形保持不变性，对非刚体变形具有很强的鲁棒性。文献 [9] 提出了利用归一化的混合距离函数将一个三维模型转化为 Reeb 图，通过图结构的匹配计算完成三维模型的检索。Reeb 图的特点是它只包含一维的图结构信息，能够简化模型检索的过程。另一种可以获得三维模型全局特征的策略是基于三维形状的视角图像，它按照一定的视角选择规则，将三维形状数据转化为多个低维度的视角数据。大多数基于视角的三维模型分析方法对视角位置的选择有很大的依赖，为了解决这种问题，文献 [10] 提出与视角位置选择无关，利用任意角度获取的图像进行三维模型的分析方法。

与全局特征描述子不同，三维模型的局部特征能够捕获局部区域内的几何特性，这些独特的局部特性是三维模型的重要标志，能够与其他三维形状区分开来。一项比较早且有代表性的工作是 spin image[11]，已经被广泛应用于三维模型的检索之中。文献 [12] 提出使用了三维的 Harris 角点检测器检测三维形状上的兴趣点，以此来完成三维模型的检索工作。这种方法可以看成是二维的 Harris 检测器的扩展。类似地，二维图像领域的 Surf 特征也被扩展到三维领域，在文献 [13] 中被用来完成三维模型的分类和检索。这些不同的三维模型特征描述方法，极大地促进了三维模型的分类和检索的精度，为三维模型的广泛应用奠定了坚实的基础。

本书主要介绍通过机器学习的方法来进行的三维模型特征提取技术。

第 3 章　基于二维图像的特征提取

由于类似于 3D 打印、RGBD 设备等技术的不断发展以及大量在线的三维模型数据库的不断扩大与完善，三维模型的数量达到了爆炸式的增长。针对此种情形，为了实现三维模型数据更为高效的存储、查找和二次使用，对模型的匹配、分类和查找等操作提出了更高的要求，为了有效准确地完成上述任务，就要对三维模型数据进行有效的分析与理解，获取到三维模型高效的特征表达。但目前现有的三维模型描述特征多为人工设计，虽然在一定程度上可以进行三维模型的表达，但仍不能取得令人满意的效果[14]。因此，如何设计出能够生成三维模型更具表达能力特征的算法，从而促进三维模型数据识别、检索、匹配等任务的精确进行，是亟待解决的问题。

深度学习[15] 能够对原始输入数据进行多种不同程度的逐级抽象，得到原始输入的阶层式表达。它的最大优点是不需要进行人为的特征设计，可以直接从输入数据中学习到它的高层特征。由于深度学习算法所具有的这些优良特性，它已成为机器学习领域内最引人关注、成果最为卓越的方向。将深度学习方法应用于三维模型的分析之中，以获取到三维模型更为有效的特征描述，是本书介绍的主要内容。

在介绍基于三维模型的深度学习方法前，我们先来了解更为基础的基于二维图像的深度学习方法。

3.1　深度学习的出现和发展

人类在进行场景感知时，需要处理大量的视觉数据，总能以一种灵巧的方式获取值得注意的重要信息。模仿人脑那样高效而准确地获取并分析信息一直以来是人工智能研究领域的核心挑战。环境认知技术使智能设备具备信息收集和环境认知能力，能够自主感知、识别、理解其所处的环境，是智能设备系统实现高层次自主的基础。借鉴人类认知过程突破认知信息处理技术，对智能设备的发展极为重要，需重点解决以下问题: 人类生物视觉的环境认知机理、仿生物视觉的目标识别、复杂环境认知算法、基于认知的学习和推理方法、高效的环境建模手段等。

神经科学研究人员结合解剖学知识探索发现了哺乳类动物大脑表示分析信息的方式：通过分析感官信号从视网膜传递到前额大脑皮质再到运动神经的时间统计，推断出大脑皮质并没有直接对数据进行特征提取处理，而是将获取的刺激信号通过一个复杂的层状网络模型，进而挖掘观测数据的内在规则[16]。人脑没有直接将外部数据投影到视网膜上，而是先经过聚集和分解处理来识别物体。因此视皮层的功能是对感知信息进行特征提取和计算，而不是仅简单地投影图像。人类感知系统中这种明确的层次结构根据获取的不同信息极有效地提取出不同层次信息。对于要提取具有复杂结构规则的自然图像、视频、音乐和语音等结构丰富数据，通过深度网络学习能够获取其本质特征。

受大脑分层次处理信息的启发，神经网络研究人员一直致力于多层神经网络的设计和研究。如图 3-1 所示，从原始信号的摄入 (瞳孔摄入额图像)，接着做初步的处理 (大脑皮层中部分细胞感应原始信号的边缘和方向)，然后抽象 (眼前的物体是圆球状等)，最后进一步分析 (该物体是一个气球)。人类的这种分级认知机制，从机器处理图像角度来看是一种从低级特征提取到高级特征提取的过程。因此，实现机器像人类一样认识场景，图像的特征提取至关重要。如果想要模拟人类视觉系统的分层学习机制，则需要经验丰富的算法设计工程师根据不同的需求，设计出不同层次的特征提取方法，工作量很大并且缺少泛化能力，所以深度网络的设计以及参数自学习算法起到了关键作用。

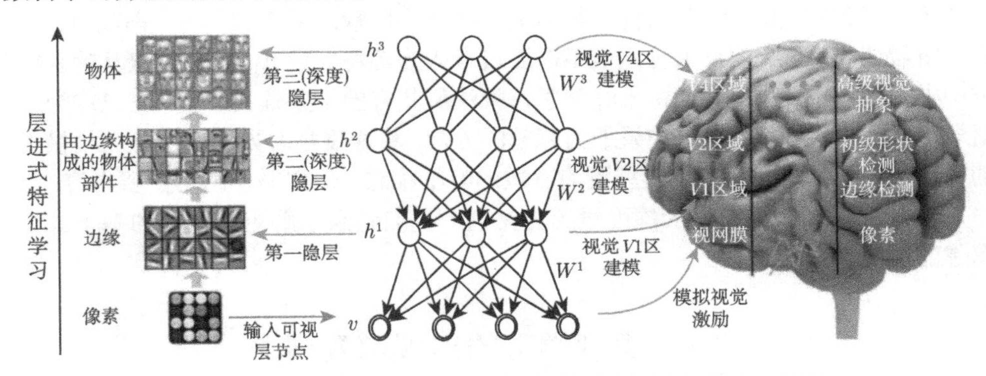

图 3-1　大脑认知和深度网络的关系 (阅读彩图请扫封底二维码)

深度学习的模型于 20 世纪 90 年代被提出，典型的如包含多个隐层的感知器模型 (MLP)[17]。前期很多研究者专注于研究多层网络模型，因为多层网络具有更加丰富的表达，能够表示更加复杂的函数模型。由于一些新型网络结构的出现以及几种有效学习算法的发明，神经网络成为国内外众多学者研究的热点[18]。Back-Propagation 算法作为经典的梯度下降法，采用随机初始化网络参数对网络进行训练，但是由于网络是一个含多个极小点的非线性空间，搜索方向需要使得网络整体能量减少，随着网络层数的增加，网络的残差值将会变得非常低，所以此时经常容易收敛到局部最小。1989 年，Yann LeCun 利用卷积神经网络进行手写数字识别的研究，并利用反向传播算法训练出了名为 LeNet-5 的卷积神经网络[19]。然而之后，大量的实验和理论分析证明该算法并不适合用来训练具有多个隐层结构的深度网络。此原因是阻碍深度学习发展的一个关键因素。

由于对于含有多层的网络模型，很难找到一个比较有效的方法成功地训练一个多层网络模型，因此很多研究者将更多的注意力集中到浅层神经网络的设计。浅层网络的共同点是只包含简单结构用来将信息源转变到特定的问题空间。经典的浅层神经网络 (neural network, NN)[20] 有隐马尔可夫模型 (HMM)、最大熵模型 (MaxEnt)、条件随机场模型 (conditional random field, CRF)、支持向量机 (support vector machine, SVM) 等。但是相对于这些浅层模型，深度网络模型通过组合底层特征学习获得了更加高层抽象的表达。

随着智能时代的到来，这些浅层模型已经不能满足对海量数据处理分析的要求，为了能够对海量的数据进行有效的建模，需要包含多层非线性变换的深度模型探索数据之间的复杂函数关系。

深度学习的前身是神经网络。多年来，神经网络研究人员一直致力于多层次神经网络模型的训练研究，但很少取得成功，大多数的神经网络模型只有两到三层[21]。这一问题在 2006 年取得了重大突破，多伦多大学的 Hinton 等提出了一个非监督贪心逐层训练算法——深度置信网络模型 (deep belief network, DBN)[22]，并给出了一种自底向上对网络参数进行逐层预训练的贪婪算法，这种方法每次只训练网络结构中的一层，然后利用有标签的数据对参数进行微调，这种方法可以有效地对多层的前馈网络模型进行预训练，解决了优化深层网络的难题，深度学习的概念由此诞生。在此之后，各种深度学习方法被不断地提出来。文献 [23] 提出了自编码器方法，这是另一种无监督学习的深度网络模型，它利用数据本身作为要学习的对象，期望学习到数据中所蕴含的普遍规律。Salakhutdinov 和 Hinton 于 2009 年提出了深度玻尔兹曼机 (DBM) 的学习算法[24]，在全世界引发了关于深度学习的研究热潮。斯坦福大学的 Honglak Lee 等于 2012 年提出了卷积深度置信网络 (CDBN) 的模型，将卷积的特征提取方法与深度置信网络模型结合起来，取得了更好的性能。

此外，Lecun 等提出了卷积神经网络 (convolutional neural network, CNN)，它利用卷积操作在获得空间相对关系的同时减少参数数目以提高 BP 训练性能。随着深度学习理论的不断发展，深度学习方法在实际中的应用也越来越多。同时出现了很多新的深度学习技术，例如去噪自动编码器、DCN、sum-product、RNN 等。2012 年，Alex 等利用卷积神经网络设计的算法在 Imagenet 图像识别竞赛中取得了巨大的突破[25]，在后续图像各方面的研究中，这种类型的卷积神经网络都已经被广泛采用。而在声音识别领域，百度公司采用深度学习方法研发出的语音识别系统 Deep Speech，即使在各种复杂的环境中，也能取得非常好的识别效果。在自然语言处理领域，另一种网络结构形式的深度学习模型 RNN，已应经在机器翻译、文本解析等方面取得了非常大的进展。

3.2　深度学习原理概述

作为机器学习领域的一个分支，深度学习近年来已成为机器学习中成果最为丰硕、关注度最高的一个方向，在诸如图像识别、图像的语义分析、语音识别以及广告搜索与 CTR 预估等机器学习的传统领域，都取得了巨大的突破。深度学习已成为机器学习的前沿阵地。

深度学习是对脑神经系统进行模仿，得到可对各种信息解释的数学模型[26]，是机器学习领域中的一些尝试在多个层次中学习的算法，其中的多个层次对应于不同层次的抽象，通常应用人工神经元网络。这些学习到的统计模型对应于一些层次区分明显的概念，其次较高层次的概念定义在较低层次的概念上，并且同一底层的概念能够帮助建立高层概念。深度学习用来从海量数据中自动学习数据之间的非线性关系，其中一个重要的问题是怎样有效地学习这些关系。在建立模型时，如果能够引入一些更为一般的先验假设去表示输入数据的关系或者分布，将会增加算法的智能化程度。Bengio 总结了深度学习中一般的先验性假设包括：连续性、多因素性、分层组织、半监督性学习、特征共享、流行学习、天然聚类、空间时序列一致性、稀疏性、因素依赖简单性。深度学习的模型类似于生物分层视觉机制，因此从宏观角度可以解释深度学习在自然语言处理、图像分析、基于统计模型的信号处理等方面之所以获得很好的应用的原因。近 10 年来的发展，深度学习的模型种类繁多[17]，包括卷积神经网络 (CNN)，深度置信网络 (DBN)，深度自编码器 (deep auto-encoder，DAE)，深度稀疏降噪自编码器 (deep sparse de-noise auto-encoder，DSDAE) 等。

与现有的机器学习算法相比，深度学习算法更加突出了从数据中自动学习特征的重要性和模型结构的层次化以及网络的深度，下面详细阐述这两方面的差异。

3.2.1　深度学习与特征学习

对于一个机器学习问题来说，通常需要以下几个步骤进行处理：

(1) 底层信息的感知。比如图像、声音的获取，三维模型的构建等，这是所有机器学习问题的基础，只有获得了数据，才能够用算法进行处理，获得目标信息。

(2) 信息的预处理。通常直接获取到的信息都存在一些噪声，需要用特定的方法进行去噪，或者为了简化问题的处理方式，对原始的数据进行精简，以适应特定算法的要求。

(3) 特征提取。对于一个机器学习问题来说，原始数据中通常只有少量的信息是有价值的，经过预处理步骤后，依然含有非常多的无用数据。如何从大量的数据中，获取到对于解决机器学习问题最有价值的信息，便是特征提取的作用。为此，针对实际应用中遇到的不同问题，人们设计了不同的特征生成方法，这些精心设计的特征在一定程度上反映了原始数据的一些特性。

(4) 特征选择。是指在不影响效果的前提下，从数据集中挑选部分代表性的特征来降低数据维度、减少噪声干扰。

(5) 推断、预测、检索等任务。在获取到输入数据的特征后，利用相应的机器学习方法便可以完成不同的学习任务，比如文本分类与分析、声音判别、三维形状分析等。

在上述的整个流程中，获取原始输入数据的特征表达是一个至关重要的问题。所有机器学习问题的解决都依赖于特征的选取，都要以特征作为输入，只有在得到原始数据的特征表达之后，才能进行匹配、识别等任务。

传统的特征提取方法是针对不同的机器学习问题人为精心设计的，这样得到的特征虽然在一定程度上能够反映数据的特性，但仍有很大的局限性。第一，特征的设计需要大量的专业知识，比如对于图像数据来说，好的特征要能够反映图像中最为显著的特性，但如何描述图像中的显著特性，则要求特征设计人员具备图像领域的专业知识以及图像操作经验；第二，人为手工设计的特征通常是缺乏语义信息的，一个含有语义信息的特征更能反映出原始数据的本质特征。

生物科学研究发现，人类大脑的视觉器官是按分层的方式对信息进行处理的(图 3-2)，不同类型的层具有不同的功能，这种结构一方面保留信息中的有效部分；另一方面对无效信息有滤除作用，这种机制极大地降低了信息处理的数量。

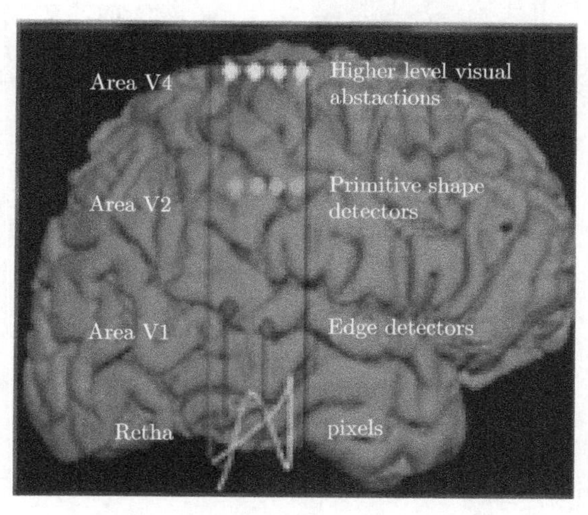

图 3-2 视觉系统的信息分级处理 (阅读彩图请扫封底二维码)

受大脑分层次结构的启发，深度学习使用堆叠若干个简单的处理单元用于输入数据的自动特征提取。这种形式的特征学习方法是基于分布式表示的假设：观测数据是由多个因素在不同层面上相互作用而生成的[27]。在深度学习框架中，每个隐藏层的激活值都能够看成是原始数据的特征描述，是一个逐层特征提取的过程。框架中的每一层使用前一层提取到的特征描述作为输入，然后计算新的特征描述作为该层的输出，按照这样的规则依次传送到框架中更高的层次，这个过程相当于进行自动的特征提取[28]。

在深度学习模型中，不同的层次代表了不同尺度上的特征表达，位于较低层的结构可以反映数据的细节信息，而较高层的结构则反映了数据的全局信息，这些不同抽象程度所得到的特征，具有非常强大的表示能力，而且包含有非常丰富的语义信息。如图 3-3 所示，由大量图像数据训练得到的一个深度学习模型，将其可视化出来可以发现，第一层可以检测到各种方向的边缘信息，第二层可以检测到物体的各种局部信息，第三层则可以反映出完整物体的轮廓信息。

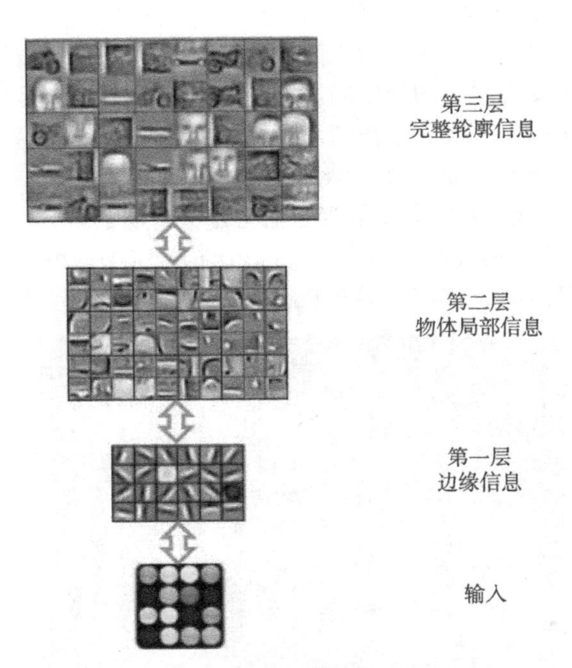

图 3-3　深度学习特征抽象示意图

3.2.2　深度学习和浅层学习

在深度学习概念出现之前，浅层学习方法一直是机器学习领域的主流。在机器学习的发展过程中，产生了许多优秀的浅层学习方法，比如逻辑斯蒂回归模型 (LR)、高斯混合模型 (GMM)、最大熵模型 (MaxEnt)、Boosting 方法、支持向量机等，这些浅层的机器学习模型由于其理论简单、易于实现等优点，被广泛地应用于数据分析中[29]。

但是，由于浅层学习方法的模型结构非常简单，它对比较复杂的数学函数的模拟和表达能力十分有限，泛化能力不足。对于一些复杂的数据形式，比如图像、声音、文本、三维模型等，浅层模型不能挖掘出反映其本质属性的特征。与此形成鲜明对比的深度学习具有强大的描述能力，研究表明，合理设置网络结构的层数和每一层中的节点个数，可以对任意的数学函数进行近似[30]。因此，深度学习可以完成对许多复杂数据形式的建模。

深度学习方法与浅层机器学习方法的最大差异为：①深度学习方法更加重视所定义模型的深度和网络结构的层次性。深度学习模型通常有较多的层数，许多实际应用中的深度学习模型都有 10 多层的结构，VGG 甚至已经成功训练出了具有 21 个隐层单元的模型[25]，而浅层模型则不具备这种层次性。②深度学习的目的是学习到表达能力更强的特征。而对于浅层学习方法而言，特征学习则不是其根本目的，许多浅层学习方法主要是用来进行分类和识别的，比如支持向量机和逻辑斯蒂回归模型，需要以人工设计的特征作为输入。

随着互联网的不断普及，越来越多的数据被产生，数据中蕴含的价值也不断被提及，我们已经进入了大数据时代。在进行大数据分析时，利用简单的线性模型在某些情况下可以获得比较好的效果，但是毕竟浅层模型的表达能力非常有限，还有很多隐藏在数据中的信息没有被完全挖掘出来。由于深度学习方法所具有的优良特性，它非常适合对于海量数据的处理，从大量的数据中提取出有意义的信息。作为人工智能最基本的任务，语音识别、图像识别、自然语言处理等都需要对大数据进行处理，因此，深度学习已成为大数据处理的重要工具。此外，许多深度学习算法都是无监督的，比如深度置信网络模型和自编码器模型，这使得这些算法能够自然地应用于无标签数据，由于对数据进行标注需要耗费大量的人力物力，实际应用中无标签数据是普遍存在的，这也是深度学习算法的一大优势。

近年来，计算机视觉作为人工智能的一个重要技术分支已经取得了快速的发展。图像解析作为一项复杂的高层视觉任务，不仅需要从图像中检测和分割出物体，还需要识别分割出来的物体分别属于哪个类别，因此图像解析在智能时代具有相当广泛的应用。对于图像来说，实现图像解析的手段就是给图像中每个像素尽可能打上对应正确的标签。不同于图像解析，图像分类技术近几年已经取得重大突破。图像分类通常假设物体是固定在图像的中心区域的并且具有相同的尺度，正因为如此，图像分类并不存在物体的定位问题。但是，对于现实复杂的世界，拍摄的图像中往往有多个物体、多个目标，所以图像解析是一个多标签的分类问题，同时关注独立物体的定位和识别，这极大地增加了该工作的难度。最近的研究表明两个关键点影响图像解析的结果，一是提取优秀的图像特征表达；二是结合图像中不同物体之间的空间位置关系推理识别独立物体的所属类别。

对于图像的特征提取，现如今已有很多研究者提出了许多优秀的特征。例如，Gist[31]、HoG[32]、SIFT[33]、SURF[34] 等。尽管这些特征在大量的视觉应用中取得了很好的效果，但是它们只有有限的表达能力，不具备广泛的应用。而且这些特征是基于丰富的先验知识设计得到的，增加了改良特征的难度。为了克服以上问题，基于深度学习的特征学习方法被提出并迅速应用于计算机图像处理、自然语言处理等领域。卷积神经网络 (CNN) 作为一种深度学习算法，推动计算机视觉领域的多个技术进入新的研究高度，如图像分类、物体检测、细粒度分类等。CNN 的成功主要来源于三个方面：首先，该网络模型可以从输入数据中自动学习其丰富的特征表达，有效避免了人工设计带来的特征选择等问题；其次，CNN 具有深度网络结构，相比较支持向量机 (SVM) 和神经网络 (NN) 等一些浅层模型，拥有非常强大的探索输入数据的非线性关系的能力；最后，CNN 模型中的卷积操作能够有效应对图像局部变形的问题，增强了输出特征的鲁棒性。

尽管该 CNN 有如此强大的能力，但是当其应用于场景解析时，仍然存在两个问题：信号降采样问题和相对较弱的空间关系描述。第一个问题主要来源，标准 CNN 的每一层需要不断地进行最大池化和降采样的操作，这使得语义分割时不能获得精准的轮廓，从而降低分割效果。第二个问题来源，完成高质量的解析需要对全局和局部区域空间变形具有很强的鲁棒性，而这影响了 CNN 的空间表达。为了解决这类问题，大部分工作是将条件随机场模型 (CRF)[35] 和深度学习方法[36-38] 结合起来，但是这些工作的本质是用 CRF 模型去对标签问题进行建模，并将该问题视作一个概率推理模型。CRF 可以用来优化标签和图像的分割边缘，很好地引入空间推理关系，弥补了 CNN 的缺憾。Farabet 和 Kae 等[39,40] 在这方面做了很多工作，极大地增强了深度学习的推理能力。本书在此思想的基础上提出了全新的网络框架：内嵌推理深层网络 (inference embedded deep network，IEDN)[41]，用来对图像像素贴上合适的标签。

3.3　基本的前馈神经网络模型

3.3.1　网络结构

典型的神经网络模型的基本结构是感知机。感知机被提出于 20 世纪 60 年代左右，是一种线性二分类模型。感知机中包含一个激活函数，用来确定输入样本的所属类别。如图 3-4 所示，设感知机的输入数据为 x_1，x_2，x_3，则感知机的输出结果为

$$h_{w,b}(x) = f\left(\sum_{i=0}^{3} w_i x_i + b\right) = f(w \cdot x + b) \tag{3-1}$$

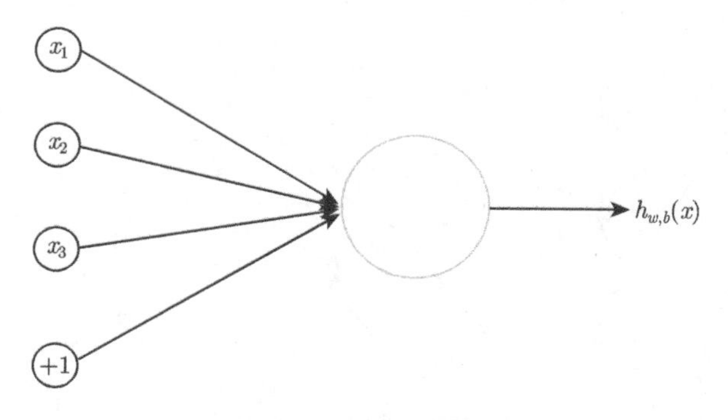

图 3-4 感知机模型

式中，w 为图中边的连接权重；b 为偏置参数；函数 $f(\cdot)$ 被称为激活函数。图 3-4 中 “+1” 的圆圈被称为偏置节点。激活函数和权值向量将输入数据向量映射到了单一的标量输出值，感知机输出值的取值范围可以通过激活函数的适当选择来确定。常见的节点激活函数有以下几种形式：

sigmoid 函数

$$f(x) = \frac{1}{1+\exp(-x)} \tag{3-2}$$

双曲正切函数

$$f(x) = \frac{\mathrm{e}^{x} - \mathrm{e}^{-x}}{\mathrm{e}^{x} + \mathrm{e}^{-x}} \tag{3-3}$$

ReLU 函数

$$f(x) = \max(0, x) \tag{3-4}$$

其中，ReLU 激活函数符合人脑对于事物的认知形式，并在一定程度上可以增加隐层单元的系数程度，且易于求导，因而在近期的深度学习模型中应用较广。

感知机有一定的信息处理能力，它将样本空间通过分类超平面划分为两个区域，因此是一种判别式的线性分类器。

如果将感知机模型当成人脑中的一个神经元，让每个感知机模型仅完成单个的特征识别任务，将许多类似的感知机模型组合在一起，就能构建出表达能力很强的非线性分类器，这种非线性分类器能够对任意复杂数据进行处理。按照上述思想，可以设计出典型的神经网络模型，图 3-5 展示了一个 4 层的前馈神经网络。

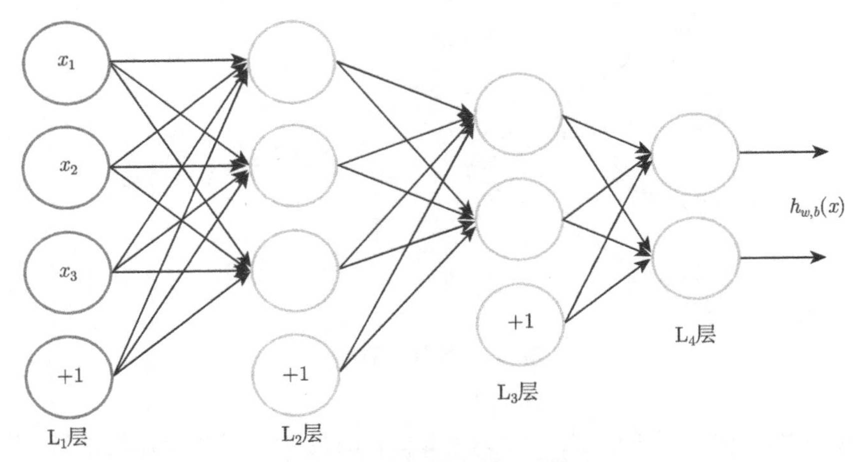

图 3-5　前馈神经网络示意图

前馈神经网络第一层是输入层，用以接受样本数据；最后一层是输出层，在分类任务中，最后一层可以给出每个样本所属的类别。

3.3.2　前馈神经网络参数的求解

前馈神经网络参数的求解整体上采用梯度下降法，这是一个逐步迭代直至收敛的过程。在每轮迭代时，首先将训练样本数据进行一次前馈传播，得到神经网络的输出值，然后根据输出值与样本数据的标签计算出网络的损失，求出网络损失相对于每一个参数的梯度值，利用梯度下降法从输出层开始逐层逆向修正网络权值，每一层神经元的权值更新都必须依赖上一层的权值计算结果，在这个过程中，网络中的残差是自上而下传播的，因此这种算法被称为残差反向传播算法。

设数据集 $T=\{(x_1,y_1),(x_2,y_2),\cdots,(x_m,y_m)\}$，对于某一数据点 (x,y)，经前向传播后，其损失为

$$J(W,b;x,y)=\frac{1}{2}||h_{w,b}(x)-y||^2 \tag{3-5}$$

式 (3-5) 属于平方误差损失函数，实际中可根据需求自定义损失函数。对于一个含有 m 个样本的样本集，定义其整体损失函数为

$$J(W,b)=\frac{1}{m}\sum_{i=1}^{m}J(W,b;x^{(i)},y^{(i)}) \tag{3-6}$$

式 (3-5) 和式 (3-6) 中，W 为神经网络的权值矩阵；b 为偏置矩阵；$J(W,b;x,y)$ 为根据每一个样本计算得到的平方损失函数；m 为样本个数；$J(W,b)$ 是整个训练样本集的损失函数。

在分类和回归问题中，会经常采用式 (3-6) 所定义的损失函数，在分类问题中，y 为样本的真实标签。

在计算网络参数之前，第一步要将每一个权值和偏置都初始化为接近于 0 的随机数 (例如，使用高斯分布 $\text{Normal}(0,\varepsilon^2)$ 产生的随机数，其中 ε 的取值为 0.01)，然后对网络的整体损失函数采用梯度下降法求解最优值。由于损失函数 $J(W,b)$ 是非凸的，并不一定能求出全局最优解。但在实际应用中，通过采取其他一些措施，梯度下降法可以取得令人满意的结果。不能将网络中的参数值全部设置为 0。因为如果将神经网络中的所有权值和偏置的初始值设置为同样的值，那么每一个隐藏层节点最终会得到与输入数据相关联的、一样的函数，采用随机初始化的目的是防止对称作用致使网络失效。标准的梯度下降法是按照式 (3-7) 对参数值进行迭代更新的：

$$W_{ij}^{(l)} = W_{ij}^{(l)} - \alpha \frac{\partial J(W,b)}{\partial W_{ij}^{(l)}} \tag{3-7}$$

$$b_i^l = b_i^l - \alpha \frac{\partial J(W,b)}{\partial b_i^l} \tag{3-8}$$

式 (3-7) 和式 (3-8) 中，$W_{ij}^{(l)}$ 代表 l 层的第 j 个节点与 $l+1$ 层的第 i 个节点之间边的权重值；b_i^l 代表第 l 层的第 i 个神经元的偏置值；α 代表学习率。式 (3-7) 和式 (3-8) 中的关键是导数的计算，如果能够求出单个样本的损失相对于模型中每一个参数的一阶导数，根据式 (3-6) 就能求出整个训练集的偏导数。实际操作时采用反向传播算法[20] 来计算单个样本代价函数相对于网络参数值的权重。

反向传播算法的思想可以归纳为对于一个给定的样本 (x,y)，进行前向传播，按照初始设置的网络权值参数，计算出网络结构中每一个节点的激活值以及最后一层的输出值。然后，对与第 l 层的每一个神经元 i，计算其残差值，记为 $\delta_i^{(l)}$，这个残差值反映了该神经元对神经网络最终输出值的残差有多少贡献。对网络中最后一层的节点，直接计算其激活值与样本数据标签之间的差，并将这个差定义为 $\delta_i^{(n_l)}$(式中第 n_l 层为网络的最后一层)。对于每个隐藏层节点，利用下一层全部节点残差的线性组合计算 $\delta_i^{(l)}$，这些节点以 a_i^l 作为输入值。下面列出了该算法的详细步骤：

(1) 利用输入数据进行前向传播计算，得到神经网络中每一个节点的激活值；

(2) 按照式 (3-9) 计算 n_l 层 (网络中的最后一层) 中每个节点的残差值

$$\delta_i^{(n_l)} = \frac{\partial}{\partial z_i^{(n_l)}} \frac{1}{2} ||y - h_{W,b}(x)||^2 = -\left(y_i - a_i^{(n_l)}\right) \cdot f'\left(z_i^{(n_l)}\right) \tag{3-9}$$

式 (3-9) 中，$z_i^{(n_l)}$ 为 n_l 层第 i 个节点的输入值，f 为激活函数；

(3) 对于 $l = n_l-1, n_l-2, n_l-3, \cdots, 2$ 的各个层，第 l 层的第 i 个节点的残差计算方法如下

$$\delta_i^{(l)} = \left(\sum_{j=1}^{s_{l+1}} W_{ji}^{(l)} \sigma_j^{(l+1)}\right) f'\left(z_i^{(l)}\right) \tag{3-10}$$

式 (3-10) 中 s_{l+1} 代表第 $l+1$ 层的节点个数；

(4) 根据链式求导法则与式 (3-9) 和式 (3-10) 的残差公式，计算出单个样本的偏导数为

$$\frac{\partial J(W,b;x,y)}{\partial W_{ij}^{(l)}}=a_j^{(1)}\sigma_j^{(l+1)} \tag{3-11}$$

$$\frac{\partial J(W,b;x,y)}{\partial b_i^{(l)}}=\sigma_j^{(l+1)} \tag{3-12}$$

求出单个样本的代价函数相对于各个参数的偏导数后，根据式 (3-6)、式 (3-11) 和式 (3-12) 便可求出整体代价函数的偏导数，然后根据式 (3-7) 和式 (3-8) 进行迭代，最终即可求出神经网络的参数。

3.3.3 神经网络存在的问题

神经网络理论在 20 世纪 80 年代就已经被提出，虽然具有强大的数据建模能力和表示能力，但在很长的一段时间内，并未被广泛使用，究其原因，是因为神经网络模型存在着许多的问题，使得训练一个层数较多且有效可用的模型十分困难。

(1) 当神经网络的层数变多时，有可能会导致梯度消失或梯度爆炸现象的出现，导致梯度下降算法不可用，神经网络模型无法完成训练。

(2) 传统神经网络的代价函数是非凸的，利用随机梯度下降法进行参数求解时，不一定会得到全局最优解。

(3) 由于神经网络存在非常多的参数需要求解，所以过拟合情况是非常容易出现的，会导致训练出来的模型不具备较好的泛化能力，对未知样本的识别效果较差，未充分发挥出神经网络所具备的超强学习能力。

(4) 神经网络模型进行分类任务时，所近似的分类决策函数是由模型的层数和每一层中神经元的数目所确定的。从理论上来讲，深层次的神经网络模型能够逼近任何复杂的数学函数。但在实际应用中，当神经网络的层数较多时，会使网络中的参数数量成倍增加，其训练过程需要耗费大量的时间且并不一定会收敛，需要非常多的硬件资源才能完成，成本较高。

(5) 由于神经网络模型是一种有监督的机器学习方法，所以训练神经网络需要大量的有标签数据，但在实际应用中，大量存在的是无标签数据，有标签数据是很难获得的，对数据进行标注往往需要耗费很大的人力物力。

3.4 深度学习模型训练中的优化方法和常用技巧

深度学习模型通常是在非常大的样本集上进行训练的，而且模型训练过程中所使用的梯度下降法只是一阶收敛，因此训练过程是非常耗时的。此外，深度学习

模型的参数数量非常大，在求解时非常容易产生过拟合，使得模型对未知样本的预测效果较差，最终影响模型的适用性。为了解决模型训练中存在的这些问题，在实际应用中通常会有一些技巧可以使用。

3.4.1 优化方法

在机器学习中，计算无约束条件的目标函数最优解时，梯度下降法是使用频率非常高的一种方法，此方法会将训练样本集的所有数据都带入模型来计算参数梯度的增量和，然后再对模型参数进行一次更新，重复整个过程直至模型收敛。当样本集不大时，采用这种梯度更新方法可以减少模型参数的更新次数，降低计算量。此外，由于每次参数更新时使用了所有的训练样本，所以这种训练方法可以保证模型参数向着损失函数下降最快的方向移动，能减少过拟合的影响。但是如果训练样本的数量非常大时，由于每次参数更新要计算每一个样本点的梯度值，计算量是非常大的，计算过程需要花费大量时间。

在实际使用时，会对标准的梯度下降法进行修改，得到随机梯度下降法或者小批量梯度下降法。随机梯度下降法是在一次迭代中，将样本集中的样本依次带入算法模型中，并计算出损失函数对所有参数在该样本点处的梯度值，然后立即完成参数的更新，接着处理下个样本点，当全部数据都参与权值更替后，再开始后续的迭代计算。但这种优化方法每次进行参数更新时仅使用单个样本，模型的参数会向着有减少单个样本损失函数的方向靠近，而导致模型整体的损失函数不一定最小。小批量梯度下降法是将训练样本数据分成若干个批次，每次仅使用小批量的样本完成模型参数的更新。这种策略减小了每轮迭代中模型参数的更替次数，又降低了计算复杂度，因此在大规模的训练中使用较广。

虽然梯度下降法在实际使用中有着非常不错的表现，但因为梯度下降法是一阶收敛的，深度学习模型的训练仍需要很长的时间。现在已经有越来越多的研究来使用二阶收敛的牛顿法或收敛效果更好的共轭梯度下降法来进行深度学习模型的训练。

3.4.2 深度学习模型训练中常用技巧

1) 数据增强

由于深度学习模型的训练需要大量的数据，实际中收集大量的相关数据非常费时费力，特别是对于有标签数据的采集更是很困难的。在工程实践中，通常会进行数据增强的工作，对于图像数据应用尤其较多，比如将图像进行对称或一个角度的旋转操作 (三维模型数据也可进行类似操作)，都可以增加训练样本的数据[25]。

2) 验证数据集

一般机器学习问题中，在验证数据集上完成对模型训练过程的观察或用以选择合适的模型。在训练过程中，若每迭代适当次数后就用验证数据集对模型进行验证，就能够知道什么时刻需要调整学习率，什么时刻停止模型更新。

3) 学习率

一般来说学习率在开始时会设置的比较大一点，然后在训练的过程中不断衰减。一个比较好的方法是如果模型在验证集上的性能不再增加就让学习率除以 2 或者 5，然后继续训练。

4) 使用权重衰减

根据奥卡姆剃刀原理，一个足够简单并且能够对数据进行充分合理解释的模型才是好的数学模型，引入权重衰减以防止模型的参数太大而得到非常复杂的模型，导致模型的过拟合。比如在训练神经网络时，可以对模型的代价函数式 (3-6) 进行修正，引入权重衰减项 (也称作正则化项)，得到形如式 (3-13) 的新的代价函数。一般常用的正则化方法有 L1 正则化和 L2 正则化，式 (3-13) 使用了 L2 正则化方法。

$$J(W,b)=\frac{1}{m}\sum_{i=1}^{m}J(W,b;x^i,y^i)+\frac{\lambda}{2}\sum_{l=1}^{n_l-1}\sum_{i=1}^{s_l}\sum_{j=1}^{s_{l+1}}(W_{ji}^{l})^2 \tag{3-13}$$

式中，λ 被称为权重衰减系数；第一项为重建项，用来使得模型拟合的数据结果尽可能接近真实数据；第二项为权重衰减项，用来防止出现过于复杂的模型。权重衰减系数的作用是控制重建项与参数约束项之间的关系，通常取非常小的数字，比如 0.001。

5) 引入 Dropout

深度学习模型的训练需要大量的样本，如果在实际操作中没有足够的样本供选择，为了防止训练得到的模型出现过拟合现象，可以使用 Dropout 策略。与 L1 正则化和 L2 正则化不同，Dropout 不是通过模型的修改损失函数来实现的，而是通过对神经网络模型结构的修正实现的。Dropout 是 Hintion 在 2013 年提出来的。它的基本思想是通过抑制隐藏层中神经元的相互作用来改善深度学习模型的效果。Dropout 的具体实现是在模型的训练过程中，随机选取网络结构中的一部分隐藏层神经元，让其在本次迭代中不起作用 (将其权重暂时置为 0，存储其真实权值，下次迭代更新时可能会用到)，然后更新整个网络的参数。图 3-6 展示了 Dropout 的工作原理，假如要训练图 3-6(a) 所示的网络，在训练开始时，以一定的概率随机去掉网络中的一些隐藏层神经元，使这些神经元暂时不工作，可以得到如图 3-6(b) 所示的网络结构，同时保持输入输出层节点不变，按照模型参数的求解算法更替图 3-6(b) 中的参数，这是模型参数的一次更新过程。在后面的迭代更新中，使用同样的方法，不过每次去掉的隐藏层神经元都跟之前去掉的不同，因为这个过程是随机化的，每次迭代都是以一定的概率去掉一些神经元。重复上述操作，直到训练过程结束为止。

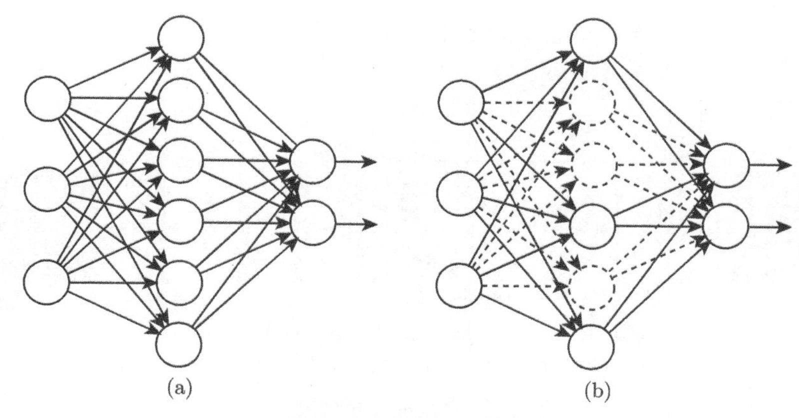

图 3-6 Dropout 原理

Dropout 之所以有助于防止过拟合，是因为使用 Dropout 策略的模型训练过程中，每次迭代只更新了部分网络的参数，可以看成本次迭代过程只训练了部分网络模型，而每次迭代产生的部分网络模型，都会对输入数据的标签有一个预测，这些预测肯定存在不正确的情况。但随着不断迭代，大部分模型都能进行正确预测，少部分错误预测不会对精度造成较大影响。

3.5 内嵌推理的深度网络框架

内嵌推理的深度网络框架如图 3-7 所示，简单来说内嵌推理深层网络 (inference embedded deep network, IEDN) 由三个主要类型的网络组成：特征学习层、结构学习层和特征融合层。

(1) 特征学习层 (feature learning layer)：卷积神经网络 (CNN) 对图像进行特征学习，产生图像每个像素上对应的高层信息特征。该网络通过每一层的卷积操作和池化操作学习不同尺度的视觉表达，这说明该网络可以捕获到丰富的形状和纹理高层信息。将这些高层信息称作深度高层特征 (deep hierarchical features，DHF)。

(2) 结构学习层 (structural learning layer)：为了提高深度学习对结构化信息的学习能力，将条件随机场 (CRF) 嵌入到 IEDN 里，将其作为网络的一层去显示学习物体在图像中的空间位置关系。用 DHF 作为输入训练该 CRF 图模型，参数训练完毕后，根据参数给出每个像素的最优化标签。然后结合产生的像素标签对局部区域编码产生基于空间关系的推理特征 (spatially inferred features，SIF)。

(3) 特征融合层 (feature fusion layer)：以上两种特征有它们独自的优势。这层网络我们使用深度置信网络去融合 DHF 和 SIF，有效地探索彼此之间的非线性关系从而生成更具表达力的高层特征。

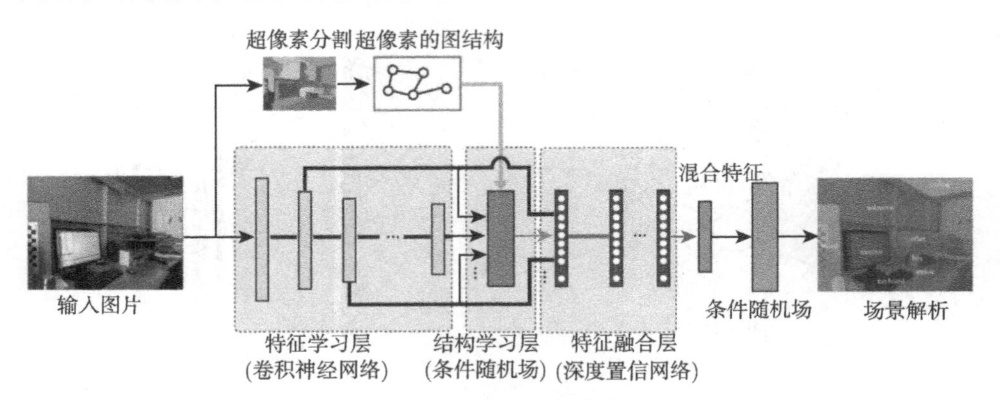

图 3-7 内嵌推理网络模型

由于结构化学习被嵌入到深度学习网络中，相比较以往的工作，该网络有 3 个主要的贡献：

(1) 显示的结构化学习：CNN 通过池化和降采样操作使得上一层网络包含更大的一片区域。通过这种方式，CNN 可以在小区域范围内隐式地学习结构化关系。但是大量的训练样本包含丰富的物体组合，需要充分训练网络模型。本节工作将 CRF 作为整个网络的一层，因此可以显示地学习结构化信息，从而提高整个网络的推理能力。

(2) 空间推理特征：提出了一种编码空间位置关系的特征，通过该方式不仅需要物体本身还需要邻域信息来估计对应特征点的所属类别。正因为如此，空间推理表现会更加突出。

(3) 融合多模态的特征：为进一步提升特征表现，特征融合的方法被用来学习特征之间的非线性关系。通过融合多模态的信息，全局信息和局部信息会被综合考虑，从而提高场景解析的准确度。

3.6 特征学习层

在计算机视觉领域，抽取很强的特征至关重要。最近的研究表明，好的特征是阶层式的，抽取特征的过程好比由像素到边，再到局部部分，再到整个物体，最后到整个复杂场景，所以抽取特征的过程是一层一层完成的。基于深度学习的框架为抽取特征提供了方便。而且，卷积操作更加接近人眼捕捉特征的生理机制，能够应对图像的旋转、偏移、尺度缩放等变形。使用卷积神经网络来学习深度高层特征 (DHF)，基于原理如图 3-8 所示，详细操作说明如下：

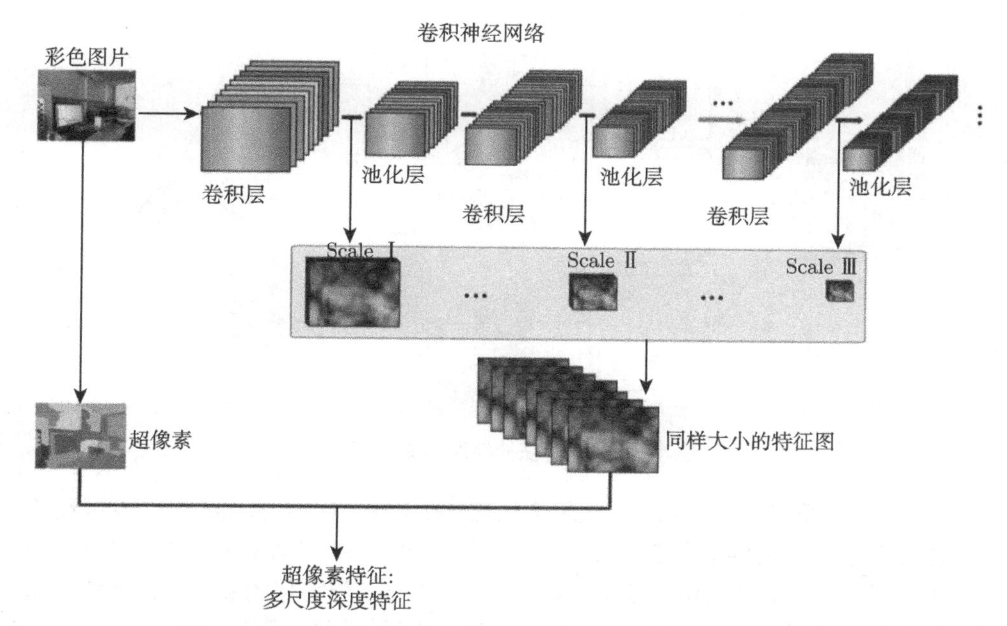

图 3-8 特征学习层的基本原理图 (阅读彩图请扫封底二维码)

3.6.1 卷积神经网络

卷积神经网络 (convolutional neural netwok，CNN)[42,43] 是一种多层的神经网络，具有很强的抽取图像特征能力，其网络结构具有很强的自学习和并行处理的能力。1962 年 Hubel 和 Wiesel 通过对动物的视觉皮层细胞进行研究，提出了感知域的概念，用以能够使得神经元受到刺激而进行反馈的区域，同时这也说明一点，神经元的最初感知是发生在局部区域的。后续的相关研究相继提出简单单元 (simple cell) 和复杂单元 (complex cell)[17]。简单单元只对方向的边缘产生响应，复杂单元除了对方向的边缘产生响应外，而且具有一定的空间不变属性。基于感知域，神经认知机模型被提出，并且将其应用于计算机视觉中的视觉模式分类任务。神经认知机首先用多个模式来表示一个模式，接着以分层的方式对这些模式进行处理，通过不断地尝试将该视觉模型化，让其能够应对物体的偏移、扭曲等变形的识别。

基于认知机模型，世界的各地研究者提出了多种卷积网络形式用于视觉分类与识别。近年来，Yann LeCun 教授提出的卷积神经网络是当前最为流行的一种形式，该网络成功应用于语音识别和图像分类等问题，推动了深度学习的发展。

1. *卷积神经网络结构*

作为深度学习的一个重要算法，卷积神经网络被广泛应用于图像的分类、检索、识别等任务中，并已成为目前计算机视觉中最为流行的方法。

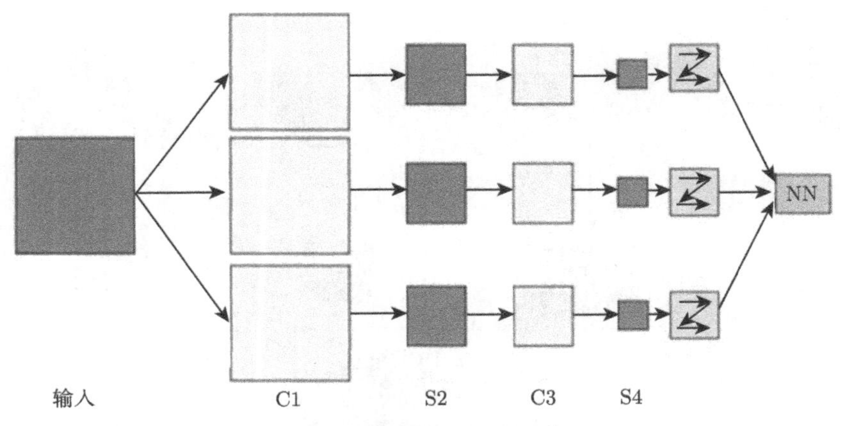

图 3-9 卷积神经网络结构

CNN 在神经网络的基础上，采用了局部感知野和权值共享的思想，有效地降低了传统前馈神经网络的复杂程度。CNN 是一种多层的前馈网络，每一层由多个二维平面组成，每个平面再由多个神经元组成，图 3-9 为简化的卷积神经网络结构图。网络中，卷积层 (convolutional layer，C) 和降采样层 (又称为 pooling 层，S) 交替出现，相当于生物视觉系统中的简单单元和复杂单元交替出现。网络的最后一层为全连接方式的神经网络，输出层的维度对应数据中需要进行分类的类别数。图 3-10 展示了一种典型的卷积神经网络结构。

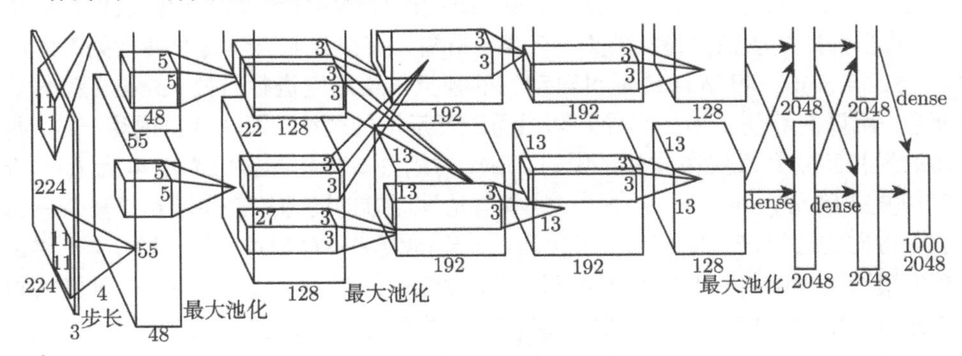

图 3-10 卷积神经网络示意图

1) 卷积层

该层为网络的特征提取层，每个卷积层包含多个神经元 (C)，每个神经元只对前一层的网络相应的局部位置进行特征提取，这体现在该神经元与前一层局部区域的连接权重上。相比较全连接的神经网络模型，这种局部连接的方式可以极大地降低整个网络的参数。为了更加有效地训练整个网络，整个网络设计时采用权值共享的基本策略：即神经元对同一层所有区域的感知权值是相等的。

图像本质是一种由像素值排列起来的二维 (或者多维) 矩阵，是现实世界的一种数字化表现形式。由于图像的统计特性是有一定规律的，在图片中某一区域学习得到的局部特征同样能应用于另一区域。假设给定了 $r \times c$ 大小的图像，利用 $a \times b$ 大小的卷积核做完卷积后，得到特征图的大小就为 $(r-a+1)\times(c-b+1)$，图 3-11 展示了图像卷积的过程。

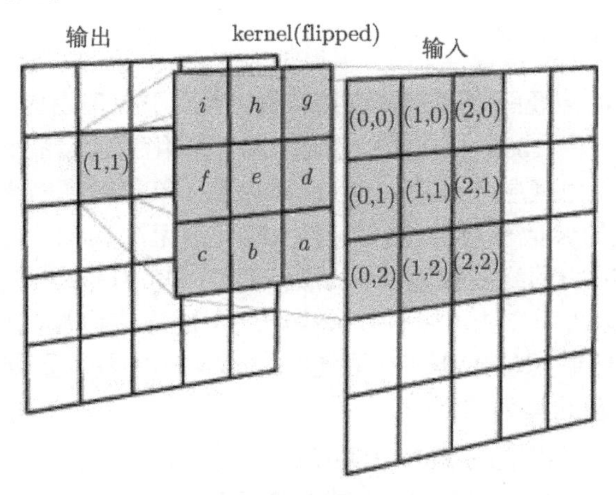

图 3-11 图像卷积过程

在 CNN 中，原始输入图像 (或者特征图)x 经卷积核 W 处理之后，会生成新的特征图[44]，此过程能够表示为

$$I = f(x \otimes W) \tag{3-14}$$

式中，I 为卷积单元处理后的结果；f 为非线性变换函数 (激活函数)，表示特征映射过程，一般采用 Sigmoid 函数作为卷积网络的激活函数，使其具有位移不变性的特点。

2) 降采样过程

通过卷积的方法得到输入图像的特征图之后，可以利用这些特征完成各种计算机视觉的任务。但如果直接使用这些特征图，会使得特征的维度非常高，训练一个高维度输入的模型十分不方便，而且容易出现过拟合。为了解决上面这个问题，可以对图像中某一区域的特定特征进行聚合操作，称为池化 (pooling)，这种做法可以降低特征的维度，同时还能在一定程度上改善过拟合。常用的池化方法有最大值池化、均值池化和随机池化，其中最大值池化方法在卷积神经网络中应用较广。

卷积操作之后进行降采样的做法是 CNN 模型的显著特点。卷积层的功能为从原始图像中捕捉特征信息，减少无效信息的强度，而降采样层的功能是负责降维，减小计算量，同时保证了原始图像的平移鲁棒性[45]。在 CNN 中，上一层提取出来的特征作为下一层的输入，从而形成了分层式的特征提取方式，这种特征抽取方式非常符合生物体视觉器官进行物体识别的过程，具备自动从原始图像中提取特征的能力[46]。

通过在卷积层 (C 层) 和采样层 (S 层) 中交替进行特征提取，使得训练出来的特征对输入数据具有很高的畸变容忍能力。

2. *局部连接和局部共享*

由于传统的前馈神经网络具有全连接特性，当用于处理图像数据时，计算量是十分巨大的。比如一幅 1000×1000 的图像，将其转化为像素的一维向量后，将含有 10^6 个元素，如果隐藏层节点数目也为 10^6，那么单层神经网络的参数数量就为 10^{12} 个，这样巨大的参数个数会导致整个神经网络无法训练。为使神经网络算法对图像可用，必须减少网络中权值边的个数，CNN 使用区域连接和权值共享思想来达到这一目的，这两种方法可以有效减少网络中的连接边数，区域连接和权值共享等价于 CNN 中的卷积层操作。换角度看，CNN 中的卷积层操作实质上是区域连接和权值共享思想的具体实现。

局部连接是指网络中的任意节点并不一定要与前一层的所有节点都有权值边相连，有可能只与部分节点相连接，只对图像的局部特性进行处理，在更高层中完成对图像区域信息的整合，就可得到图像的全局信息。在图像中某一部分学习得到的特征同样能应用于图像中的其他部分，这就是连接与权值共享的基本原理。权值共享使得在 CNN 的每一个特征图 (或者原始图像) 内部，所有与卷积核大小相同的图像块所对应的连接边权值是完全一样的。对于 CNN 模型来说，区域连接和权值共享策略降低了网络训练的难度，使得训练一个有效的多层 CNN 具备了可能性。图 3-12 为局部连接与权值共享示意图。

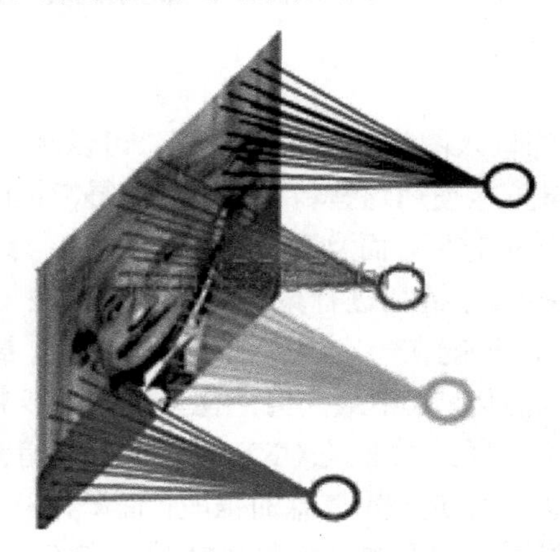

图 3-12 局部连接与权值共享示意图 (阅读彩图请扫封底二维码)

3. 卷积神经网络学习

对卷积神经网络采用 BP 算法[47] 进行训练，类似于训练一般神经网络，分为前向计算和反向更新过程。现对卷积神经网络主要部分：卷积层和抽样层的前向计算和反向更新过程进行阐述[48,49]。

卷积层：该层的输入为上一层的多个二维特征表示图，卷积层通过多个卷积核对输入特征表示图进行卷积，接着将卷积得到的结果经过激活函数输出相应的二维特征图，所以对于卷积层的前向模型表达式为

$$a_j^l = \sigma\left(\sum_{i \in M_j^l} a_i^{l-1} * k_{ij}^l + b_j^l\right) \tag{3-15}$$

式中，M_j^l 指的是第 l 层第 j 个二维特征提取图；符号 $*$ 代表卷积操作；所有的 M_j 中的特征图都有一个共同的偏置 b_j^l。现根据网络结构计算卷积层的梯度，假设卷积层 l 的下一层是抽样层 $l+1$ 层。如果对 l 层的权值进行更新需要计算对应层的灵敏度 δ^l，而该对应层的灵敏度是首先对下一层对应节点的灵敏度进行求和，然后乘以它们之间的连接权重，最后再乘以 l 层中输入为 u 时的激活值的导数，就可以得到 l 层每个神经节点对应的灵敏度 δ^{l+1}。为了更加高效地计算卷积层 l 的灵敏度，可以通过向上采样的那些经过抽样层下采样的灵敏度图，使得上采样中得到的灵敏度图与卷积层中的灵敏度图大小一致，然后将卷积层 l 的激活值与上采样中得到的灵敏度图进行点积操作即可。因为抽样层的下采样因子是一个常数 β，所以在最后将点积后的特征图乘以该常数即可。对卷积层和抽样层对应的灵敏度图都重复上述这样的过程，可以描述为

$$\delta_j^l = \beta_j^{l+1}\left(\sigma'^{(u_j^l)} \cdot \mathrm{up}(\delta_j^{l+1})\right) \tag{3-16}$$

式中，$\mathrm{up}(\cdot)$ 表示上采样操作，如果下采样因子是 n，只需要将每个像素在水平和垂直方向上重复 n 次。这个函数实际上可以使用 Kronecker 乘积 $\otimes$ 来表示：

$$\mathrm{up}(x) \equiv x \otimes 1_{n \times n} \tag{3-17}$$

通过对卷积层的灵敏度图的所有节点进行求和，计算训练误差关于偏置的梯度：

$$\frac{\partial E}{\partial b_j} = \sum_{u,v} (\delta_j^l)_{uv} \tag{3-18}$$

由于该网络具有权值共享的特性，因此对于一个给定的权重，需要利用所有与该权值有连接的关系对该点求梯度，接着再将这些梯度求和，同上面关于偏置的梯度计算方式一样，可以描述为

$$\frac{\partial E}{\partial k_{ij}^l} = \sum_{u,v} (\delta_j^l)_{uv} (p_i^{l-1})_{uv} \tag{3-19}$$

式中，p_i^{l-1} 是 a_i^{l-1} 在卷积时与 k_{ij}^l 逐元素相乘的图像块。输出的卷积图 (u,v) 处的值是由上一层的 (u,v) 处的图像块与 k_{ij}^l 逐元素相乘的结果。可以通过 Matlab 中的一行代码完成关于偏置的梯度计算：

$$\frac{\partial E}{\partial k_{ij}^l} = \mathrm{rot180}(\mathrm{conv2}(a_i^{l-1}, \mathrm{rot180}(\delta_j^l), '\mathrm{valid}')) \tag{3-20}$$

抽样层：该层对卷积层所产生的特征图进行下采样操作，N 个输入特征图对应 N 个输出特征图，只是每个输出特征图的尺寸相比较原来变小，抽样层定义如下：

$$a_j^l = \sigma\left(\beta_j^l \mathrm{down}\left(a_j^{l-1}\right) + b_j^l\right) \tag{3-21}$$

式中，$\mathrm{down}(\cdot)$ 为下采样操作，对输入图中每个不重复的 $n \times n$ 的图像块求和得到一个输出值，输出图的长和宽都是输出图的 $1/n$，每个输出有一个乘性偏置 β 和加性偏置 b。只要得到抽样层的灵敏度图，就可以求解出偏置参数 β 和 b 的梯度。因为连接输入图像块与输出像素之间的权重系数实际上是卷积核的权重，所以抽样层和卷积层灵敏度图之间的关系可以利用卷积操作高效的实现：

$$\delta_j^l = \sigma'(u_j^l) \circ \mathrm{conv2}(\delta_j^{l+1}, \mathrm{rot180}(k_j^{l+1}), '\mathrm{full}') \tag{3-22}$$

根据抽样层的灵敏度图，训练误差相对于偏置 b_j 的梯度可以表示为

$$\frac{\partial E}{\partial b_j} = \sum_{u,v} (\delta_j^l)_{uv} \tag{3-23}$$

训练误差相对于乘性偏置 β_j 的梯度可以通过以下公式描述：

$$\frac{\partial E}{\partial \beta_j} = \sum_{u,v} (\delta_j^l \cdot d_j^l)_{uv} \tag{3-24}$$

式中，$d_j^l = \mathrm{down}(a_j^{l-1})$，根据卷积神经网络每一层的结构类型，利用对应的计算公式计算参数的梯度，这样反复迭代对网络进行更新直至整个网络收敛。

CNN 的训练是多步骤的，每一层的输入输出都称为特征映射。本书中，彩色图像被用作神经网络的输入，因此每一个特征映射看成一个二维阵列。每经过一层，输出特征映射被视作输入特征映射的进一步抽象。每一层包括三个部分：卷积操作、非线性变形和特征池化。一个典型的 CNN 包含多个这样的层，最后利用 softmax 分类器进行分类。

对于一个 L 层的 CNN 可以描述成一连串的卷积变换、非线性变换 (sigmoid 函数，tanh 函数)、降采样操作 (池化操作)。对于输入图像 I 的网络可以被看成一

个三维阵列。三个维度的大小分别为特征映射的个数、映射的高度以及映射的宽度。从第 l 步骤输出的特征可以用 F_l 来表示，对于每一层 l，有

$$F_l = \text{pool}\left[\tanh(W_l * F_{l-1} + b_l)\right] \tag{3-25}$$

式中，$l \in 1, \cdots, L$；b_l 是第 l 层的偏差参数；W_l 是卷积核。初始化特征映射为输入图像 $F_0 = I$。因此，每一层堆叠起来直到最后形成整个网络。

在本书的模型中，W_l 是卷积核；b_l 为训练参数。对于池化操作，采用最大池化操作，即在邻域信息内找出最大的激活值作为输出，该方法能够对图像的变形具有不变性。一旦求得所有层的输出特征映射，利用上采样的方法将这些大小不一的特征映射统一到同样大小的尺寸，并且将其拼接在一起产生一个三维阵列 $F \in \mathbb{R}^{N\times H\times W}$，$N$ 为特征映射的个数；H 为图像的高度；W 为图像的宽度。阵列 F 被看成高层特征描述符：

$$F = [\text{up}(F_1), \text{up}(F_2), \cdots, \text{up}(F_L)] \tag{3-26}$$

式中，up 操作符是一个上采样操作函数；$\text{up}(F_l) \in \mathbb{R}^{N_l\times H\times W}$；$N_l$ 为特征映射的个数或者是第 l 层滤波核的个数。对于一个图像上的像素来说，它最后的特征描述为 $p \in \mathbb{R}^N$。原则上，充分利用每层的输出可以获得更加鲁棒的特征。但是，实际上一些层的输出信息是冗余的，反而降低了计算效率和特征使用。因此在实际使用中仅选用几个层的输出去产生特征 F。

3.6.2 超像素分割

不考虑邻域信息独立预测每个像素的标签，可能会由于噪声的影响而产生错误的预测判断。一个简单而有效的方法是将图像根据颜色等信息预归类到一起，形成像素块。本书主要采用简单线性迭代聚类 (simple linear iterative clustering，SLIC) 算法[50] 对输入图像产生超像素块。使用超像素作为基本元素的优点有 3 个：

(1) 提高抗噪能力；

(2) 一张图像上像素的个数远比对应的超像素块多，因此用超像素块可以极大地加快数据处理速度；

(3) 因为超像素块能够保存图像中物体的轮廓，有些区域的精确轮廓可以通过超像素块获得，这极大地增加了图像场景解析的性能。

将图像超像素块分割后，每个像素块包含若干像素，通过计算像素块区域内所有像素的平均值，将其作为该像素块的特征表示 $S_p \in \mathbb{R}^N$。

3.7 结构学习层

尽管卷积神经网络 (CNN) 能够学习很好的特征包括高层信息，但是 CNN 学

习得到的特征缺少充足物体之间的空间结构化信息。为了弥补 CNN 的缺点，引入基于超像素块的条件随机场 (CRF) 模型去显示地学习图像中不同物体之间的空间位置信息，产生结构推理特征，结构学习的说明如图 3-13 所示。

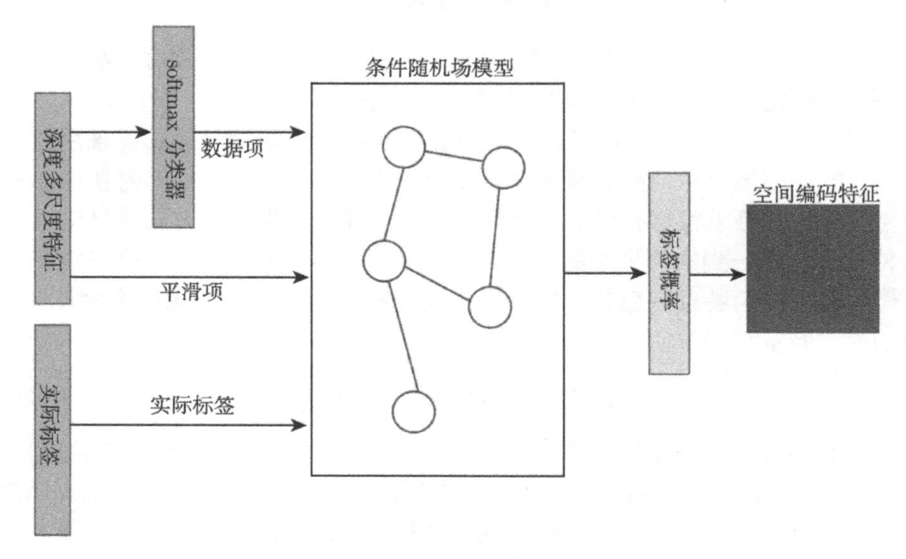

图 3-13　结构学习层示意图

3.7.1　条件随机场

根据输入图像的超像素块，定义图模型 $G=(V,E)$，顶点 $v\in V$，边 $e\in E\in\mathbb{R}^{V\times V}$。图像中的每一像素块可以看成一个顶点，相邻区域像素块之间的连接关系可以看成是边。一个包含两个端点 v_i 和 v_j 的边定义为 e_{ij}。条件随机场 (conditional random field, CRF) 的能量函数由单元项和双元项组成。能量函数定义如下：

$$E(l)=\sum_{i\in V}\psi(c_i,l_i)+w\sum_{e_{ij}\in E}\Phi(l_i,l_j) \tag{3-27}$$

定义单元项为

$$\psi(c_i,l_i)=\exp(-\alpha_u c_i) \tag{3-28}$$

双元项为

$$\Phi(l_i,l_j)=\begin{cases}1-\exp(-\alpha_p||S_{p_i}-S_{p_j}||_2^2/\sigma_\Phi^2), & l_i=l_j\\ \exp(-\alpha_p||S_{p_i}-S_{p_j}||_2^2/\sigma_\Phi^2), & l_i\neq l_j\end{cases} \tag{3-29}$$

式中，c_i 是超像素块对应的初始分类概率，通过 softmax 分类器计算得到。l 是对应的类别。$\|S_{p_i}-S_{p_j}\|_2^2$ 是 v_i 和 v_j 之间的特征距离。w 是控制单元项和双元项之

间的比重。该 CRF 模型用图割的方法 [51,52] 进行优化。一旦 CRF 模型得到后，可以推理出每个超像素块所对应的概率 $\theta_i \in \mathbb{R}^n$，$n$ 是物体所属类别的个数。

3.7.2　基于空间推理的特征

为进一步提高特征的结构化邻域信息，根据上述求得的超像素块所对应的标签概率，我们提出了一种构建邻域信息的方法，极大地增强了特征的空间信息。针对于超像素块 u 和它的局部连接关系图 $G_u = (V_u, E_u)$，基于空间推理的特征表达 (spatially inferred feature，SIF) 为

$$\Theta(u) = \lambda \sum_{i \in V_u} \sum_{j \in V_u} \theta_i \theta_j^T \exp\left(-k_d \frac{d(v_i, v_j)}{\sigma_d}\right) \tag{3-30}$$

式中，λ 为归一化因子；$d(v_i, v_j)$ 是超像素块 i 和 j 之间的距离；k_d 是距离衰减系数；σ_d 是图 G_u 结构中任何点之间的最大距离。最终的特征表示 Θ 是一个 $n \times n$ 的矩阵，该公式表达了邻域像素块对 i 和 j 出现的概率，并将其称作 SIF。

3.8　特征融合层

一个输入图像经过特征学习层和结构学习的处理，会产生两种属性的特征 DHF S_p 和 SIFΘ。将这两种特征拼接起来 $[S_p, \Theta] \in \mathbb{R}^{N+n\times n}$，然后用深度置信网络将两种基本特征融合起来，并探索特征维度之间丰富的非线性关系。特征融合层示意图如图 3-14 所示。

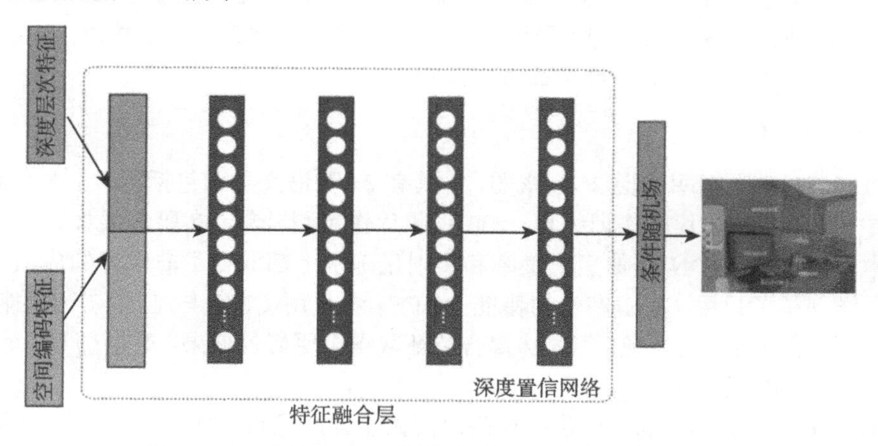

图 3-14　特征融合层示意图 (阅读彩图请扫封底二维码)

深度置信网络由受限玻尔兹曼机层层堆叠而成，在训练该网络模型时，利用对比散度的方法对受限玻尔兹曼机进行无监督训练，一旦一层受限玻尔兹曼机训练

完毕，将其输出作为下一层的输入进一步训练下一层的受限玻尔兹曼机。最后再利用无监督的反向传播算法对整个网络参数进行微调得到最优参数。参数训练完毕后，最后一层的输出被视为一种高表达力的特征。根据输入训练特征 $[S_p, \Theta]$，经过深度置信网络的前向算法得到最后一层的特征输出特征，被称为“混合特征”。

3.9 实验分析

为了验证提出的内嵌推理深层网络 (IEDN) 在场景解析的应用效果，本书在两个国际通用的数据库 SIFT Flow[53] 和 PASCAL VOC[54] 上进行了相关实验，并与其他先进的算法进行对比。用像素准确率 (被标注正确的像素个数与所有像素的个数) 和类别准确率 (所有类别标注准确率的平均值) 作为评价指标。

对于卷积神经网络 (CNN)，使用一个公开的训练完毕的 CNN 模型 MatConvNet 抽取高层特征。被采用的 CNN 模型是 imagenet-vgg-f，该模型包含 21 层。为了在实际应用中加快整个框架的运行效率，仅选择了其中 3 层的特征映射用于后续的相关实验，它们分别是第 5 层、13 层和 16 层，特征映射的个数分别为 64、256 和 256。通过该方法，场景解析的精度和计算效率能够得到平衡。在超像素块产生的过程中，我们进行了多组实验保证在高质量场景解析的同时拥有很高的运行效率。最终每个像素块的区域大小被设置为 15。在结构化学习层，使用网格搜索的方法求得 w 最优值为 0.2。条件随机场 (CRF) 模型能够学习图像中各物体之间的空间位置关系并且修正不正确和不合理的标签。在产生空间推理特征 (SIF) 的过程中，距离衰减速度 k_d 被设置为 0.1。在特征融合层，用 4 层深度置信网络对 DHFS_p 和 SIFΘ 两种特征进行融合。除了输入层，剩下 3 个网络层的节点个数为 1000、800 和 400，学习速率为 0.1，动量参数为 0.9。

3.9.1 SIFT Flow

SIFT Flow 数据库包括 2688 张图片，具有 34 种语义类别包括背景。本实验中将其中的 2488 张图片用作训练集，200 张图片作为测试集。实验结果如表 3-1 所示，本书提出的 IEDN 在像素正确率和类别正确率上都取得了非常好的成绩。表中，同样列举了只用 CNN 产生的特征 DHFS_p 和只用 CNN 与 CRF 产生的特征 SIFΘ 在场景解析中的表现，很显然混合特征取得了更好的效果，这也说明了 CRF 层和 DBN 层的重要性。

对于提出的 IEDN 的每一步的准确时间做了详细记录，如表 3-2 所示。该程序运行的电脑配置：3.2GHz 至强处理器，16G 内存。可以看出，计算 CNN 特征和超像素块的特征是最消耗时间的两个步骤。

表 3-1 不同方法在 SIFT Flow 数据库上的实验对比

方法	像素准确率/%	类别准确率/%
Liu et al., 2009	74.75	—
Tighe et al., 2010	76.9	29.4
Eigen et al., 2012	77.1	32.5
Singh et al., 2013	79.2	33.8
Farabet et al., 2013	78.5	29.6
Pinheiro et al., 2013	77.7	29.8
Only DHF	69.5	27.2
IEDNs	80.4	35.8

表 3-2 在 SIFT Flow 数据库上提出的 IEDN 每一个步骤的时间统计

步骤	时间统计/分
高层特征抽取	13.80
超像素块产生	4.01
超像素特征计算	2.45
结构化学习	2.67
空间推理特征	1.23
空间融合学习	8.31

为了进一步分析 IEDN 的场景解析能力，我们可视化了部分较好的结果 (图 3-15) 和较差的结果 (图 3-16)。

观察图 3-15 有两点值得注意，首先，IEDN 学习得到的特征能够从图像中发现物体的大体轮廓除了一些小的物体。其次，如果物体的轮廓不是特别复杂，一些简单的几何图形如直线、三角形、四边形等的解析结果几乎跟基准一样。

这个成功来源于三点：

第一，CNN 可以学习高层特征，这些特征能够捕获到丰富的图像底层信息。信息越多就会使得特征具有更强的表达能力。

第二，引入推理层去对物体空间位置关系进行建模，使得生成的特征对物体之间的位置方位等关系具有较强的约束能力，这会提高场景解析的准确率。

第三，深度置信网络 (DBN) 能够进一步从 DHFS_p 和 SIFΘ 这两种特征中挖掘非线性关系产生更加抽象的高层混合特征。

除了以上较好的结果，同样展现了一些较差结果的例子如图 3-16 所示，最大的问题是小区域的物体很难被检测和识别出来。从图中可以看出，人、树、窗户和树枝相比较其他种类更容易被检测出来。除此之外，如果物体的轮廓过于复杂，则该物体很难以较高的准确率被检测并识别出来。

图 3-15　在 SIFT Flow 数据库上较好结果的可视化 (阅读彩图请扫封底二维码)

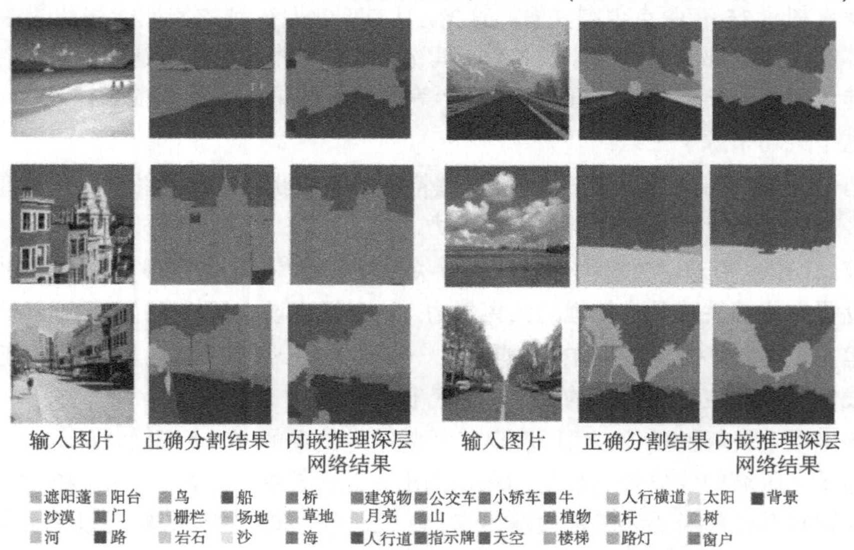

图 3-16　在 SIFT Flow 数据库上较差结果的可视化 (阅读彩图请扫封底二维码)

仔细分析 IEDN，发现可能来源以下两个原因：首先，较小的物体不能被检测到，这意味着物体的细节被丢失。在实验中，仅使用了其中三层网络的特征映射作为基础特征，这无疑丢失了大量的细节信息。其次，本书用超像素块来代替像素进行预测分类，虽然有很多好处，但是也使得超像素块分错的类别直接影响后续的特征性能。

3.9.2 PASCAL VOC

我们同样在 PASCAL VOC2012 上测试了网络模型 IEDN 的性能。该数据库包含 21 类物体包括背景。原始数据中包括 1464 张训练图，1449 张验证图和 1456 张测试图。用 mean intersection-over-union (IU)[55] 分数作为评价指标。一些实验结果的可视化如图 3-17 所示。同时，将其与其他先进的方法进行对比，详细结果如表 3-3 所示，从表中可以发现，IEDN 针对于场景解析取得了最好的效果。

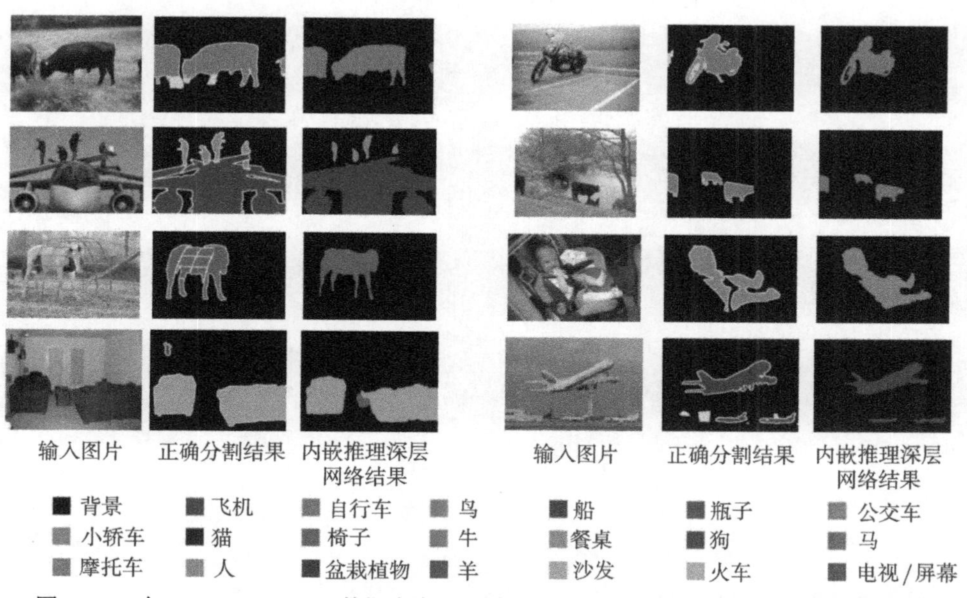

图 3-17 在 PASCAL VOC 数据库上部分结果的可视化 (阅读彩图请扫封底二维码)

表 3-3 不同方法在 PASCAL VOC 数据库上的实验对比

方法	Mean IU Accuracy/%
Mostajabi et al., 2015	64.4
Lin et al., 2015	70.7
Papandreou et al., 2015	72.7
Zheng et al., 2015	74.7
Only DHF	67.5
IEDN	75.4

从对比实验中可以看出，提出的方法在 VOC2012 数据库上取得了很好的结果。原因主要归结于两点：

(1) 推理层对结构化区域进行统计编码用来纠正一些错误判断的标签，该特征具有很强的空间结构化能力；

(2) 深度置信网络能够进一步探索两种不同类型特征之间的非线性关系，进一步抽象更具表现力的特征。

第4章　基于深度学习的三维模型特征提取

随着信息技术的快速发展，三维模型因其丰富的形状、颜色、纹理等信息，在多媒体、图形学、虚拟现实、设计、娱乐、工业制造等领域得到了越来越广泛的应用。大量的三维模型，例如 Google 3D warehouse 数据库可以从网络上轻松获得。除此之外，随着 RGBD 设备的出现，用户可以更加方便快捷地获得三维模型数据，这也极大地增加了三维模型的数量。因此，为了有效地对现有三维模型进行管理和再利用，我们需要高效准确的图形检索、分类方法来处理这些海量三维数据。

对于三维图形的分类和检索，大部分的解决方案都是设计出优秀的三维形状特征。三维形状特征很好地描述了三维模型的相关属性包括颜色、纹理、形状特性等，用于有效地区分或者归类不同的三维模型。目前大量用于描述三维模型的特征被提出，例如：平均测地线距离[56]、尺度不变的热核描述子[57]、形状直径函数[58]等，尽管这些特征在某些方面取得了很好的应用，但是在很多实际应用中还有待进一步提升。主要原因有两点：

第一，这些特征都是基于专业的设计人员通过复杂的数学模型构建出来的，需要相关领域很强的先验知识；

第二，人工设计的特征大部分只能抽象三维模型上某一方面的属性，而三维形状含有复杂的三维拓扑结构以及丰富的几何信息，很多信息在特征提取完之后严重丢失，从而影响了图形的检索效率。

深度学习作为一个强大的学习工具，能够从底层的数据信息中学习到具有丰富语义信息的高层特征，这些不同层次的特征是对原始数据的阶层式表达。深度学习技术在图像、语音以及自然语言处理等领域都取得了极大的成功，但由于三维模型数据的特殊性，将深度学习应用在三维形状数据上依然存在非常大的挑战。

为了减轻设计人员的工作量以及进一步提高图形数据的检索分类效率和准确度，本部分提出了两套基于学习的三维模型特征提取框架，让其自动学习并提取三维模型的相关属性，其主要思想是以底层三维模型特征为基础，结合三维模型的拓扑结构以及机器学习方法进一步提取模型的中层特征以及高层特征。

4.1　三维模型的底层特征提取

本章主要介绍采用平均测地线距离、尺度不变的热核描述子、形状直径函数作为三维模型的底层特征，并以此为基础产生三维模型的中层特征。

平均测地线距离 (average geodesic distance, AGD)：AGD 被 Hilaga 等提出用于三维模型的图形匹配。用 $g(x_i, x_j)$ 描述在一个三维形状 X 上的两顶点 x_i 和 x_j 之间的测地线距离，则 x_i 的平均距离被定义如下：

$$A_n(x_i) = \sqrt[n]{\frac{\sum\limits_{x_j \in X} g(x_i, x_j)}{\text{Area}(X)}} \tag{4-1}$$

该公式表示三维面片上的一个点 x 到其他所有点之间的平均测地线距离。但是仅使用三维面片的面积去归一化 AGD 的值是不够准确的，还需要考虑到三维模型尺度大小的影响。因此，在早期的实现过程中，一个较小的 AGD 值引进来使得特征描述子具有尺度不变的特性。

$$\text{AGD}_n(x_i) = \frac{A_n(x_i)}{\min_{x_j \in X} A_n(x_j)} \tag{4-2}$$

对于任何的 $n \geqslant 1$，AGD_n 都能保留有效的三维模型属性被用于图形的检索和分类。第一，该值描述了任意一点到模型上其他所有点的距离；第二，它的局部极大值与包含在模型中的几何特征的描述相一致；第三，它是尺度不变的，并且可以用来区分不同的形状。

但是，原始 AGD 特征描述子具有以下缺点：它的最小值是 1，并且随着不同的三维形状具有不同的最大 AGD 值，这使得它难以被应用到一组模型产生特征的词包中。为了克服这样的限制，我们引入归一化项进一步求得平均测地距离：

$$\text{AGD}(x_i) = \frac{A_n(x_i)}{\sum\limits_{x_j \in X} A_n(x_j)/N} \tag{4-3}$$

该公式中 N 是网格的顶点数目。对于任何模型，改进后的 AGD 描述符具有固定的平均值 1 以及相对固定的最小值和最大值，因此，它更适合于三维形状的分析。

热核描述子 (heat kernel signature, HKS)：该特征描述符能够捕获三维形状的本质几何特性，对几何形状的分析、匹配、检索等至关重要。该几何描述符是模仿热扩散过程中产生的。在非欧几里得域的热传播是由热扩散方程决定的：

$$\left(\Delta_x + \frac{\partial}{\partial_t}\right) u = 0 \tag{4-4}$$

式中，x 表示三维模型的表面；u 表示热源；Δ_x 表示负向半有限拉普拉斯操作算子。该热传导方程的解算子是 $K_t(x, z)$，也被称为热核。概率上来说，热核还可以解释为一个过密度函数的布朗运动。

Sun 等使用对角线热核作为三维模型对的局部描述符，被称为热核描述子 (HKS)。对于形状上的每个点 x，其热核描述子的形式为 n 维矢量，其定义如下：

$$\text{HKS}(x) = c(x)(K_{t1}(x, x), \cdots, K_{tn}(x, x)) \tag{4-5}$$

该式中 $c(x)$ 为归一化函数，被用来使得 $||\text{HKS}(x)||_2 = 1$。

该 HKS 有许多优点，这使得它很好地应用于三维形状分析。首先，热核是内在的属性，因而能够应对三维模型的等距变形，这是对有助于产生应对铰接式变形等问题的形状描述；其次，这种描述能够随着不同的尺度 t 捕获关于形状点 X 的领域信息；再次，对于较小尺度的 t，HKS 考虑到本地信息，从而拓扑噪声的影响也是有限的；最后，HKS 的计算依赖于拉普拉斯算子的第一个特征函数和特征值的计算，这可以有效地在不同的形状上进行特征计算与表示。

尺度不变的热核描述子 (scale-invariant heat kernel signature, SI-HKS)：上面描述的 HKS 的主要缺点是它依赖于三维形状的全局尺度。如果三维形状 X 的全局尺度为 β，则相应的 HKS 为 $\beta^{-2}K_{\beta^{-2}\text{t}}(x, x)$。虽然这可以通过预处理三维模型使得所有的形状具有相同的大小来克服，但是复杂的三维形状很难获得准确的尺度因子。为了解决这个问题，Bronstein 等基于傅里叶的性质提出了尺度不变的热核描述子。使用对数尺度空间 $t = \alpha^t$，通过变换进一步提升热核描述子的特性：

$$h_{\text{diff}}(x) = (\log K_{\alpha^{T2}}(x,x) - \log K_{\alpha^{T1}}(x, x), \cdots, \log K_{\alpha^{Tm}}(x, x) - \log K_{\alpha^{Tm-1}}(x, x))$$

$$\text{SI-HKS}(x) = |(\Gamma_{h_{\text{diff}}}(x))(w_1, \cdots, w_n)| \tag{4-6}$$

式中，Γ 是离散傅里叶变换；$w_1, \cdots, w_n$ 表示转化矢量被采样的一组频率。区别于移除比例常数的算法，傅里叶变换将尺度空间移位到一个复杂的阶段，这是通过取绝对值的方法达到的。通常情况下，一个较大的 m 值被用来使得特征描述子对大缩放因子和边缘效应不敏感。

形状直径函数 (shape diameter function, SDF)：SDF 是基于体积的标量函数，用来测量三维形状上不同部分的直径。SDF 值是通过发送 30 条光线在 30° 的小圆锥内与相反的边界侧相交，并平均加权这些射线长度计算得到的。该值在同一个模型的同一部分的相邻区域保持相似，并且能够应对三维形状的铰接式变形。

三维形状的底层特征：由于这些特征包含了三维形状的不同属性，考虑到这些特征既包含了三维形状的本质属性也包含了三维形状的一些几何特性。本书中将尺度不变的热核描述子的前 6 个频域分量和平均测地线距离以及形状径直函数拼接在一起形成三维形状的底层特征，

$$F(x_i) = [\text{SDF}(x_i), \text{SI-HKS}(x_i)[w_1, \cdots, w_2], \text{AGD}(x_i)] \tag{4-7}$$

该公式所求得的三维形状的底层特征维度 $m = 8$。

图 4-1 是尺度不变的热核描述子和平均测地线距离特征的可视化例子。对于 SI-HKS，时间尺度设为 [1, 20]，时间间隔设置为 0.2，本征函数的数量为 100，对数时间基设为 $\alpha = 2$。对于 AGD 描述子的参数 n 设为 1。由于底层特征包含不同的基础三维形状特征，所以每种不同类型的特征模型构建方式不同。由此底层特征的每一个维度的值具有不同的值域和尺度，为了保证每一种基础特征所包含的信息不被忽视和过度重视，所有维度的值根据对应维度的最大最小值被线性归一化到 $[-1, 1]$，公式定义如下：

$$F_i^{\text{normal}} = \frac{F_i}{\max(F_i) - \min(F_i)} \tag{4-8}$$

式中，$i \in [1, 2, \cdots, 8]$，表示底层特征的每一个维度。

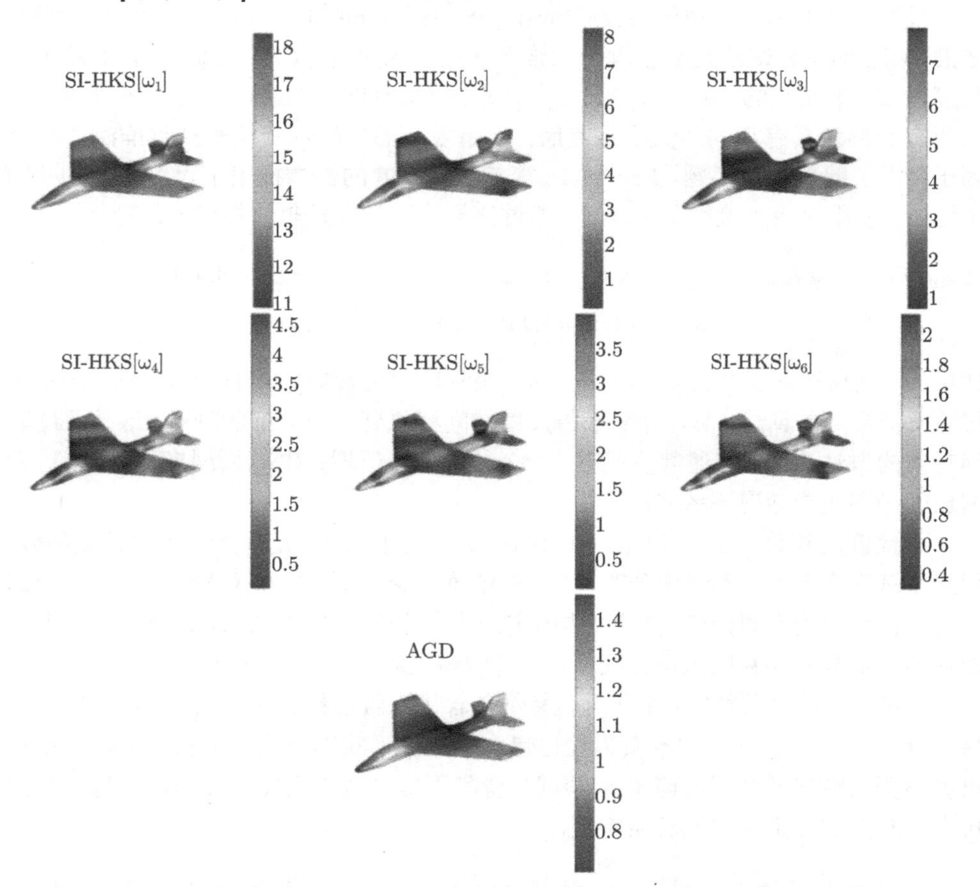

图 4-1 尺度不变的热核描述子和平均测地线距离特征的可视化表示 (阅读彩图请扫封底二维码)

因为该底层三维特征由多个基础三维特征拼接而成，所以包含丰富的三维形状属性，可以直接用于三维形状的相关应用。但是该特征在应用中并不能取得非常好的效果，原因有两点：首先，该底层特征由多种基础特征拼接，尽管这种方式尽可能的不丢失三维信息，但是使得特征维度很高，产生过多的冗余信息，对于一般的分类器来说，并不能得到较好的分类结果；其次，三维形状有着丰富而复杂的结构信息，该底层特征中包含的信息缺少显示的空间结构信息，为了进一步提高提取特征的分辨力，本书在该底层特征的基础上，结合特有的三维形状拓扑结构抽取三维形状的中层特征。

4.2 模型的中层特征提取

对于一个三维形状，顶点的描述值不能提供足够的有区分度的信息，特别是对低级别描述符。一般，相邻的顶点及其领域的拓扑连接属性能提供更多的信息。因此，最直接有效地提取高区分度形状特征的方法是编码所述顶点的局部周围区域。因为图形具有不同的拓扑结构，基于图形的底层特征，本书设计了两套构建三维图形的中层特征方案：基于环的中层特征编码和基于词包的中层特征编码。

4.2.1 三维模型预处理

三维形状通常由成千上万的顶点和拓扑结构组成。但是，任意一个三维形状上顶点的特性都类似于它的领域顶点。另外，在构建局部中层特征时使用全部三维形状上的顶点会极大地降低计算效率，浪费过多的计算机资源和时间。因此，在此工作中，我们选取三维网格上的部分点作为特征点用于模型的构建和训练。本书采用最远点采样 (farthest point sampling)[59] 的策略对三维网格进行均匀采样。

最远点采样基于在采样区域内反复放置下一采样点进行推理的思想。对于均匀和非均匀应用情景下，该采样方法略有不同。首先针对于均匀的情况，Eldar 等考虑图像的表示是连续随机过程，其具有恒定的第一阶、第二阶以及第三阶中心矩，所以在协方差的情况下，具有空间距离呈指数下降的特性。也就是说考虑一对采样点 $p_i=(x_i,y_i)$ 和 $p_j=(x_j,y_j)$，这对采样点的相关性 $E(p_i,p_j)$ 被假设随着欧氏距离 d_{ij} 的增加会降低，$d_{ij}=\sqrt{(x_i-x_j)^2+(y_i-y_j)^2}$。

$$E(p_i,p_j)=\sigma^2\mathrm{e}^{-\lambda d_{ij}} \tag{4-9}$$

根据线性估计，随后提出以下均方误差的表示，即经过第 N 层采样从估计误差得到的“理想”图像产生的偏差定义为

$$\varepsilon^2(p_0,\cdots,p_{N-1})=\iint \sigma^2-U^TR^{-1}U\mathrm{d}x\mathrm{d}y \tag{4-10}$$

式中，$R_{ij}=\sigma^2 \mathrm{e}^{-\lambda\sqrt{(x_i-x_j)^2+(y_i-y_j)^2}}$；$U_i=\sigma^2 \mathrm{e}^{-\lambda\sqrt{(x_i-x)^2+(y_i-y)^2}}$；$0\leqslant i;j\leqslant N-1$。

因此基于静止的一阶和二阶中心矩的假设仅依赖于第 $(N+1)$ 层样本的位置已经产生了预期均方 (重建) 错误的结果。因为静止意味着图像的统计特性是空间不变的，并且顶点之间的相关性会随着欧氏距离的增加而减小，均匀地选择第 $(N+1)$ 层的采样点为该点从当前组采样点的最远点，因此用该框架作为最佳的采样方法。对于非均匀情况下，由于 Voronoi 图会因为某些变异性，转向不均匀而失去良好的特性，所以根据顶点之间的距离加权选择最佳的最远距离采样点。

本书利用最远距离采样的方法对数据库中所有的模型进行统一降采样预处理，得到三维形状顶点子集 $V=\{v_i\in X, i=1,\cdots,N_s\}$，公式中 X 为三维网格；N_s 为用户设置的期望得到的采样点数。初始采样点 $v_1\in X$ 是随机选取的。图 4-2 是最远点采样的示意图：左侧为三维网格图，中间为点云图 (顶点数 5228)，右侧为采样最远点采样后的点云图 (顶点数 2000)。

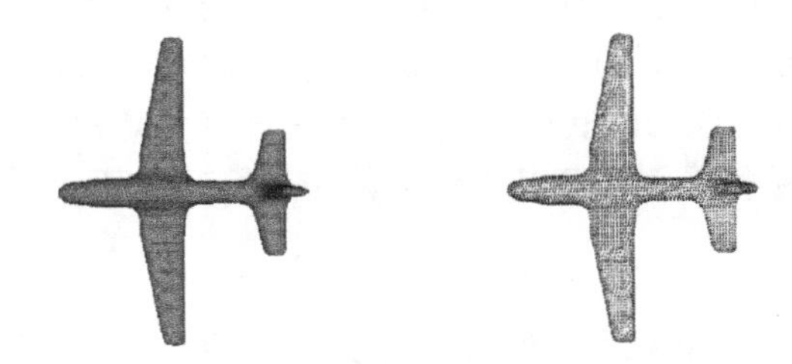

图 4-2　最远点采样的示意图

4.2.2　基于环的中层特征编码

对三维形状进行局部编码的最直接方式是依据特征点邻域的拓扑连接结构创建该特征点领域的 n 个环。然而，由于每个三角网格的边缘具有不同的长度，在该环上的顶点相对于中心特征点具有不同的测量距离。为了克服该缺点，我们基于测地线的方式创建等测地线的环。

1. 等测地线环提取

针对于一个三角网格 M 上的特征点 v_i，本书通过快速修复方法 (fast marching method)[60] 计算该特征点到三角网格上其他顶点之间的测地线距离。然后随着逐渐增加特征点 v_i 到周边领域的测地线距离 $d_1<\cdots<d_{N_r}$ 计算 N_r 个不同层次的测地线函数，N_r 表示环的数量。由于每个环上的采样点数目是不同的，我们在每个环上使用线性插值来生成相同数目的采样点 N_s，并且使这些采样点在环上等距隔开。每个环上的点具有一致的方向 (顺时针或逆时针相同)，形式为 $R^i=[p_1^{d_i},\cdots,p_{N_s}^{d_i}]\in\mathbb{R}^{N_s\times 3}$。局部等测地线环被定义成 $R=[R^1,\cdots,R^{N_r}]\in R^{N_s\times N_r\times 3}$，

该测地线环被用来表示特征点 v_i 的局部区域。这种等测地线环具有两个好处：它们对于三维形状的等距变形很鲁棒；除此之外它们有相同的特征维度，有效地解决了受三维形状复杂多变的拓扑结构的影响。由特征点邻域顶点组成的环不具有相同维度的问题，因此可普遍应用于三维形状检索、对称检测等应用。一些三维模型的等测地线环的示意图如图 4-3 所示。在本书中，设置环的采样点数 $N_s = 80$，环的个数 $N_r = 4$。

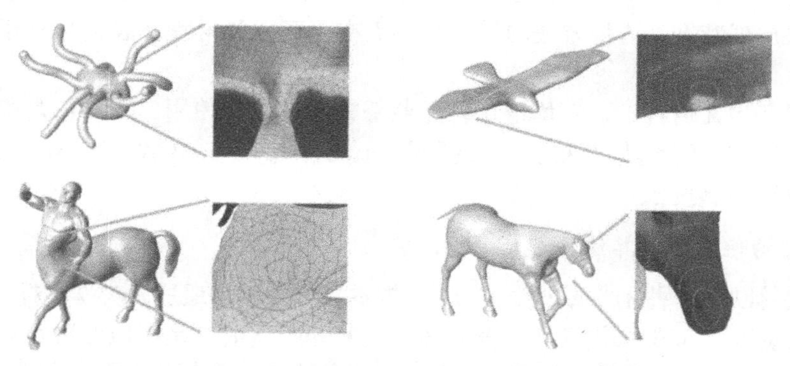

图 4-3 部分三维模型的等测地线环示意图 (阅读彩图请扫封底二维码)

2. 三维模型的环特征描述符

将上述计算得到的每个顶点的底层特征插入到等测地线环上的顶点形成等测地线环特征 $F(v_i) \in R^{N_s \times N_r \times f_m}$，形式定义如下：

$$F(v_i) = \begin{bmatrix} f(p_1^1) & f(p_2^1) & \cdots & f(p_{N_s}^1) \\ f(p_1^2) & f(p_2^2) & \cdots & f(p_{N_s}^2) \\ \vdots & \vdots & & \vdots \\ f(p_1^{N_r}) & f(p_2^{N_r}) & \cdots & f(p_{N_s}^{N_r}) \end{bmatrix} \tag{4-11}$$

式中，v_i 是三角网格上的特征点；N_s 是环上点的个数；N_r 是环的个数。因为三角网格有足够密度的元素，所以三角网格一个面上的点的特征值改变不大。根据这样的事实，线性插值的方法被用来插值邻域顶点的特征值去形成等测地线环特征。用 $F^l \in \mathbb{R}^{N_s \times N_r}$ 表示该中层特征的一个维度，$l \in \{1, \cdots, f_m\}$ 是该中层特征的下标索引。

4.2.3 基于词包的中层特征编码

对于三维形状来说，顶点的描述值不能提供充分的有区分度的信息，特别对于低层描述符。一般来说，以特征点为中心相邻的顶点以及其拓扑连接关系可以提供更多的信息。因此，为了提取高特征的区分能力，最有效的方法是编码特征点相邻区域的属性。然而，由于三维模型的复杂拓扑结构和长度不等的边长，收集三维形状上的信息并不是一件容易的事情。

为了克服这些挑战，除了上述最直接的通过环的方式构建局部区域的方法，本书还提出了基于特征点邻域顶点构建词包的三维形状中层特征编码方式。基本思想是设计一种测地线感知的词包特征来编码局部区域，该方法能够有效地统计局部相邻区域内代表不同特征属性的词包出现的频率，用此统计频率来表达三维模型的中层局部特征。这种方法的另一个优点在于可以使得特征表达具有相同的特征维度。

为了产生几何词汇，K 均值这种无监督方法被经常使用。K 均值是机器学习数据挖掘领域内的经典算法之一。最早由 Stuart Lloyd 在 1957 年提出，用于信息领域的脉码调制技术。

1. K 均值的聚类算法

聚类算法是一种无监督的分类方法，样本事先并不知道所属类别和标签，需要充分挖掘数据之间的属性关系，根据样本之间的距离或者是相似度进行自动的分类。聚类的方法大致有四个类型：基于划分的方法、基于连通性的方法、基于密度的方法和基于概率模型分布的方法等，K 均值聚类是属于基于划分的聚类算法。

基于划分的聚类方法是将样本集所在的空间划分成多个区域 $\{S_i\}_{i=1}^k$，每个区域都存在一个区域相关的表达方式 $\{c_i\}_{i=1}^k$，通常称为区域中心 (centroid)。对于每一个样本，可以建立一种样本到区域中心的映射 $q(x)$，其定义如下：

$$q(x)=\sum_{i=1}^{k} 1(x \in S_i)c_i \tag{4-12}$$

式中，$1(\cdot)$ 为指示函数。根据建立的映射 $q(x)$，可以将所有的样本集归纳到相对应的聚类中心 $\{c_i\}_{i=1}^k$，从而得到相应的分类聚类结果，示意图如图 4-4 所示。

基于划分的聚类算法中不同算法的主要差别在于建立映射方式 $q(x)$ 的不同。在经典的 K 均值聚类算法中，映射方式是通过最小化样本与各中心之间的误差平方和最小的准则来建立的。

假设样本的集合 $D=\{x_j\}_{j=1}^n$，$x_j \in R^d$，K 均值聚类算法的目标是将数据集划分为 $k(k<n)$ 类：$S=\{S_1,S_2,\cdots,S_k\}$，使划分后的 k 个子集合满足类内的误差平方和最小化：

$$\ell_{k-\text{means}}(S)=\underset{S=\{S_i\}_{i=1}^k}{\arg\min}\sum_{i=1}^{k}\sum_{x\in S_i}||x-c_i||_2^2 \tag{4-13}$$

式中，$c_i=\frac{1}{|S_i|}\sum_{x\in S_i}x$。求解目标函数 $\ell_{k-\text{means}}(S)$ 是一个 NP-hard 问题，无法保证

得到一个稳定的全局最优解。Stuart Lloyd 所提出的经典 K 均值聚类算法中，采取迭代优化策略，有效地求解目标函数的最优局部解。算法包含样本分配、更新聚类中心等 4 个步骤。

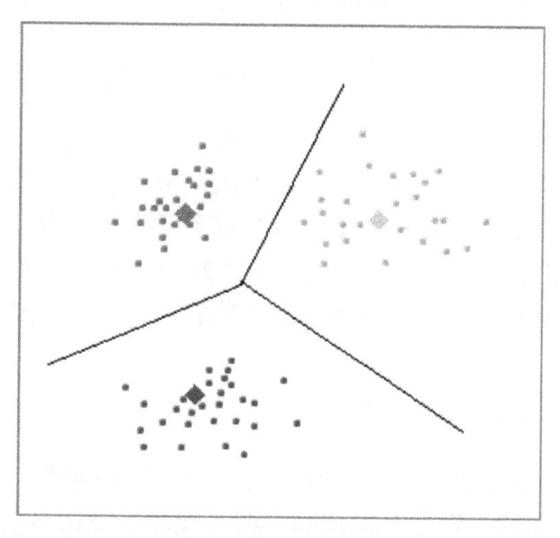

图 4-4 基于 K 均值的聚类算法，方块图表示不同的聚类中心 (阅读彩图请扫封底二维码)

基本算法流程如下所示：

步骤 1: 初始化聚类中心 $c_1^{(0)}, c_2^{(0)}, \cdots, c_k^{(0)}$，可选取样本集的前 k 个样本或者随机选取 k 个样本；

步骤 2: 分配各样本 x_j 到相近的聚类集合，样本分配依据为

$$S_i^t = \left\{ x_j | \left\| x_j - c_i^{(t)} \right\|_2^2 \leqslant \left\| x_j - c_p^{(t)} \right\|_2^2 \right\} \tag{4-14}$$

式中，$i = 1, 2, \cdots, k; p \neq j$。

步骤 3: 根据步骤 2 的分配结果，更新聚类中心：

$$c_i^{t+1} = \frac{1}{S_i^t} \sum_{x_j \in S_i^{(t)}} x_j \tag{4-15}$$

步骤 4: 若迭代达到最大迭代步数或者前后两次迭代的差小于设定的阈值 ε，即 $\left\| c_i^{(t+1)} - c_i^{(t)} \right\|_2^2 < \varepsilon$，则算法迭代结束，否则重复步骤 2。

K 均值聚类算法中的步骤 2 和步骤 3 分别对样本集合进行重新分配和更新计算聚类中心，通过迭代计算过程优化目标函数 $\ell_{k-\text{means}}(S)$，实现类内误差平方

和最小。通过该方法对所有的三维模型特征点进行聚类分析产生最优的几何单词 $C=\{c_1,c_2,\cdots,c_k\}$，k 为聚类中心的数目。

根据所有三维模型顶点产生的单词 C，对于每一个特征点 $x\in X$，其底层特征为 $F(x)$，本书定义其基于单词的特征分布为

$$\theta_i(x)=N_1\exp\left(-\frac{\|F(x)-c_i\|_2^2}{K_{\mathrm{BoF}}\sigma_{\min}^2}\right) \tag{4-16}$$

式中，常量 $N_1(x)$ 被用来约束 $\|\theta(x)\|_1=1$；$\theta_i(x)$ 用来表示特征点 x 相比较几何单词 c_i 的概率。建立这种模型的好处是可以生成更加具有表达力的概率特征。为了有效控制相似单词选择的范围，两个重要的参数包括两个几何单词之间的最小距离 $\sigma_{\min}$ 和控制该模型衰减系数的参数 K_{BoF} 将在实验部分根据不同的数据库进一步详细探讨。

2. 测地线感知的词包编码

三维形状上每个点的基于单词的几何特征已经提取得到。接着以特征点为中心，以网格上测地线距离 d_l 为半径画圆，确定局部区域的大小。本书借鉴词包的编码方式，提出了局部测地线感知的词包编码方式对区域内的顶点建模，用来表示中心特征点。模型构建如下：

$$V(x)=N_2(x)\sum_{x_i\in\Theta_x}\sum_{x_j\in\Theta_x}\theta(x_i)\theta(x_j)^T\cdot\exp\left[-k_{\mathrm{gd}}\frac{g(x_i,x_j)}{\sigma_{\mathrm{gd}}}\right] \tag{4-17}$$

式中，σ_{gd} 为三维网格上任何顶点之间测地线距离最大的值，K_{gd} 是距离衰减系数，该参数会在本章实验详细探讨，$N_2(x)$ 是归一化因子，使得特征分量具有固定的最大值 1。最后求得的关于特征点的局部区域表达 $V(x)$ 是一个 $K\times K$ 的矩阵，表示局部区域内相邻顶点 i 和 j 的几何单词出现的频率。Θ_x 表示以征点 x 为中心的局部区域。本书通过测地线测量的方法构建局部区域的大小，区域半径大小为 d_l，该重要参数会在实验部分详细探讨。这种表达方式不仅提供了与特征点位置无关的表示，而且也描述了在其建立的局部区域中的顶点之间的关系。

图 4-5 是部分关于三维模型上确定局部区域的例子。在多数情况下，局部区域是一个有边界的圆形区域。但是由于三维形状的复杂性以及确定局部区域的方法 (用测地线距离确定边界)，在某些特殊情况下区域边界会退化成若干个独立的线环，所以传统的构建局部特征的方法遇到这类特殊情况会失败。值得注意的是，本书提出仅使用局部区域内顶点的特征值来构建模型能够有效避免上述出现的问题，在任何复杂的三维网格上都可以使用，所以这种方式更加鲁棒。

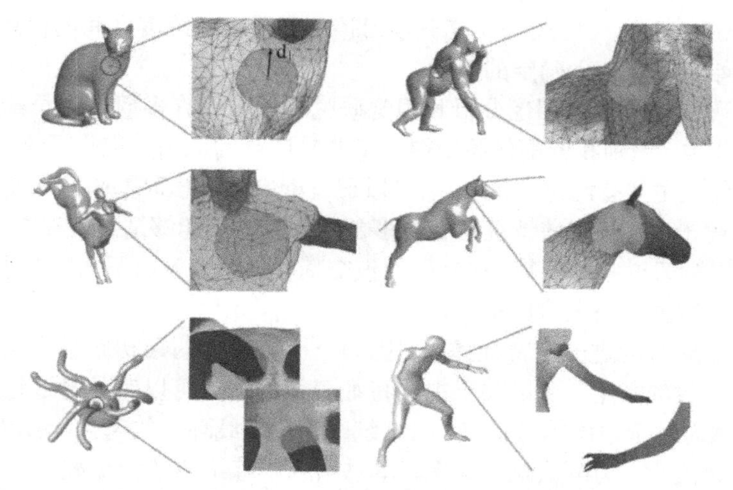

图 4-5 三维模型上确定特征点的局部区域 (阅读彩图请扫封底二维码)

4.3 三维模型的高层特征提取

上述提出的两种编码局部区域信息的特征描述符: 基于等测地线环的特征 $F(v_i)$ 和基于测地线感知的词包特征 $V(x)$，有效地融合了三维形状的结构化信息，极大地增强了特征的区分力。但是这两种特征依然存在以下问题:

基于等测地线环的特征 $F(v_i)$:

(1) 该特征由多个等测地线环上的点拼接而成，随着环的增加以及环上采样点的增加，该特征的维度将会非常大，信息冗余度过多，不能高效的应用;

(2) 因为本书是用圆环上采样得到的点来表示局部区域，所以没有办法确定环上哪个点是起始点。所以，不同的点作为起始点会得到不同的结果，这显然不利于特征的统一使用。

基于测地线感知的词包特征 $V(x)$: 该特征是根据局部区域内部顶点构建特征词包，同样具有非常高的维度，尽管融入丰富的结构信息，但是必然会存在过多的冗余信息，影响特征的高效应用。

为了解决以上问题，进一步抽取更高层更加抽象的特征，本书对这两种融入结构化信息的中层特征做了进一步学习和探索，提炼出了三维形状的高层特征。

4.3.1 平移不变的环特征

1. 字典学习

基于等测地线环的特征 $F(v_i)$，本书用具有平移不变性的稀疏编码方式 (shift-invariant sparse coding，SISC)[60] 充分学习该中层特征各维度之间的信息，同时有效解决了起始点难以统一确定的问题。

稀疏编码引起了来自图像分析和视觉研究领域内的许多研究人员的兴趣，在图像检索、分类、识别和分割任务中得到了非常广泛的应用并取得了杰出的表现。稀疏编码的优点主要有两点。首先，它可以通过标签数据学习基函数从而捕捉更高级的特征描述子，并且这些特征包含更多的语义信息，能够适应复杂任务。其次，稀疏编码可以学习过完备的基，比有限的正交基更加充分表达不同的对象，因此它们可以从输入数据捕获大量的模式。

通过环描述符的进一步特征提取，因为一个特征点的最初底层描述符被封装入一个固定维数的数组，所以关于中层特征表达的词典可以有效地通过稀疏编码方法获知。然而对于不同的特征点，很难统一等测地线环上的起点，这可能会降低基函数的表达能力。为解决这一问题，本书引入平移不变的稀疏编码算法 (SISC) 来学习基于等测地线环中层表达的基。SISC 允许每个基函数在不同的测地线环上的不同位置被复制，因此学习的基对输入数据的位置偏移不敏感。SISC 是传统稀疏编码的延伸扩展，其中，关于特征分解公式中的传统乘法运算被卷积运算代替，该特征的一个维度分解可以被如下公式表示：

$$F^l = \sum_{j=1}^{N_b} s_j * a_j \tag{4-18}$$

式中，$a_j \in R^{q\times N_r}$ 是关于等测地线环中层特征的基，相比较中层特征 F^l 有较低的特征维度 $(q \leqslant N_s)$，因为环的个数要比环上采样点的数少得多。基于输入的中层特征 F^l 和基 a_j，基的不同圆形偏移量对应不同的系数表达向量 $s_j \in R^{N_s-q+1}$。所以最优化问题是根据输入中层特征学习合适的基 $A = \{a_1, \cdots, a_{N_b}\}$ 和系数 s_j，优化函数描述为

$$\begin{aligned} &\min_{A,s} \sum_{i=1}^{N_d} \|F_i - A * s_i\|_2^2 + \lambda \|s_i\|_1 \\ &\text{s.t.}\ \|a_j\| \leqslant 1, 1 \leqslant j \leqslant N_b \end{aligned} \tag{4-19}$$

该目标优化函数是一个联合优化问题，并且通常是非凸函数。然而，当其中一个变量被固定，则该问题可以被视作一个凸问题。具体地说，当 A 被固定 s 能够被看成一个凸优化问题得到解决。反之亦然。两个子问题被反复交替并迭代求解，以获得最佳的 $A = \{A^1, \cdots, A^{fm}\}$。当目标函数收敛后，稀疏系数 s 可以通过学习得到基 A 和输入的数据 F^l，并且将其作为特征点的高层特征描述。

2. 平移不变的高层特征提取

高层特征是根据一系列不同形状的特征点学习得到的，每个特征维度的表达

为 s^l。在产生等测地线环的过程中，每个环的起始点方向是统一的。但是对于不同的特征点，它们是不连贯的，这将会导致转动歧义。为了使得该高层三维特征具有本质属性，本书引入傅里叶变换来实现高层特征的旋转不变性。通过如下公式将稀疏系数即高层三维特征进行傅里叶变换：

$$
\begin{aligned}
f\{s_k\}(w) &= \sum_k s_k \exp(-\mathrm{i}kw) \\
f\{s_{k+c}\}(w) &= f(s_k)(w)\exp(-\mathrm{i}cw)
\end{aligned} \tag{4-20}
$$

式中，k 代表一个基对应的稀疏系数的下标，c 是稀疏系数的圆形偏移量。根据绝对值相等 $|f\{s_w\}(w)| = |f\{s_{k+c}\}(w)|$，求得变换后的高层三维特征，这样可以有效消除等测地线环不同的顺序排列引起的不连贯问题。最后，底层特征 $F(x_i)$ 每个维度对应的三维高层特征可以描述成 $\theta^l = |f\{s^l\}|$，则底层特征所有维度对应的高层平移不变的环特征 (shift-invariant ring feature，SI-RF) 描述为 $\theta = [\theta^1, \cdots, \theta^{f_m}]$。

对上述产生平移不变的环特征进行总结，抽取该高层三维特征的流程图框架，如图 4-6 所示。大体分为在线生成和离线学习两个部分。离线学习是根据输入数据学习模型参数，参数训练充分后用于三维模型的在线实时生成高层三维特征。这两部分都分为三个处理步骤，首先输入三维模型数据，根据基础描述符平均测地线距离、尺度不变的热核描述符、形状径直函数等构建三维形状的底层描述符。接着，结合三维形状的结构化信息建立等测地线的环区域模型来编码特征点的邻近区域，从而得到该点的中层特征表达。最后结合学习的方法进一步探索各特征维度之间的信息以及解决中层特征表达存在的相关问题，引入平移不变的编码方式和傅里叶变换操作，进一步求得三维模型的高层特征：平移不变的环特征。

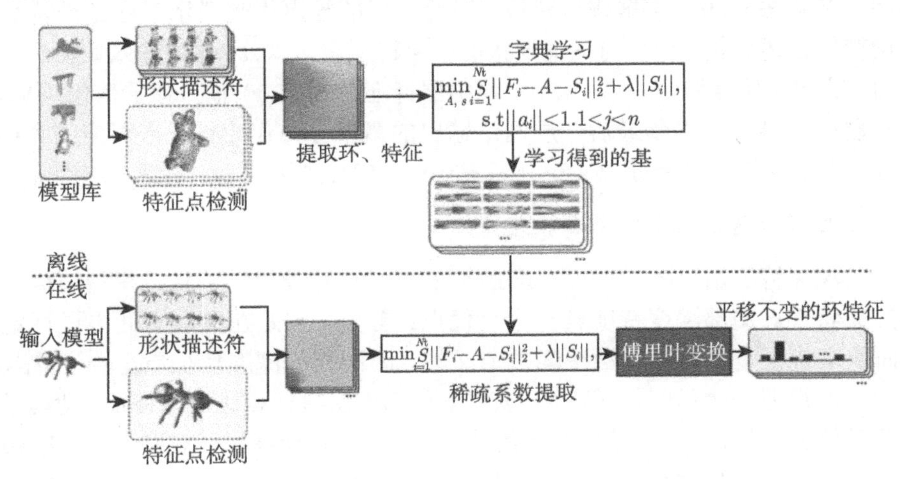

图 4-6　抽取平移不变的环特征 (SI-RF) 的流程图

4.3.2　局部深度特征

基于测地线感知的词包特征 $V(x)$，本书用深度学习算法对中层特征提取特征维度之间的本质属性关系进一步抽象出三维形状的高层特征。

近日，基于深度学习的机器学习算法已成为一个非常火热的研究课题，它可以从底层特征提取低级别的结构化信息。因为它不需要有丰富经验的特征设计研究对输入数据建模，可以利用无监督的方式自学习输入数据内部的非线性关系，从而进一步提取三维形状的高层特征，该高层特征具有非常高的区分能力。因此，已经成功地应用于图像检索、图像分割、图像识别、语音识别等领域，并且发现该高层特征可以实现非常具有竞争力的性能。然而，由于结构复杂的三维网格数据 (图形数据) 和图像与语音数据 (常数且简单的结构关系) 之间的内在差别，深度学习方法很难被直接应用到三维形状识别和检索。为了克服这种局限性，我们采用中间表示的深度学习的输入，而且利用三维形状的中间表达能够显示引入结构化信息，让深度学习除了自己本身隐示地学习深层特征，还可以显示地引入结构化学习。本书将从三维形状中层特征学习得到的高层特征用于三维形状的对应和对称性检测应用。

最近关于深度置信网络 (deep belief network，DBN) 的工作表明，其多层的网络连接结构可以无监督的学习 (数据不需要标签) 输入特征的内在属性，探索得到的特征之间内在的非线性关系可用于目标分类，该高层特征是通过受限玻尔兹曼机 (restricted Boltzmann machine，RBM) 结合对比散度算法 (contrastive divergence，CD) 一层一层学习得到的。每一层的受限玻尔兹曼机激活节点产生的特征作为下一层受限玻尔兹曼机的输入。这样层层无监督地训练完整个网络的参数，然后利用该参数去对输入数据统一建模，最后一层的输出用来表示对应三维特征点的高层特征描述。这里我们用三维形状的中层特征表达 $V(x)$ 作为输入数据进行训练学习，获得最优参数 $\theta = \{w, a, b\}$；将中层特征表达 $V(x)$ 输入该置信网络模型，一层一层前向推算一直到最后一层网络输出的概率分布作为特征点对应的高层三维特征，叫做局部深度特征 (local deep feature，LDF)[61]。

1. *局部深度特征基本概念和原理*

局部深度特征由 Lin 等[62] 在 2010 年提出。该特征描述了三维模型边缘点的凹凸几何特性。局部深度特征具有两个优点：首先，它是在离散空间中进行定义的，而曲率特征是在连续平滑空间中定义的。因而局部深度特征更适合于捕获不平滑的三维模型表面局部几何特征。然后，局部深度特征相比曲率特征，考虑了更多的几何信息，从而避免了找到错误的边缘信息，并且能够保证找到足够多的凹凸信息。

局部深度的基本思想来自于对图 4-7(b) 的观察。图中 B 点处存在一个非常锋利的坡度，因为其离散曲率非常大。但是从人类的视觉角度来说，D 点应该被选作边缘点。而这样的特性可以通过计算顶点的局部深度值来获取。

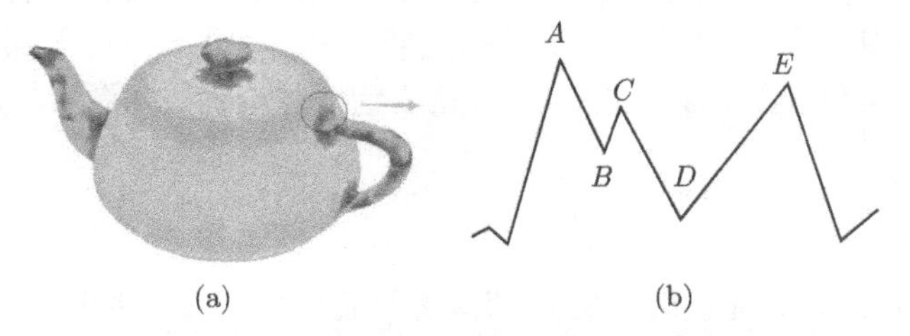

图 4-7 局部深度特征示意图 (阅读彩图请扫封底二维码)

2. 计算方法

这里需要理清楚两个问题。其中一个问题是，如何定义所谓的“局部”。在图 4-7(b) 中，如果只考虑一环邻域，那么 D 点的深度值应该是顶点 D 和顶点 E 之间的高度差。但是如果考虑更宽的邻域，比如说 3 环，那么 D 点的深度值应该是顶点 D 和顶点 A 之间的高度差。经过实验验证，本书将该环数定义为 3，并取得了很理想的效果。

另外一个问题自然是如何计算这个深度值。假设有一个三维模型 M，要计算其表面上的某个顶点 v 的局部深度值，需要以下三个步骤：

(1) 决定高度方向。在图 4-7 中，假设的方向是 y 轴，因此深度值的计算是直接取 y 值的差。然而，在三维模型表面，不能定义一个统一的方向。因此，对于每一个顶点，本方法定义它的高度方向为其法向量方向。而顶点的法向量方向为它的相邻面片的法向量方向的加权和的平均。假设 $F_v = \{f|f$ 是 v 的相邻面片 $\}$，则 v 的法向量可以用以下式子进行估计：

$$\boldsymbol{n}_v = \sum_{f_i \in F_v} \frac{\boldsymbol{n}_{f_i} \cdot \text{Area}_{f_i}}{\sum\limits_{f_i \in F_v} \text{Area}_{f_i}} \tag{4-21}$$

(2) 计算高度差。对于每一个顶点 v，遍历它的 3 环邻域，并计算顶点 v 与其邻域顶点的高度差，并将生成的结果存储在一个集合 $D_v = \{d_{uv}|d_{uv}$ 是顶点 v 和邻域定点 u 的高度差 $\}$ 中。本方法定义以下式子来计算高度差值：

$$d_{vv'} = \cos\alpha \cdot |\overrightarrow{vv'}| = \frac{\boldsymbol{n}_v \cdot \overrightarrow{vv'}}{|\boldsymbol{n}_v| \cdot |\overrightarrow{vv'}|} \cdot |\overrightarrow{vv'}| = \boldsymbol{n}_v \cdot \overrightarrow{vv'} \tag{4-22}$$

(3) 计算局部深度值。至此，只需要选取 D_v 中最大的值作为顶点 v 的局部深度值即可。整体效果如图 4-7(a) 所示的茶壶的局部深度值分布。

3. 局部深度特征的特性

局部深度特征有以下两个特性。首先，正的局部深度值说明该顶点所处位置为凹陷处，而负值则表示该顶点处于凸起的区域。然后，对于正的局部深度值，值越大，则该顶点越可能是边缘点，此时的所处位置会越弯曲。如图 4-7(a) 所示，颜色越深，值越大。

4. 小结

对上述产生的基于词包编码的局部深度特征进行总结，抽取该高层三维特征的流程图框架，如图 4-8 所示。大体分为在线生成和离线学习两个部分。离线学习是根据输入数据学习模型参数，参数训练充分后用于三维模型的在线实时生成高层三维特征。这两个部分都分为三个处理步骤，首先输入三维模型数据，根据基础描述符平均测地线距离、尺度不变的热核描述符、形状径直函数等构建三维形状的底层描述符。接着，结合三维形状的结构化信息建立基于词包的区域模型来编码特征点的邻近区域，从而得到该点的中层特征表达。最后结合深度学习的方法进一步探索各特征维度之间的信息以及解决中层特征表达存在的相关问题，进一步求得三维模型的高层特征：局部深度特征。

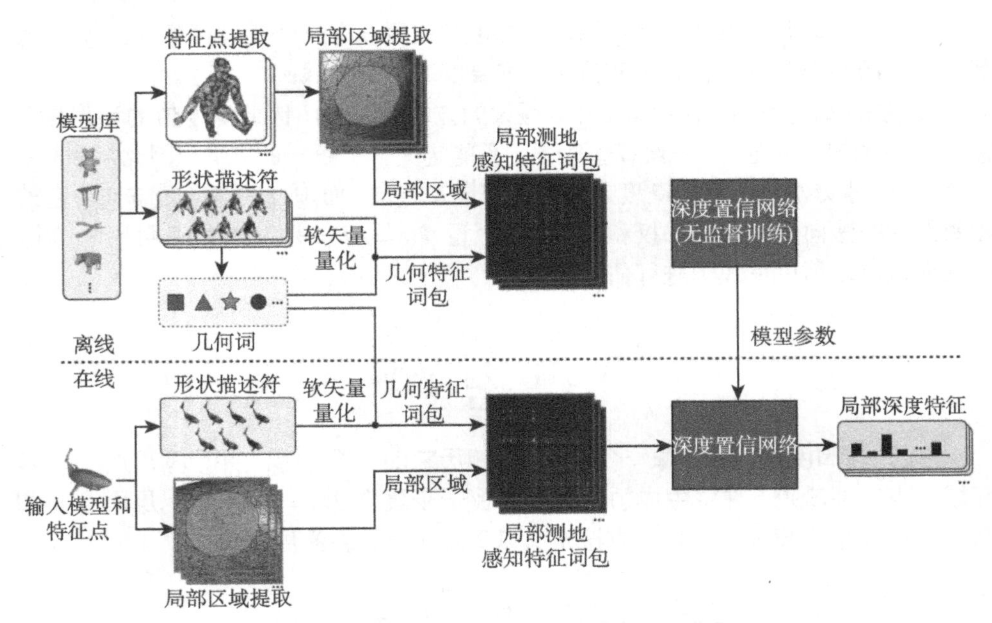

图 4-8　抽取局部深度特征的流程图 (阅读彩图请扫封底二维码)

4.4 实验验证与分析

为了验证本章提出的两种高层特征：平移不变的环特征和局部深度特征的应用性能以及对产生这两种高层特征过程的重要参数进行讨论和说明。本节在国际主流的三维模型数据库：Watertight dataset[63]、TOSCA dataset[64]、SCAPE dataset[65]、SHREC 2007dataset[64] 和 McGill shape benchmark[66] 等数据集上对这两种特征进行了大量的实验论证，包括模型对应实验、三维形状对称性检测、模型识别和检索等。

4.4.1 平移不变的环特征

为了验证 SI-RF 的高层特征，本书主要进行了形状对应和形状检索这两个实验。在形状对应实验中，主要采用 Watertight dataset、TOSCA dataset 和 SCAPE dataset 等 3 个数据库，这些数据库含有丰富的三维形状，并且具有形状对应基准用来计算 SI-RF 在三维模型上的对应准确率。在三维模型检索实验中，本书主要使用 McGill shape benchmark 数据集进行验证，该数据集包含 457 个模型，其中铰链形式的模型含有 10 个类别，总共 255 个模型，每个类别大概有 20~30 个模型。

1. 三维模型对应实验

最优参数设置：回顾上述产生 SI-RF 高层三维特征的过程，发现等测地线环的半径会影响特征的性能。所以，首先本书用 Watertight dataset 数据库模型进行三维形状对应实验找出最合适的测地线距离 d_{N_r}(即圆形区域的最大半径)。本实验中，设置最大等测地线环的半径 d_{N_r} 的范围为三维形状上距离最远顶点之间距离的 1%~15%。

本书采用两种形状对应方法：

(1) 原始对应方法，即在两个三维模型上将最小的特征距离差所在的顶点作为对应点对；

(2) 谱对应方法，在考虑特征距离的基础上加上其他形式的约束，如能量等。

所有模型的对应平均率用来作为实验的评估基准。随着选择不同大小的测地线距离，对应实验的结果如图 4-9 所示。水平轴代表的是最大等测地线半径 d_{N_r} 占三维模型上顶点之间最长测地线距离的比例。垂直轴代表的是所有模型的平均对应概率。从图中我们可以看出，如果比例过小，即区域范围选择的过小，对应准确率较低。比例低于 0.08 时，对应准确率呈上升趋势。但是，当比例高于 0.08 时，准确率呈下降趋势。因此，将三维模型上最长测地线距离的 0.08 作为特征点的最大等测地线半径，并将其应用于下列相关的实验。

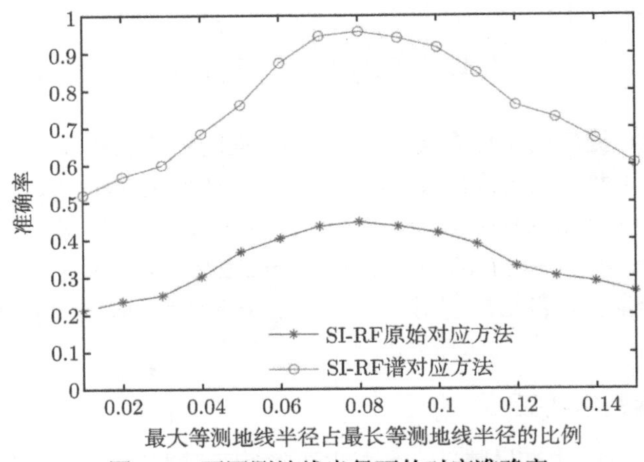

图 4-9　不同测地线半径下的对应准确率

其次，对应的准确率同样受到基的个数的影响，所以选择合适的基的个数 N_b 同样至关重要。第二个对应实验，本书分别将基的数目 N_b 设置为 20、40、60、80、100、120、140 和 160，并根据其对应准确率选择最佳的基的个数。如图 4-10 所示，同样用两种对应方法进行实验，从图中可以看出随着基的个数增加，对应准确率呈现上升趋势，因为基的个数越多，其表达能力越丰富，所以能够产生有区分力的高层三维形状特征。尽管，基的数目越多越好，但是会导致计算效率降低，影响产生高层特征的效率。而且从图中可以观察发现，当基的数目达到一定的值后，其对应准确率增长较为缓慢。因此，我们确定基的数目为 80，并将其用于后续的相关实验。我们在图 4-11 中可视化了尺度不变的热核描述符 (SI-HKS) 和平移不变的环特征 (SI-RF) 在两种对应方法下的结果，可以发现本书提出的 SI-RF 具有更好的区分能力，能够获得更高的对应准确率。

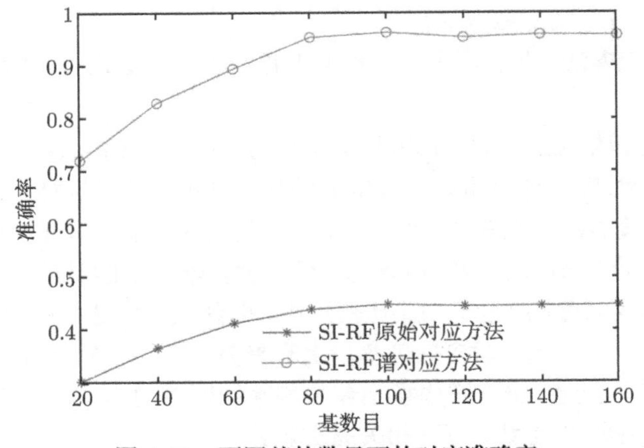

图 4-10　不同基的数目下的对应准确率

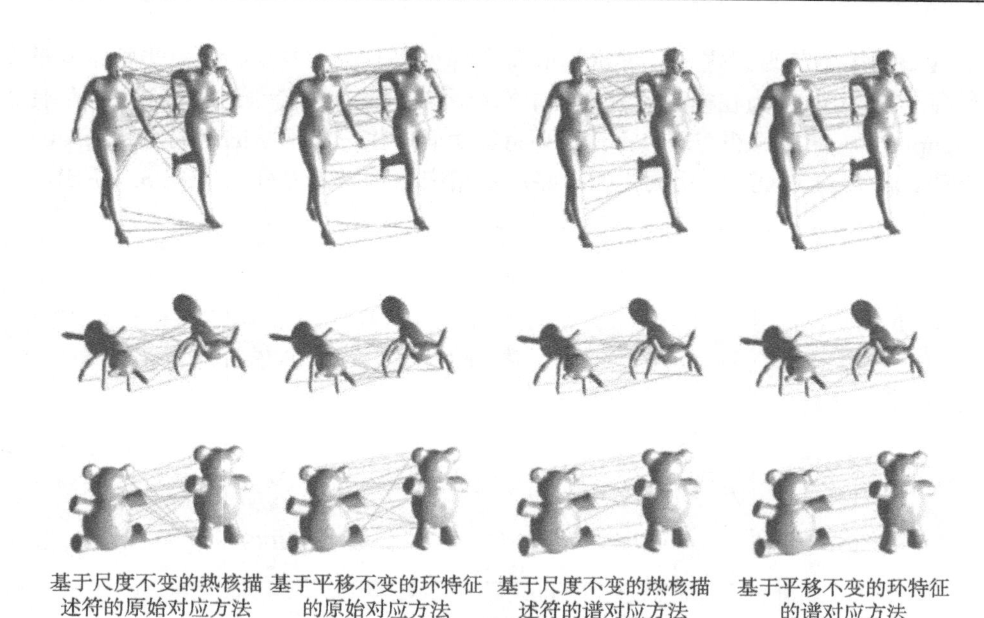

图 4-11 SI-HKS 与 SI-RF 的对比试验 (阅读彩图请扫封底二维码)

对应实验验证：为了进一步验证平移不变的环特征 (SI-RF) 的优良表现，本书在 TOSCA 数据库上做了第 3 个对应实验。对于每个模型，通过最远点采样方法对模型进行降采样，设置每个模型采样后点的个数为 1000。将源物体上的顶点投射到目标物体上，在该实验中我们定义基准对应点到通过算法匹配得到的对应点之间的测地线距离为测地线误差，因为有些特征点在三维形状上很接近，特征具有极大的相似性，很难做出有效区分，所以，只要是通过算法匹配得到的对应点与基准对应点之间的测地线范围小于一定范围，即可认为该点对匹配成功。针对于 TOSCA 数据库，本书画出在不同测地线误差范围的情况下模型对应的准确率，如图 4-12 所示。从图中可以看出，SI-RF 相比较 SI-HKS 具有更加明显的表现，当可以允许的测地线误差距离设置为三维形状上顶点之间最大测地线距离的 15%时，SI-RF 可以达到 90%的准确率，而 SI-HKS 只有 64.5%。

2. 三维模型检索实验

除了模型对应实验以外，本书进行模型检索实验来进一步验证该三维高层特征 (SI-RF) 能否适用于图形的相似性检测。模型检索的具体细节见后续章节。

借鉴 Shape Google 的思想[67] 在 McGill 数据库上进行验证。首先，利用最远点采样的方法对数据库中每个模型进行降采样预处理，每个模型的采样点设置为 1500。然后根据底层特征构建三维形状的中层特征：基于等测地线环的局部区域编码。接着利用稀疏编码进一步抽象提取每个特征点对应的高层特征：平移不变的环特征 (SI-RF)。因为在模型检索实验中需要用模型的全局特征进行描述，我们借鉴 Shape Google 的思想将平移不变的环特征编码产生三维形状的全局特征 (global SI-RF)。对于 SI-HKS，利用同样的思路产生相应的全局描述符 (global SI-HKS)。

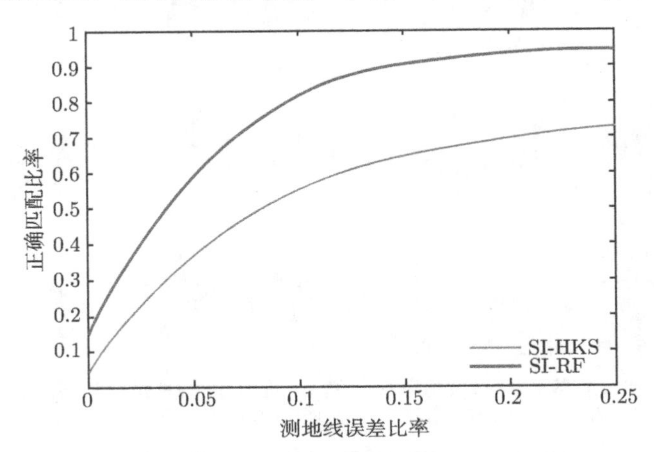

图 4-12 SI-HKS 与 SI-RF 在不同测地线误差范围下的对比试验

本书用 6 个标准的评估指标来评价提出的高层三维特征在模型检索应用中的表现。它们分别是：P-R(precision-recall curve)、NN(nearest neighbor)、FT(first tier)、ST(second tier)、E(E-measure) 和 DCG(discounted cumulative gain)。除了将全局 SI-RF 跟全局 SI-HKS 进行对比，还跟其他先进的方法包括 Shape harmonic descriptor、light-field descriptor、eigenvalue descriptor of affinity matric 和 earth movers distance and attributed relation graph (EMD-ARG) 进行比较。

下面给出常用的这 6 项指标的定义：

(1) 准确率–查全率曲线 (precision-recall 曲线，又称 P-R 曲线)：该曲线用于描述在检索结果中的平均查全率和查准率，由 10 个离散的数值组成，常用二维图像上的一条折线表示。该图像的横轴为回归值，代表了检索出的该类模型的数目在这类模型总数中所占的比例，纵轴为精度值，代表了检索出的该类模型的数目在已经被检索过的模型的总数中所占的比例。折线的起始纵坐标为 1，之后将起始点和各个离散数据按照顺序连接起来构成该折线，也可以忽略起始点，把回归值最小的点作为起点。对于某个单一模型的回归精度曲线来说，将该模型在相似性矩阵对应的行的数据按照从低到高进行排序，从排序后的结果中从前往后寻找标签与该模型相同的数据，N 表示模型库中拥有与该模型同样标签的模型总数 (包括该模型自身)，n 表示找到总数 N 的 $i \times 10\%$ 的模型时花费的数据个数，则第 i 个离散数据的值为 $N \times i \times 0.1/n$，所有模型之间的回归精度曲线的平均值为该检索方法对该三维模型库的回归精度曲线。理想情况下，10 个离散数据的数值应该都与初始点的数据相同，为 1，说明与目标模型标签相同的模型在排序后的序列中全部紧跟在目标模型之后。因此检索结果的回归精度曲线的 10 个数值越大，说明检索方法对于三维模型库的检索结果越好。

(2) 最邻近邻居 (nearest neighbor，NN)：NN 是指信息检索系统根据需求产生的查询结果中，判断与需求相似度最高的结果是否为查询目标。对相似性矩阵中的某一行数据排序之后，排在第一位的必然是该行对应的模型本身，数值为 0，判断排在第二位数的标签与对应模型的标签是否一致，若一致，该模型 NN 值为 1，否则为 0。模型库中所有模型的 NN 值的均值为检索方法对该模型库的 NN 值，该值大于等于 0 小于等于 1，越大说明检索方法的检索结果越好。

(3) 第一层级 (first-tier, FT)，第二层级 (second-tier，ST)：FT 和 ST 是指信息检索系统的查询结果中，依照相似性度量位于前 K 条的记录中，与用户目标为同一类别的记录所占的比例，其中 K 值由目标类别的总个数确定。对相似性矩阵中的某一行数据排序之后，取前 N 个检索结果 (不包含第一个数，0)，对于第一层级，N 的取值为 $K-1$，对于第二层级，N 的取值为 $2*(K-1)$，其中 K 代表模型库中与目标模型标签相同的模型的总数量 (包含该模型自身)。判断这 N 个检索结果中标签与对应模型相同的数目 n，这两个评价参数的数值为 n/N，该值大于等于 0 小于等于 1，同样是所有模型的均值对应最终的结果。由于我们希望排序之后与目标模型标签相同的模型排的越靠前越好，因此也是这两个评价参数越大说明检索方法的检索结果越好；

(4) E(E-measure)：E 指标是查全率和准确率指标的综合，该评价参数的定义是检查排序之后的前 N 个数中标签与目标模型相同数据的数目 n，之所以选择固定的个数是由于实际中用户查看前面内容的可能性远大于查看后边内容的，此处 N 固定为 32 个，设数据库中该模型的数目为 K 个，则计算 E 的公式为 $n*2/(K-1+N)$。该公式由定义式 $2/\{1/(n/N)+1/[n/(K-1)]\}$ 变形而来，其中 n/N 代表了精度值，$n/(K-1)$ 代表了回归值，检索结果越好，精度值和回归值越大，E 的值越大。最后求所有模型的 E 均值，因此 E 的值越大，代表了检索方法的检索结果越好；

(5) 增益值 (discounted cumulative gain，DCG)：该评价参数假定人们对于在排序结果中排在后面的同类模型关注度较低，因此在排序结果中对不同的位置赋予不同的权重，由于排序结果中的第一位是模型本身，不赋予权重，因此从第二位开始，第 i 位的权重为 $\log(2.0)/\log(i)$，将排序结果中所有标签与目标模型一致的点所在的位数的权重求和，作为检索结果的权重，再将前 $K-1$(K 为模型总数)。个点的权重求和，作为理想状态下的权重。因为理想状态下同类的模型会集中在这 $K-1$ 个位置，用检索结果的权重除以理想状态的权重，即为增益值 DCG 的结果。同理，所有模型的 DCG 值的均值为最终结果，DCG 的数值越大，检索方法的检索结果越好。对于一次查询的检索结果，定义数组 G，如果第 i 个检索结果与查询一致，则令 G_i 为 1，否则，令其为 0。则 DCG 指标的计算方法定义如下：

$$\mathrm{DCG}_i = \begin{cases} G_1, & i=1 \\ \mathrm{DCG}_{i-1} + \dfrac{G_i}{\lg_2(i)}, & \text{其他} \end{cases} \tag{4-23}$$

$$\mathrm{DCG} = \frac{\mathrm{DCG}_k}{1 + \displaystyle\sum_{j=2}^{|C|} \frac{1}{\lg_2(j)}} \tag{4-24}$$

式 (4-24) 中，k 为数据库中模型的总数；C 为用户查询类别的模型个数。

各方法的检索精确率 (precision-recall curve) 如图 4-13 所示。从图中我们可以看出，本书设计的三维高层特征：平移不变的环特征 (SI-RF) 比其他方法取得了更加优秀的表现。除此之外，在表 4-1 中列出了 EMD-ARG，SI-HKS 和 SI-RF 在不同评估指标下的数值。从表中可以发现，提出的 SI-RF 特征具有杰出的表现，特别是在 DCG 指标上，相比较 SI-HKS 提高了 8.5%，这充分说明了该设计框架的有效性，通过稀疏编码结合中层结构化编码能够进一步提高底层特征的区分能力。

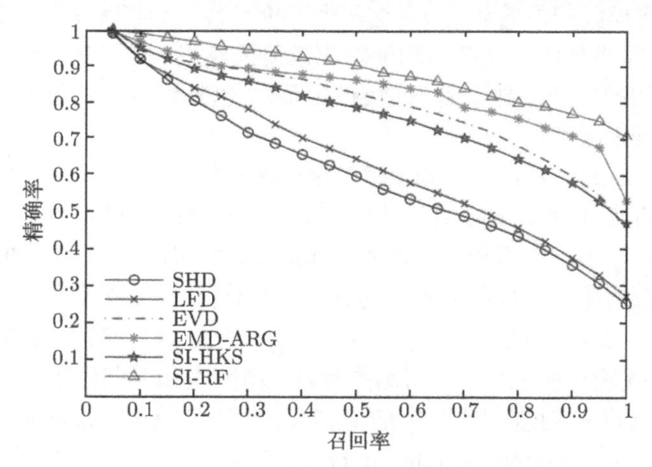

图 4-13　各方法的检索精确率对比图

表 4-1　不同方法关于 5 个标准检索评估指标的对比表格

方法	NN	FT	ST	E	DCG
EMD-ARG	93.3	69.2	88.9	—	90.8
SI-HKS	89.1	57.4	71.2	50.7	85.1
SI-RF	93.5	72.7	90.3	64.3	92.3

4.4.2 局部深度特征

为了验证局部深度特征 (LDF) 的高层特征，本节主要进行了形状对应、形状对称性检测和形状识别这 3 个实验。在形状对应实验中，同样主要采用 Watertight dataset、TOSCA dataset 和 SCAPE dataset 三个数据库，这些数据库含有丰富的三维形状，并且具有形状对应基准用来计算 LDF 特征在三维模型上的对应准确率。在形状对称性检测实验中，主要在 SCAPE dataset 数据集上进行实验。在三维模型识别实验中，本部分主要使用 TOSCA dataset 和 SHREC 2007 数据集进行验证。

Watertight dataset 数据集包含了 380 个物体，TOSCA dataset 包括 80 个物体，SCAPE dataset 包含 71 个物体。对于每一个数据集，几何单词是分开计算的，从所有的顶点中随机选出对应数据集的 50%来聚类产生几何单词。

对每个数据集，深度置信网络 (DBN) 被分开训练。将每个数据库中 50%的物体作为训练集，每个模型通过最远点采样进行预处理，使得每个模型的特征点的数目为 400。为了提高深度置信网络的训练速度，利用基于 GPU 加速的深度学习工具包加速学习三维形状的局部高层特征。相比较基于 Matlab 的深度学习包，基于 GPU 的深度学习能够加速 72 倍，对所有数据的训练仅耗时几分钟。产生 LDF 的每一步耗时都记录在表 4-2 中。运行电脑配置：3.2GHz 的至强处理器，16G 内存。从表中可以看出计算三维形状的测地线和尺度不变的热核描述符 (SI-HKS) 是最消耗时间的两个步骤，相比较之下其他步骤消耗的时间几乎可以忽略。因此，本书设计的局部深度特征在计算效率上具有较强的竞争性。

表 4-2 产生 LDF 的每一步的时间统计

步骤	样本个数	所有时间/s	平均时间/s
测地线计算	400	1049.2	2.623
SI-HKS	400	471.6	1.179
AGD	400	2.3	0.005
FPS	400	1.4	0.003
K 聚类	0.5M	247.9	—
基于词包的中层特征	80000	179.0	0.002
DBN 训练	80000	327.7	—
DBN 测试	80000	3.8	—
训练总过程	200	1516.2	—
测试总过程	200	945.0	4.7

1. 三维形状对应实验

同样的，在产生 LDF 的过程中，有 3 个至关重要的参数：局部区域大小 d_l、词包的个数 Bow_n 和构建中层特征时控制衰减速度的参数 k_{GD}，都直接影响 LDF

的最终表现，所以为了产生更高质量的三维高层特征，首先需要求得最优的参数用来生成 LDF。用原始对应方法来进行三维模型对应实验，即在两个三维模型上将最小的特征距离差所在的顶点作为对应点对。用平均对应准确率作为评估指标，即正确对应的点对数占全部三维形状点对的百分比。

参数设置：首先，求解最优的局部区域大小 d_l。本实验中将区域大小 d_l 的取值范围设置为三维形状上顶点间最长测地线的 3%～19%。根据区域大小的不同求出数据库中每个类别的准确率，如图 4-14 所示。从图中可以看出，当区域半径值很小时，LDF 表现并不是很理想。从趋势来看，当区域半径大小低于最大测地线距离的 0.08 时，对应准确率呈现增长趋势，但是，大于该值后特征表现呈现下降趋势。因此，将最大测地线距离的 0.08 作为区域半径的值，并将其应用于后续的相关实验。

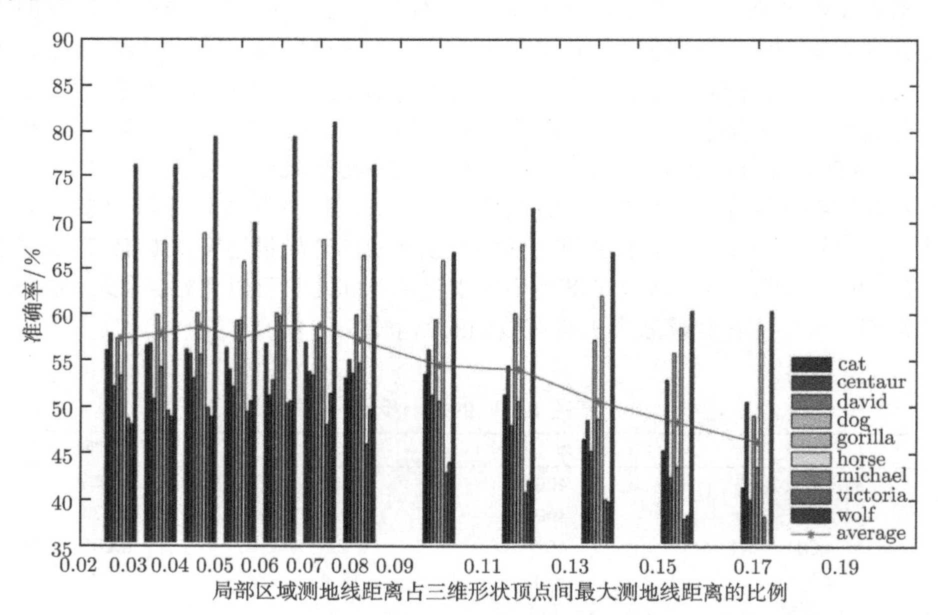

图 4-14　局部区域测地线距离占三维形状顶点间最大测地线距离的比例与准确率之间的关系
(阅读彩图请扫封底二维码)

其次，实验验证不同的词包个数 Bow_n 产生的 LDF 对实验结果产生怎样的影响，从而确定最合理的词包个数。分别将词包数目设置为 60、80、100、120、140、160 和 180 去分析最终的对应结果，如图 4-15 所示。由图中可以看出，这些值对实验结果并没有产生多少不同的影响。但是，更多的词包个数会极大地降低特征的计算速度。因此，根据图 4-15 的描述情况，将词包的数目 Bow_n 设置为 100，并将其应用于后续相关实验中。

最后，本节研究了不同的衰减系数 k_{GD} 对实验结果产生的影响。该值有效地控制了产生中层特征表达的衰减速率。如果衰减系数设置的较小，测地线距离较大的顶点将仍然对中层特征产生较大的影响，反之产生的影响较为微弱。当该值设置的较大时，基于词包编码的中层特征将会丢失邻域信息。图 4-16 显示了准确率与

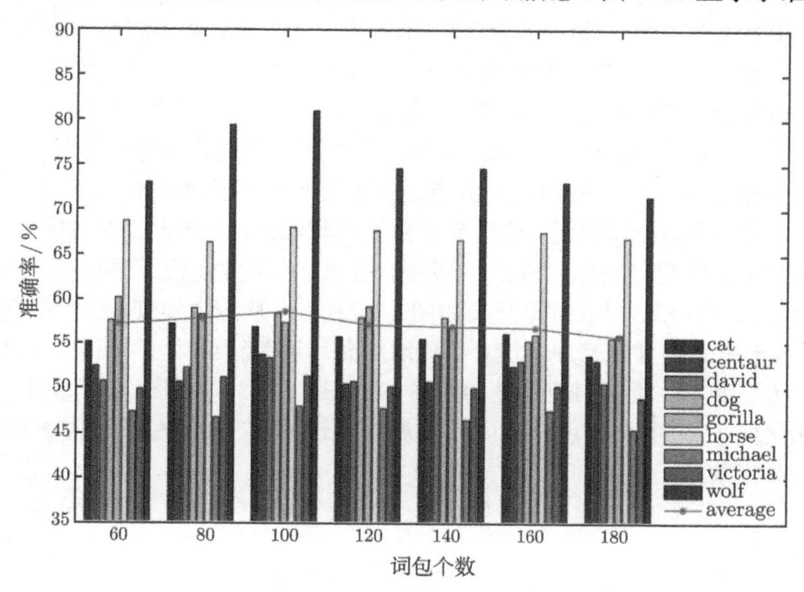

图 4-15 词包个数与对应准确率之间的关系 (阅读彩图请扫封底二维码)

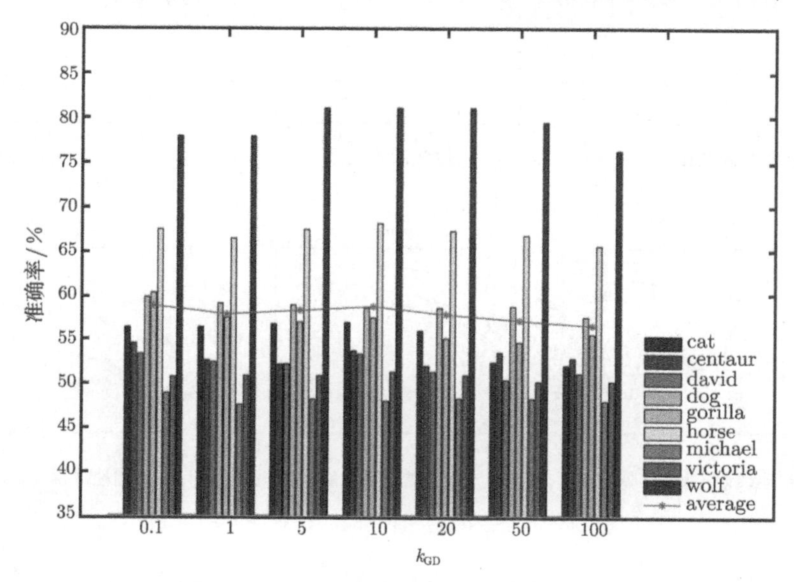

图 4-16 衰减系数与对应准确率之间的关系 (阅读彩图请扫封底二维码)

不同衰减系数之间的关系，从图中可以看出不同的 K_{GD} 对 LDF 的实验结果并没有产生多少不同的影响，因此将 K_{GD} 设置为 10，并将其应用于后续相关实验。

从以上几个实验我们发现，LDF 对参数 Bow_n 和 K_{GD} 并不敏感，这表明了该特征的鲁棒性。除此之外，我们采用了包括输入层和输出层在内的 4 层网络深度置信网络，隐层的节点个数被分别设置为 1000 和 800，最后输出层节点设置为 400，学习速率设置为 0.1，动量参数设置为 0.9。

在 TOSCA 数据集上的对应实验：根据上述求得的最优参数，我们在数据库 TOSCA 上用 LDF 与 HKS、SI-HKS 和 ISC 描述符进行对比实验。同样的，定义基准对应点到通过算法匹配得到的对应点之间的测地线距离为测地线误差，因为有些特征点在三维形状上很接近，特征具有极大的相似性，很难做出有效区分，所以，只要是通过算法匹配得到的对应点与基准对应点之间的测地线范围小于一定范围，即可认为该点对匹配成功。对比结果如图 4-17 所示，从图中发现 LDF 有更加杰出的表现，对于所有的 TOSCA 模型，当测地线允许误差比例为 0.125 时，LDF 的准确率可以达到 90%，而 SI-HKS 是 78.5%，ISC 是 74.5%，HKS 为 50.5%。一些实验的可视化例子如图 4-18 所示，可以直观地发现 LDF 特征在谱对应方法下取得了最好的对应效果。

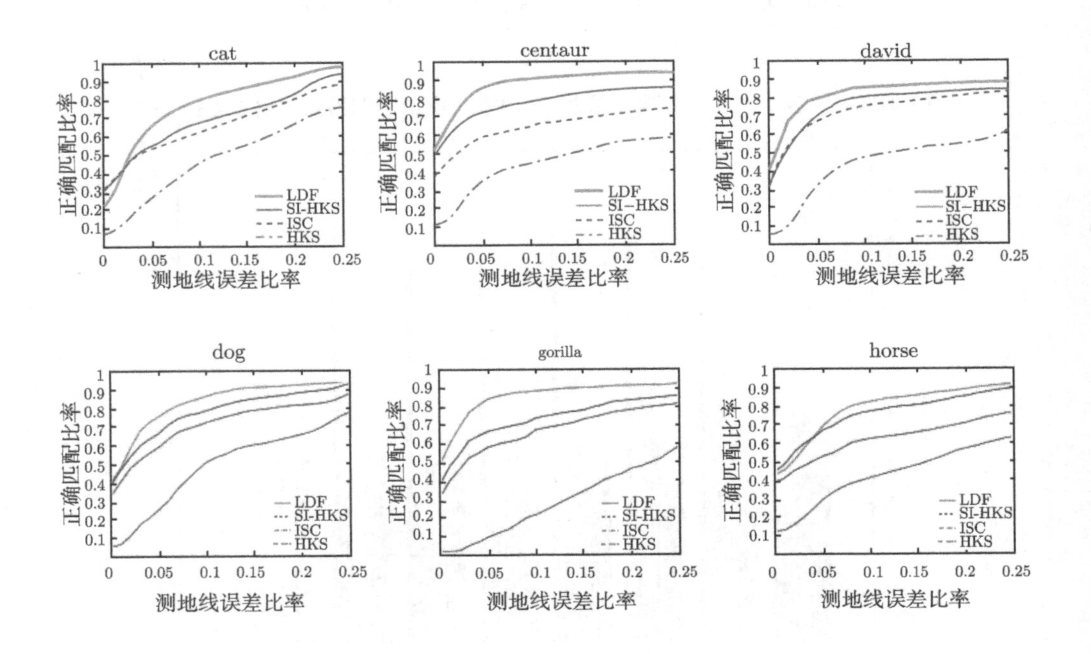

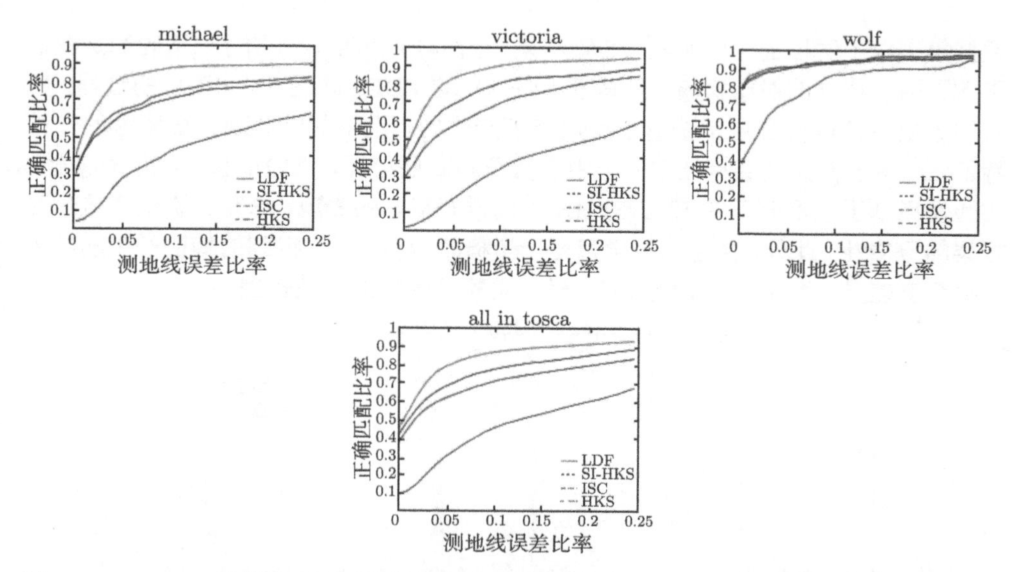

图 4-17 TOSCA 数据集中不同类别物体以及所有物体的对应准确率 (阅读彩图请扫封底二维码)

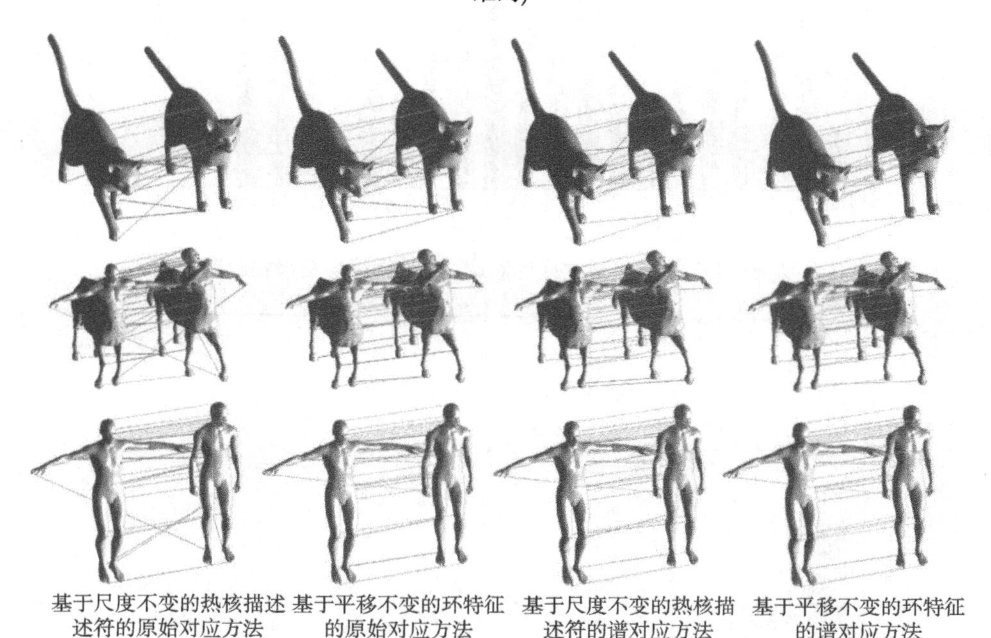

图 4-18 不同对应方法下不同特征的实验对比图 (阅读彩图请扫封底二维码)

绿色表示对应正确，红色表示对应错误

在 Watertight 和 SCAPE 数据集上的实验：我们在 Watertight 和 SCAPE

数据集上做了同样的对应实验，实验结果如图 4-19 和图 4-20 所示。不同的是我们引入了另一特征的对比实验，只基于 SI-HKS 的 LDF。回顾产生 LDF 的过程，所有的中层特征以及高层都是基于底层特征产生的，仅将其中基础三维特征的一种特征 SI-HKS 作为底层特征来构建中层特征和高层特征，以验证该方案的有效性。实验发现基于该框架下的 LDF(SI-HKS) 同样有很好的表现，这充分说明了该学习框架的鲁棒性。此外，由于深度学习是一个概率模型，每次得到的特征产生的结果多少会有差异，因此做了多组实验，确定实验准确率的偏差范围。

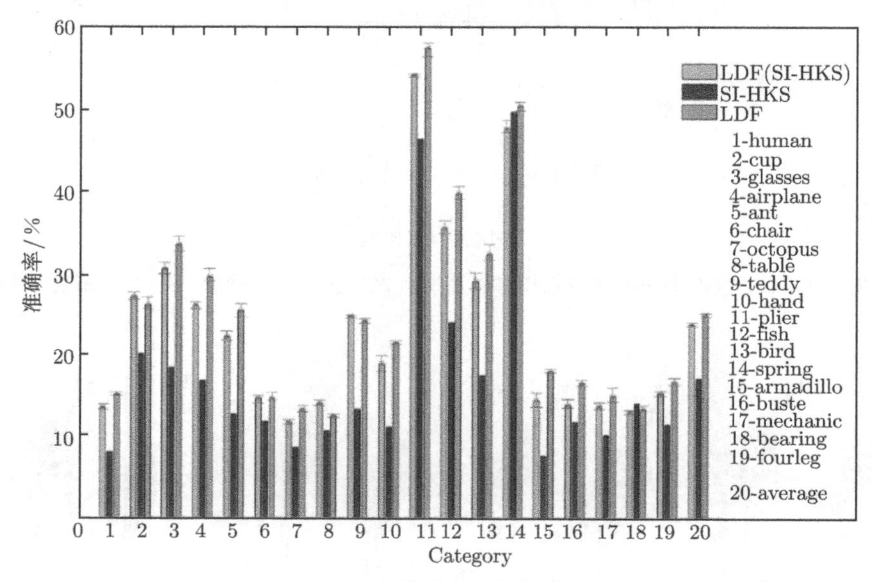

图 4-19 基于 Watertight 数据库的对比试验 (阅读彩图请扫封底二维码)

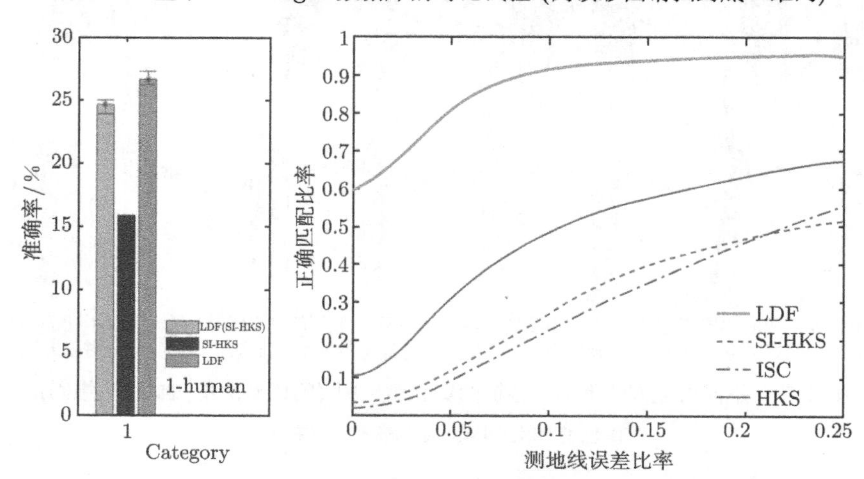

图 4-20 基于 SCAPE 数据库的对比实验 (阅读彩图请扫封底二维码)

2. 三维形状对称性检测实验

除了对应实验，我们还进行了三维形状的对称性检测实验来验证 LDF 特征的性能。对于每个三维形状上的每个特征点，根据特征距离最小的原则，次最优匹配点被选为候选对称点。如果特征点 p_a 的候选对称点为 p_b，p_b 的候选对称点为 p_a，则认为特征点 p_a 和 p_b 为一对对称点。图 4-21 是部分对称结果的示例图，同样将 LDF 与 SI-HKS 进行了对比实验后发现，LDF 的对称准确率比 SI-HKS 高 6%，所以该特征可以用于图形的对称性检测。

图 4-21 基于 TOSCA 数据库的对称性检测实验

3. 三维形状识别分类实验

我们针对 LDF 也做了三维形状识别的实验。因为形状分类识别需要全局特征，所以借鉴 Shape Google 的思想用局部深度特征产生三维形状的全局特征(global LDF)，并将其应用于 TOSCA 数据库和 SHREC 2007 的物体模型识别实验，两个数据库的混淆矩阵如图 4-22 所示。在 TOSCA 数据库上平均分类准确率为 100%，在 SHREC 2007 上的平均分类精度可以达到 87.5%。由此可见局部深度特征在形状识别方面有比较好的应用前景。

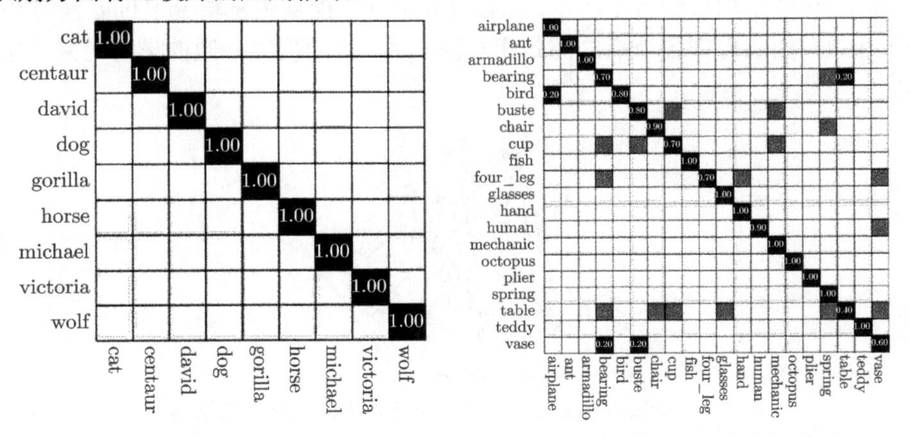

图 4-22 LDF 在数据库 TOSCA 和 SHREC 2007 计算得到的混淆矩阵

第 5 章　基于深度置信网络的三维模型特性提取

深度置信网络 (DBN) 是一种无监督的机器学习方法，是由 Hinton 等[22] 在 2006 年提出来的一种深度学习模型，在物体识别、语音识别和文本特征提取方面都有着成功的应用，引起了广泛的关注。DBN 模型的求解包括无监督预训练和有监督参数调优两个过程。在网络结构方面，它可以视为是由若干受限玻尔兹曼机组成的。

5.1　相关算法理论

5.1.1　受限玻尔兹曼机

受限玻尔兹曼机 (restricted Boltzmann machines, RBM)[68,69] 是一种基于概率产生式的随机神经网络，用来学习对于输入数据的概率分布，可以通过无监督或者有监督的方式对该模型进行训练。RBM 模型可以作为基本单元构建各种复杂的多层深度网络，广泛应用于降维、分类、特征学习等问题。

受限玻尔兹曼机是一个双向的、两层的、无方向的图模型。其隐层单元为 h，输入数据 v 为可视层，每一层呈交叉对称结构，节点与节点之间的连接是权重矩阵 W。联合概率分布为 $p(v,h;\theta)$，对于可视化输入单元 v 和隐层单元 h，模型参数的定义为 $\theta=\{w,a,b\}$，整个受限玻尔兹曼机的图模型被描述成一个能量模型 $E(v,h|\theta)$，它的结构如图 5-1 所示。从图中可看出：同层内部单元之间是没有边相连的，因此，同层内部各节点之间是相互独立的，这给网络参数的求解带来了极大便利。

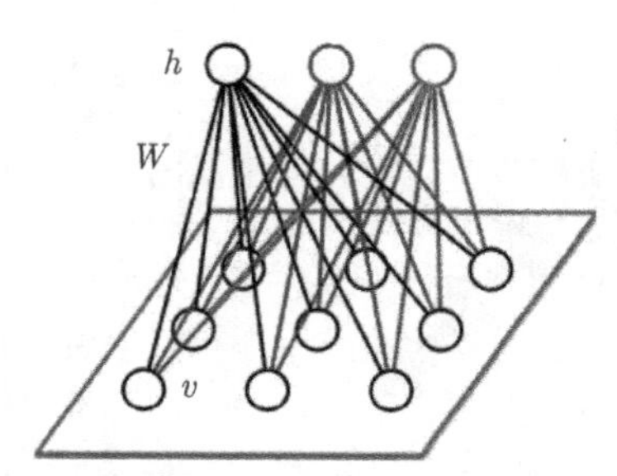

图 5-1　受限玻尔兹曼机结构 (阅读彩图请扫封底二维码)

v 为可见层节点；h 为隐层节点；W 为两层的连接权值

如果 v 和 h 的状态均为 0 或 1，那么对于确定的 (v,h)，设可见层的偏置为 a，隐层的偏置为 b，则 RBM 作为完整体系含有的能量为

$$E(v,h|\theta)=-\sum_{i=1}^{n}a_iv_i-\sum_{j=1}^{m}b_jh_j-\sum_{i=1,j=1}^{n,m}v_iw_{ij}h_j \tag{5-1}$$

式中，E 为系统的总能量；θ 为受限玻尔兹曼机的参数 (包括连接权重与偏置)；n 为可见层的节点数；m 为隐藏层的节点数。基于该能量函数，受限玻尔兹曼机的模型为

$$p(v,h|\theta)=\exp\left[-\frac{E(v,h|\theta)}{Z(\theta)}\right] \tag{5-2}$$

式中，$p(v,h|\theta)$ 为 (v,h) 的联合概率分布；$Z(\theta)$ 为归一化项 (也成为配分函数)，它的值为

$$Z(\theta)=\sum_v\sum_h\exp(-E(v,h|\theta)) \tag{5-3}$$

在实际应用中，我们所要考虑的是受限玻尔兹曼机模型所定义的输入数据的概率分布，即 $p(v|\theta)$。

由于 RBM 模型中同层内部各单元之间没有权值边相连，故若已知隐层各单元的状态，则可见层中各单元的状态是彼此互不相关的，且第 i 个节点被激活的概率为[70,71]：

$$p(v_i=1|h,\theta)=\sigma\left(a_i+\sum_h h_jw_{ji}\right) \tag{5-4}$$

式中，σ 为 sigmoid 函数。同理，给定可见层节点的状态，则隐藏层第 j 个节点的激活值为

$$p(h_j=1|v,\theta)=\sigma\left(b_j+\sum_v v_iw_{ij}\right) \tag{5-5}$$

给定训练样本后，训练一个受限玻尔兹曼机意味着调整参数 θ，以拟合给定的训练样本，即使得在该参数描述下，由相应受限波尔兹曼机描述的概率分布尽可能地与训练数据相符合，也就是追求前面定义的似然概率 $p(v|\theta)$ 最大，那么受限玻尔兹曼机的目标函数为

$$L(\theta)=\sum_{t=1}^{T}\log(p(v^t|\theta)) \tag{5-6}$$

其中，T 为训练样本的总数。将目标函数 $L(\theta)$ 对模型的参数 θ 求导可得到：

$$\frac{\partial L(\theta)}{\partial\theta}=\sum_{t=1}^{T}\left[\sum_h p(h|v^t,\theta)\times\frac{\partial(-E(v^t,h|\theta))}{\partial\theta}-\sum_{v,h}p(v,h|\theta)\times\frac{\partial(-E(v,h|\theta))}{\partial\theta}\right] \tag{5-7}$$

用 w 和 b 替代式 (5-7) 中的参数 θ，进行进一步的化简可得到：

$$\frac{\partial L(\theta)}{\partial w_{ij}}=\sum_{t=1}^{T}(p(h_j=1|v^t)v_i^t-\sum_{v}p(v)p(h_j=1|v)v_i) \tag{5-8}$$

$$\frac{\partial L(\theta)}{\partial a_i}=\sum_{t=1}^{T}\left(v_i^t-\sum_{v}p(v)v_i\right) \tag{5-9}$$

$$\frac{\partial L(\theta)}{\partial b_j}=\sum_{t=1}^{T}(p(h_j=1|v^t)-\sum_{v}p(v)p(h_j=1|v)) \tag{5-10}$$

从式 (5-7) 可以看出，目标函数对模型参数的偏导数实际上可以分为两个部分：第一部分为能量函数对模型参数的偏导数在分布 $p(h|v^t,\theta)$ 下的期望值，第二部分为在 $p(v,h|\theta)$ 下的期望值。由于受限玻尔兹曼机中同一层的节点相互之间是独立的，一旦可见层节点的值给定，隐藏层各节点的概率分布也可以计算出来。因此，在式 (5-7) 中，$p(h|v^t,\theta)$ 可从训练数据集计算出。但对于联合分布 $p(v,h|\theta)$，这个分布是由 RBM 模型的结果所决定的，不能直接算出 (计算复杂度是指数级别的)。实际采用近似的方法进行逼近。

5.1.2 对比散度算法

为了求解模型中的参数，常见的做法是使用马尔可夫链蒙特卡罗采样方法 (如吉布斯采样法) 进行采样，用训练样本对式 (5-7) 中的第二项进行估计。然而，每次执行马尔可夫链蒙特卡罗采样，都需要足够多次数的状态转移才能保证采集到的样本符合目标分布，并且需要采集大量的数据点才能够进行精确的近似，这会使得受限玻尔兹曼机模型的训练过程复杂度非常高，因此，此方法只存在原理上的可行性，在效率上的分析说明其实是难以够忍受的。我们的目标是让受限玻尔兹曼机拟合给定训练样本的概率分布情况，那么，如果以训练样本作为马尔可夫链的状态起始点，这样一来，这些状态也许只需要很少次的状态转移就可以收敛到训练样本集的真实分布了，基于这个思想，Hinton 于 2002 年发明了对比散度算法 (CD 算法)，该方法目前已成为训练受限玻尔兹曼机的标准算法。

CD 算法的流程很简单，在 RBM 模型中，给定了可见层的状态后，所有隐层节点之间的激活状态是条件独立的，具体可描述为：

对于训练样本 v，取 $v^{(0)}=v$，再执行 k 步 Gibbs 采样，其中第 s 步 ($s=1,2,\cdots,k$) 先后执行：

(1) 由 $p(h|v^{(s-1)})$ 采样出 $h^{(s-1)}$；

(2) 由 $p(v|h^{(s-1)})$ 采样出 $v^{(s)}$。

Hinton 在论文中证明：在实际应用中，通常对比散度算法只需进行一两次迭代，计算效果已经能够达到足够好的近似。

使用对比散度算法，式 (5-8)、式 (5-9) 和式 (5-10) 可变为

$$\frac{\partial L(\theta)}{\partial w_{ij}}=\sum_{t=1}^{T}(p(h_j=1|v^{t_0})v_i^{t_0}-p(h_j=1|v^{t_k})v_i^{t_k}) \tag{5-11}$$

$$\frac{\partial L(\theta)}{\partial a_i}=\sum_{t=1}^{T}(v_i^{t_0}-v_i^{t_k}) \tag{5-12}$$

$$\frac{\partial L(\theta)}{\partial b_j}=\sum_{t=1}^{T}(p(h_j=1|v^{t_0})-p(h_j=1|v^{t_k})) \tag{5-13}$$

根据式 (5-11)、式 (5-12) 和式 (5-13)，利用梯度下降法就可以求解受限玻尔兹曼机的参数。

5.1.3 深度置信网络

深度置信网络 (DBN) 可以看成是由许多个 RBM 模型组合而成的[22]。作为深度学习方法中的重要组成部分，深度置信网络能够对大量的无标签数据进行无监督学习，挖掘了这些数据在分类问题中的价值，也使得传统的多层神经网络在一定程度上克服了难以训练、收敛到局部最优值的问题，因而得到了学术界以及工业界的极大重视。能够从无标签数据中学习到有价值的信息是深度置信网络一个非常大的特点。

图 5-2 展示了一个 4 层结构的深度置信网络，可以看出它是由 3 个 RBM 结构堆叠而成的。最底层 RBM 的可见层直接接受训练样本数据，最高层 RBM 模型的隐层可以连接到 softmax 分类器，用来确定分类结果的输出。在深度置信网络模型中，层数高的节点可以提取到输入数据的高层特征。(从严格意义来讲，深度置信网络的结构是由下层的有向置信网络和最顶层的受限玻尔兹曼机组成的混合网络模型，但一般为了分析简单，会将其简化成多个 RBM 的形式[22])

Hinton 于 2006 年提出了首先使用逐层预训练的贪婪算法对深度置信网络进行训练，然后再利用反向传播算法进行网络参数的全局调优[22]。逐层预训练使用无标签数据，此步骤的目标是为网络提供较优的初始化参数，以利于后面参数微调过程的进行。

这种无监督逐层预训练的贪婪算法可总结为如下几个步骤：

(1) 随机初始化网络中的参数值，以防止对称失效现象的发生；

(2) 将训练样本的值作为网络输入层的状态，使用 CD 算法对第一层的 RBM 模型进行充分训练；

(3) 固定该 RBM 的参数，再将其隐藏层各单元的状态值作为后一 RBM 的输入，使用 CD 算法充分训练第二个 RBM 结构[70]；

(4) 重复步骤 (3) 直至最后一层。

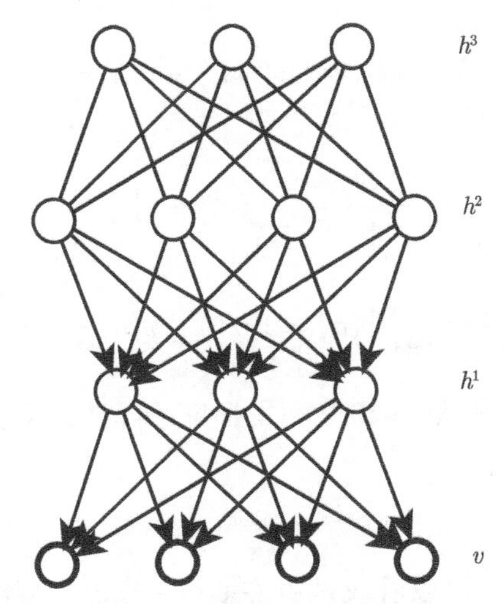

图 5-2　深度置信网络示意图

无监督预训练完成后，深度置信网络对训练样本空间的特征结构具备了一定的描述能力，但因为此阶段的网络是无监督训练完成的，网络还不具备识别的能力，还需要进行有监督的参数调整过程来建立样本特征与样本标签之间的关联。

深度置信网络的有监督训练过程需要在有标签数据集上完成。将深度置信网络最后一层的输出接入一个 softmax 分类器，与深度置信网络一起利用，构成一个普通的神经网络模型，利用反向传播算法完成整个网络的有监督训练。

另外一种常见的做法是，对于普通的神经网络，使用深度置信网络对其进行参数的预训练 (即初始化过程)，这在一定程度上可以避免神经网络由于初始化不合理而导致的收敛困难等问题。

另外，传统神经网络属于判别式的机器学习方法，其目的是对数据的标签进行拟合，以找出它们之间存在的高度非线性关系。而深度置信网络属于生成式模型，它不仅会拟合数据的标签，而且还能根据标签来生成数据，可以用来完成缺失数据的补全。换句话说，当给定样本数据时，深度置信网络会计算出该样本属于各个标签的概率信息，而在给定样本的标签时，深度置信网络可以反向生成属于该标签的数据样本。

5.2 算法框架

在过去几十年期间，在三维模型的识别、匹配、分类和检索等方面都产生了许多优秀的方法，这些方法或多或少都与三维形状的特征描述相关。三维形状的测地线距离由于能够应对较接变形这一优良的性质，所以常被用来作为三维模型分析中的描述子。文献 [6] 提出了使用三维物体测地线矩阵的第一大特征值来生成三维物体的特征描述符，这种特征描述符是等距不变的。基于三维形状视图的特征设计方法有共同的假设条件：如果不同的三维形状几何相似，则从对应的不同视角进行观察，得到的结果也一定相似。这种方法没有利用三维形状的几何属性和拓扑连接关系，因此能够应对三维形状的退化和局部缺失等问题。基于视图的方法中非常重要的一点就是如何将三维物体大量的视角图像进行有效的组织，并建立起它们之间的关系，然后从这些视图中得到对三维形状的有效特征表达。

以上这些特征提取策略普遍存在一个问题，就是在数据的处理过程，只考虑了最底层的特征描述子，不能够完全对三维模型的整体属性进行表达。在计算机视觉领域中，深度学习能够对图像提取到分层抽象的高层特征，受此启发，在本章中，我们寻求将深度学习方法应用于三维形状领域的可能性，以此来提取三维模型的高层特征。

本部分提出了一个新型的框架将深度学习方法与三维形状高层特征提取联系起来，其核心思想是，首先从三维形状的多视角图像中提取到 BoVF(bag of visual feature) 特征，然后利用深度学习方法从这些 BoVF 特征中提取出三维模型的高层特征。算法的流程图如图 5-3 所示。算法分为离线训练和在线特征提取两部分，在图 5-3 中由虚线分开。

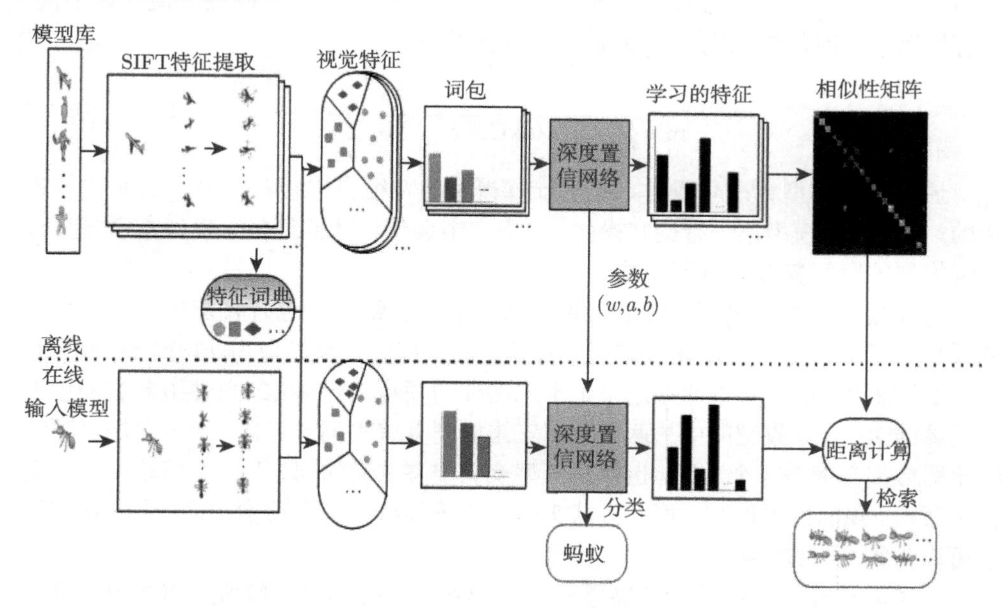

图 5-3 基于 DBN 的三维模型高层特征提取流程图

从流程图 5-3 可以看出，算法主要包含以下几个步骤：首先对数据库中的每一个三维模型生成一定数目的视角图像，再从每一幅图像中提取 SIFT 特征；接下来利用上一步得到的 SIFT 特征训练一个特征词典，计算出每一个三维模型的 BoVF 特征；然后使用 BoVF 特征训练一个深度置信网络模型来学习三维形状的高层特征表达；最后利用机器学习中最常用的分类检索任务来对提取到的高层特征进行验证。这个算法的最大优点是可以使用有监督或者无监督学习的方法从三维模型数据集中提取到表达能力更强、泛化效果更好的高层特征。

下面详细叙述提出方法的各个步骤。

5.3 数据预处理和视角图像的生成

对于机器学习算法来说，数据预处理是非常重要的一个环节，对于三维数据形式尤其如此。由于每一个三维模型在空间中有非常多可能的摆放姿态，并且都有自己的空间坐标系统，在尺度上也可能千差万别，为了便于处理，首先要对三维模型数据进行姿态标准化调整。在本研究中，对三维形状进行平移和尺度缩放，使得其表面上的任意一点到原点的距离不超过 1。平移向量 $T=(T_x,T_y,T_z)$ 由下式 (5-14) 计算得到

$$T_i=\frac{\mathrm{MaxCoor}_i+\mathrm{MinCoor}_i}{2},\quad i=x,y,z \tag{5-14}$$

式中，$\mathrm{MaxCoor}_i$ 和 $\mathrm{MinCoor}_i$ 分别为三维模型在第 i 个维度上的最大值和最小值。进行模型缩放时的缩放因子由式 (5-15) 计算得到

$$S=\frac{1}{\min_{i=x,y,z}(\mathrm{MaxCoor}_i-\mathrm{MinCoor}_i)} \tag{5-15}$$

通过上述模型标准化操作，最后计算得到的特征在平移和尺度方面是比较鲁棒的。此阶段对模型不进行旋转操作，在下文中会使用其他策略来确保本章方法对三维模型的空间姿态具有不变性。

完成数据预处理之后，接下来对数据库中的三维模型进行视图的生成。本研究采用文献 [72] 中的方法来提取视角图像，假设每个三维模型由 20 个照相机所包围，每个照相机的位置选取在这个正十二面体的顶点，照相机的光轴指向这个正十二面体的中心。如果空间中的两个相似三维模型具有不同的朝向，那么它们对应的视角图像都会偏差一个角度，也就是模型空间姿态引起的问题，这个问题会在下面得到解决。我们使用正交投影的方式来获取三维模型在每个角度上的视图，这样每次可以为每个三维形状生成 20 幅图像。

为了确保最终得到的特征能够对三维形状空间姿态有比较强的鲁棒性，可以调整正十二面体在空间的姿态，在实际操作中，将正十二面体绕原点旋转 10 次，

并且保证得到的 10 个正十二面体的所有顶点都均匀分布在三维形状的单位圆上。经过上述操作，可以为每一个三维模型生成 200 幅视角图像。图 5-4 展示了视图生成的过程。在实验中，设置每一幅视角图像的大小为 256×256。

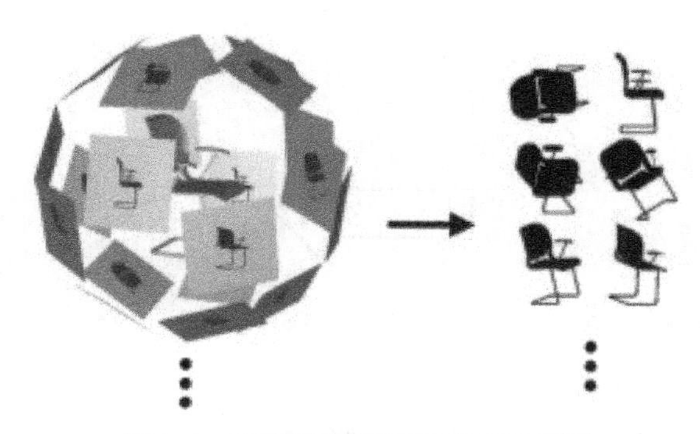

图 5-4　三维模型视图生成过程 [196]

5.4 特征提取

5.4.1 底层特征的提取

在获取到视角图像后，为其计算 SIFT 特征。SIFT 特征的计算可分为以下两步：

第一步，使用高斯差分算子 (DOG) 提取图像中的特征点，然后求出这些特征点的多尺度、多朝向和坐标信息，以保证得到的 SIFT 特征对图像的各种变换能够保持很好的鲁棒性 [72]；

第二步，为每一个 SIFT 特征的兴趣点计算特征描述向量。本研究使用标准的 SIFT 算法，将算法中的参数都设置为默认值，为图像中的每个特征点生成一个 128 维的向量。SIFT 特征非常丰富，而且易于获得，即使在非常简单的图像上，也可以检测到大量的 SIFT 特征点，对图像的匹配有很大的优势。此外，SIFT 特征的计算方法简单，可以实时计算得到。由于这些优点，SIFT 特征在计算机视觉领域的应用十分广泛，这也是本研究选取 SIFT 特征点作为底层特征的原因。

从文献 [72] 可以看出从视图中提取到的 SIFT 特征对于三维视角的变化能够保持稳定，这个性质对没有进行三维模型的旋转归一化在一定程度上可以起到补偿作用。在实验中发现，每一个视角图像中可以提取到 20~40 个 SIFT 特征，每一个三维形状总共有 5000~7000 个 SIFT 特征。图 5-5 展示了 SIFT 特征的提取效果。

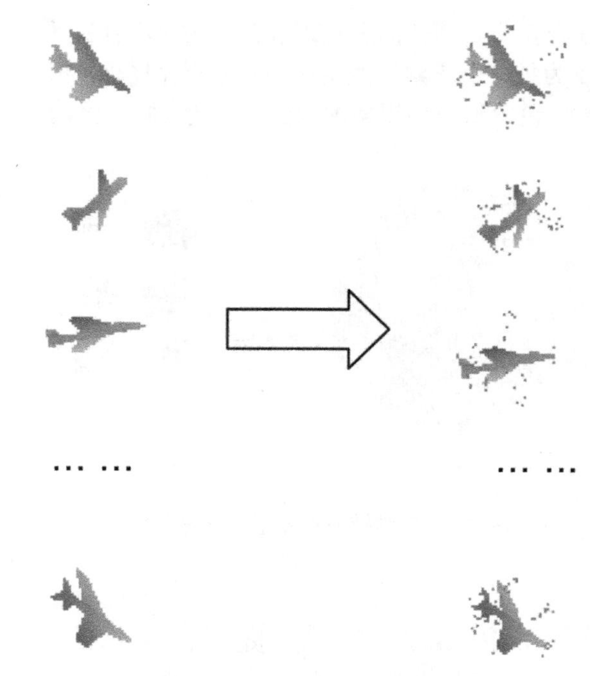

图 5-5　SIFT 特征提取效果

在 SIFT 特征提取完成后，利用这些 SIFT 特征构建 BoVF 特征，BoVF 特征是依据“词袋”模型 (bag of words) 的原理得到的，“词袋”模型来源于文本分析领域。在计算机视觉领域使用时，会把二维的图像映射成视觉词汇向量，这种做法一方面保存了图像中的关键特征；另一方面也会对原始像素进行压缩，可以减少后续过程所要处理的信息量。为了构建 BoVF 特征，首先使用 K-means 方法对前面提取到的 SIFT 特征进行聚类，聚类中心的数目 (即词汇的个数) 可根据实际情况来确定，得到的聚类中心所构成的集合为三维模型视角图像的视觉词典。

完成视觉词典的构建后，对三维模型的每一幅视角图像，计算出该视角图像所包含的每一个 SIFT 特征在每个词汇上的概率分布，计算方法为给定一个大小为 v 维的词典 $p=\{p_1,p_2,\cdots,p_v\}$，定义描述符 $p(x)$ 在词典 p 上的分布为 $\theta(x)=(\theta(x_1),\theta(x_2),\cdots,\theta(x_v))^{\mathrm{T}}$，$\theta(x)$ 是一个 v 维的向量

$$\theta_i(x)=c(x)\exp\left(-\frac{\|p(x)-p_i\|_2}{2\sigma^2}\right) \tag{5-16}$$

其中，σ 为所有视觉词汇之间距离的最大值；$c(x)$ 为归一化因子，以保证 $\sum_{i=1}^{v}\theta_i=1$。

根据式 (5-16) 计算出每个 SIFT 特征在整个视觉词典上的概率分布，然后统计出每个三维形状所包含的所有 SIFT 特征的词频信息，得到其分布直方图，作为

BoVF 特征。图 5-6 展示了 BoVF 特征的整个计算过程。该步骤完成后，每一个三维形状都会得到一个 BoVF 特征表达。

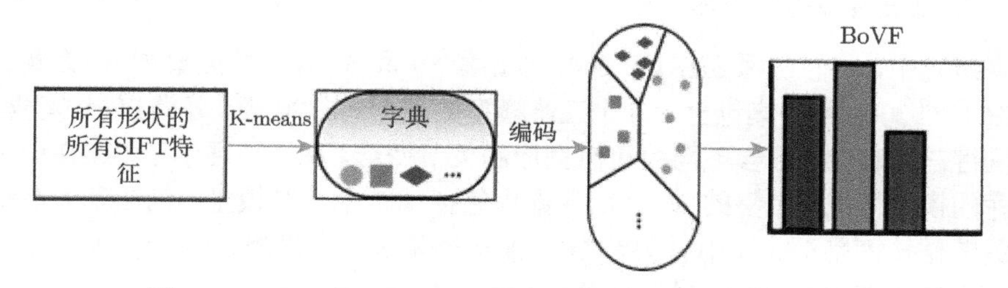

图 5-6 BoVF 特征的计算过程 (阅读彩图请扫封底二维码)

为了使获得特征有较好的区分性，在实验中我们对视觉词典大小的设置进行了研究。此外，为了减少聚类过程的计算量，随机从每个类别中选取 50%的三维模型进行视觉词典的生成。

5.4.2 高层特征的提取

为了最大程度地增大三维模型的类内相似性，同时减少其类间相似性，需要从前面得到的 BoVF 特征中进一步提取出三维模型的高层特征。深度学习模型的一大特点就是可以从数据中提取出分层抽象的高层特征，因此，在本研究中，使用深度置信网络作为高层特征的提取方法。深度置信网络已经在众多研究中展示出了其强大的非线性多层特征学习能力，深度置信网络的模型结构、求解方法等已经在上面详细讨论过。

在本研究中，使用前面得到的 BoVF 特征作为深度置信网络的输入，训练最底层的受限玻尔兹曼机，并将它的输出作为下一层受限玻尔兹曼机的输入，重复这个过程直至最后一层。在无监督训练预训练过程完成后，网络中的权值参数已被合理地初始化，然后再在深度置信网络的最后面接入 softmax 模型，同时加入标签信息，利用 BP 算法进行权值的微调。使用深度置信网络模型最后一层的输出作为三维模型的高层特征，使用该高层特征作为三维模型的特征描述，以此验证本部分提出算法的性能。

5.5 实验验证与结果分析

本研究分别完成了三维形状的分类和检索任务，根据在任务中的表现对算法进行综合评判。

在分类实验中对超参数值的选取进行了探索，以确定出较优的超参数值，并评价本章方法对超参数取值的敏感度，最后根据分类实验训练得到的数学模型完成三维模型的检索任务。

5.5.1　标准三维模型数据集说明

本研究中，我们使用 SHREC 2007 数据集[64] 和 McGill 数据集[66] 作为实验数据。SHREC 2007 数据集包含 400 个三维模型数据，一共 20 类，每类 20 个模型，均为非刚性三维形状，包含不同的几何变形和关节变形。图 5-7 展示了 SHREC 2007 数据库的模型情况。完整的 McGill 数据集包含 457 个三维模型，包括有关节结构和无关节结构两部分，其中有关节结构部分含有 255 个模型，10 个类别，每一类的形状数目不等 (20~30)。

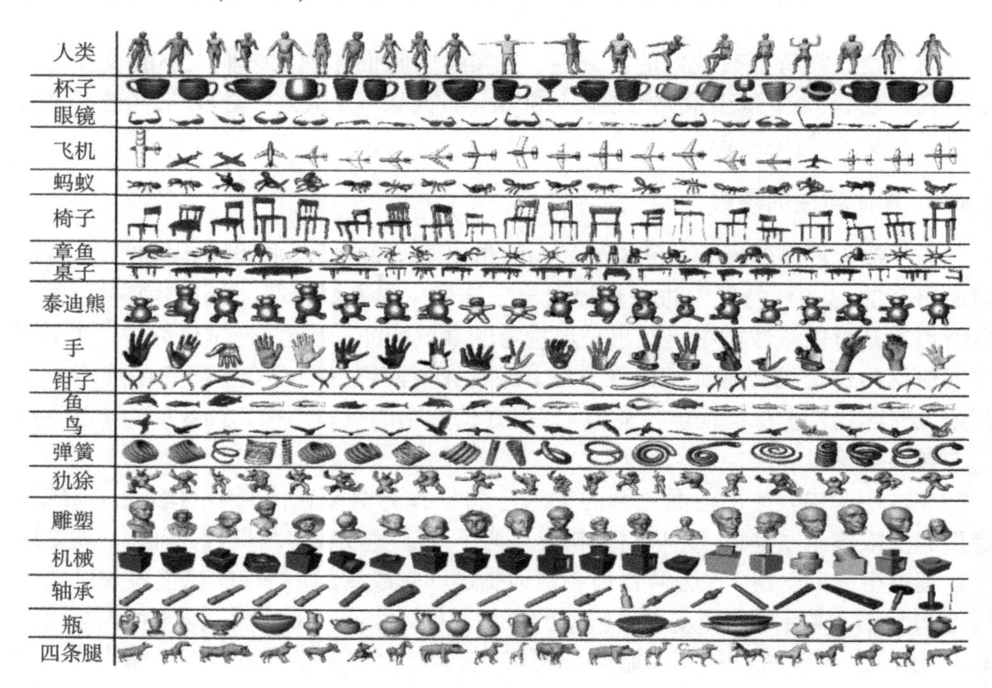

图 5-7　SHREC 2007 数据库模型示意

5.5.2　三维模型的分类实验

为了验证本研究提出的方法在分类任务中的性能，首先在 SHREC 2007 数据集进行分类实验以确定算法中的超参数，本研究中使用平均分类精度作为度量标准来进行实验效果的评价。

实验中，本研究建立了一个 4 层的深度置信网络，其中第二、三层 (两个隐藏层) 的节个点数分别设置为 1000 和 800，第一层的节点数与 BoVF 特征的维度相同，最后一层节点的个数等于三维形状的类别数。在训练深度置信网络时，设置总共的迭代次数为 1000 次，初始学习率的大小为 0.01，并当迭代次数达到 500 时，将学习率衰减为 0.001。采用小批量梯度下降法进行模型的训练，每 50 个数据为一个批次，并引入动量因子以加速网络参数的收敛。

本研究中，我们自己开发了一个深度学习工具包 DeepNet，用 Python 语言实现，为了提高运算效率，利用 CUDA 进行了加速，使得所有的矩阵运算都在 GPU 上进行。在开发过程中用到了 Numpy 和 CudaMat 两个第三方工具包。DeepNet 实现了受限玻尔兹曼机、自定义网络结构的深度置信网络等深度学习模型，能够非常高效地进行模型的设计和训练，本研究的工作就是以 DeepNet 为基础展开的。

首先研究了视觉词典的大小对算法效果的影响。在实验中，依次构建了大小为 500、750、1000、1500、2000、2500 和 3000 的视觉词典，获得了三维模型不同维度的 BoVF 特征，然后用这些不同维度的 BoVF 特征训练深度置信网络模型，最后用训练出的模型进行分类实验，结果如图 5-8 所示。从图中可看出当视觉词典的大小为 1000 时，能取得比较好的分类效果，而且计算量也在可以接受的水平。因此在后续的检索实验中，将视觉词典的大小设为 1000。从图中还可以发现，当视觉词典的大小不断增加时，分类精度在开始时会有所改善，但当词典的尺寸增加到一定大小之后，分类精度便不会有变化了。此外，还可以发现当有较多的数据参与模型的训练时，得到的模型有较好的分类效果，这符合机器学习的一般规律。

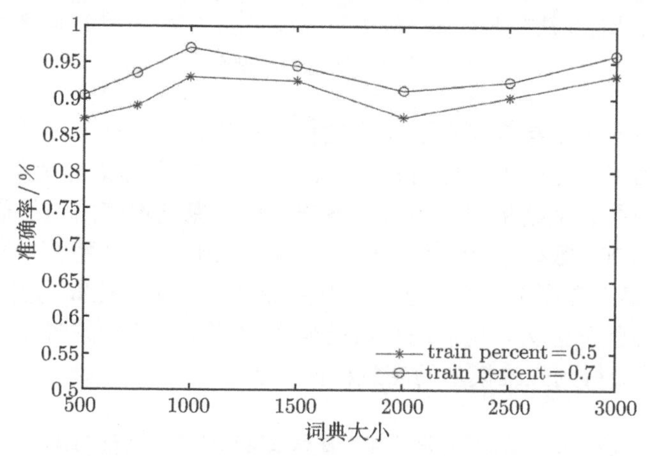

图 5-8 不同视觉词典大小的分类结果 (在 SHREC 2007 数据集上获得)

在进行最终的分类实验时，随机从数据库每个类别的模型中选取 50%的模型用作训练。本研究提出的算法在 SHREC 2007 和 McGill 数据集上的分类结果如图 5-9 所示，其中图 5-9(a) 是在 SHREC 2007 数据集上的分类结果，图 5-9(b) 是在 McGill 数据集上的分类结果。从图中可以看出 SHREC 2007 的结果中有 15 个类别的正确率达到或超过 90%，有 19 个类别中的分类结果超过 80%，只有 human

这个类别的分类结果低于 80%(77%)，究其原因，是因为 human 这个类别中的三维模型形变比较大，而且缺少细节信息，使得许多三维模型在外观上看起来比较像 airplane 类别中的模型。McGill 数据库中有 10 个类别的分类精度达到 90%，有 16 个类别的分类精度达到 80%。

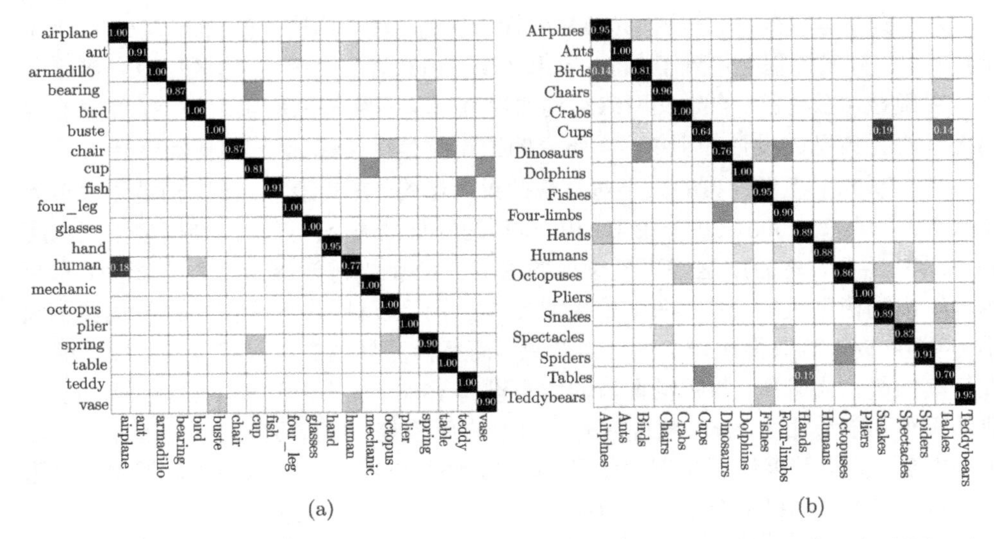

图 5-9　本研究提出的算法在 SHREC 2007 和 McGill 数据集上分类的混淆矩阵 (图中只标出了比率大于 0.1 的部分)

为了进一步验证三维模型高层特征的提取效果，我们对 BoVF 特征和深度置信网络提取到的特征进行了对比实验，利用 SVM 分类器作为分类工具，得到了如表 5-1 所示的结果。从结果对比中可以看出，利用深度置信网络提取出的高层特征，在 SHREC 2007 数据集上的平均分类精度相比于 BoVF 特征提高了 10%，而在 McGill 数据集上提高了 11%，这表明利用深度置信网络提取到的高层特征有很强的表达能力与区分能力，我们的算法能够有效地将深度学习理论应用在三维模型数据的分析中，得到三维模型的高效特征表达。

表 5-1　BoVF 特征与本章算法得到的高层特征对比

特征类型	SHREC 2007/%	McGill/%
BoVF	83	78
本章算法得到的高层特征	93	89

5.5.3　三维模型的检索实验

在检索实验中，需要选择合适的相似性度量规则，本研究采用 L_2 距离来衡量

任意两个三维模型之间的近似程度。式 (5-17) 给出了相似度的计算方法

$$d_s(X,Y) = \|o(X) - o(Y)\|_2 \tag{5-17}$$

式中，$o(X)$ 和 $o(Y)$ 分别为三维模型 X 和 Y 的高层特征描述。

为了对三维模型的检索结果进行评价，本书采用了 6 个常用的指标：P-R 曲线、NN(nearest neighbor)、FT(first tier)、ST(second tier)、E(E-measure) 和 DCG (distcounted cumulative gain)。这 6 项指标均来自于文本检索领域，且已成为信息检索领域内公认的评价指标。在第 4 章的实验部分已经对指标进行了详细的叙述。

首先在 SHREC 2007 数据集上进行检索实验，使用分类实验中训练好的模型作为 SHREC 2007 中的所有数据生成特征，以此完成三维形状的检索任务。图 5-10 展示了检索结果的 P-R 曲线图以及与其他方法的结果对比。从对比图中可以发现，本研究提出的方法能够取得更好的检索性能，也说明前面获得的三维模型高层特征有很强的表达能力。

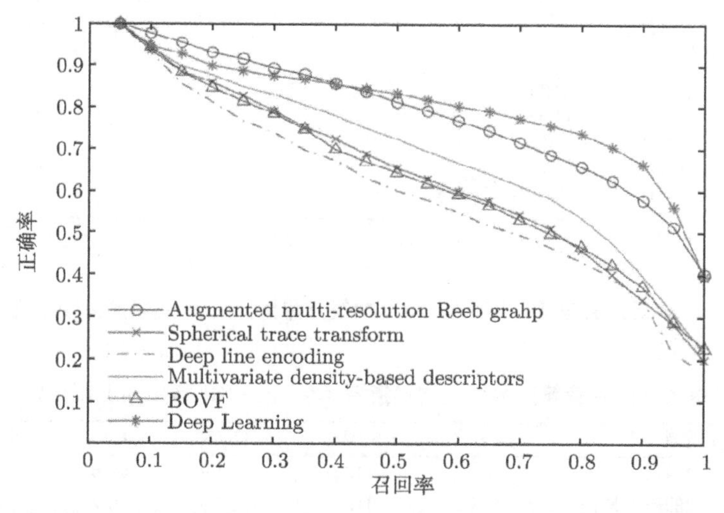

图 5-10 本章算法与现有其他方法的 P-R 曲线结果图 (在 SHREC 2007 数据集上获得)

表 5-2 列出了 BoVF 特征与本章提出的算法所得到的高层特征的检索指标结果对比，从表中可以看出使用高层特征后，检索结果有了明显的提升，其中 DCG 指标提升了 6.84%。

表 5-2 本章算法的检索结果指标(在 SHREC 2007 数据集上获得)

特征类型	NN/%	FT/%	ST/%	E/%	DCG/%
BoVF 特征	88.35	54.36	33.38	47.00	85.44
本研究算法得到的高层特征	91.25	68.89	42.70	59.90	92.28

为了进一步验证本研究提出方法的鲁棒性，我们同样在McGill数据集上进行了三维模型的检索实验。将本章提出的方法与现有的一些方法，比如SHD[73]、LFD[72]和 EVD[6] 进行对比，图 5-11 展示了这些方法的 P-R 曲线对比图，从图中可以明显看出，本章提出的方法在保证召回率的同时，可以获得较高的检索精度。此外，从表 5-3 可明显看出，对比 BoVF 特征，本章得到的高层特征在各种检索指标上均有明显的提高。

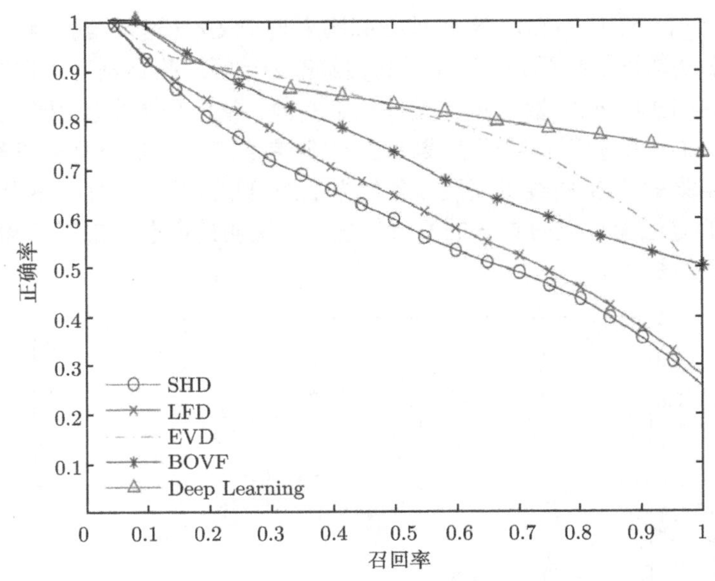

图 5-11　本章算法与现有方法的 P-R 曲线结果图 (在 McGill 数据集上获得)

表 5-3　本章算法的检索结果指标 (在 McGill 数据集上获得)

特征类型	NN/%	FT/%	ST/%	E/%	DCG/%
BoVF 特征	87.31	44.59	28.69	41.69	81.37
本研究算法得到的高层特征	90.15	61.81	39.79	58.29	89.23

综合上述实验可以得出结论，相比于现有的三维模型特征，本章提出的算法可以提取到判别能力和表达能力更强的高层特征。此外，本研究证明深度学习方法同样可以应用于三维模型数据，提取出三维模型的高层特征，为三维形状分析带来了更多的可能性，这是本研究的一大贡献。

5.6　小　结

本章节的最大贡献是把深度学习方法成功地应用于三维模型数据的分析中。使用 BoVF 特征在三维模型数据与深度学习方法之间建立桥梁，并利用 BoVF 特征训练了深度置信网络模型，利用深度置信网络的输出作为三维模型的高层特征。实验表明，本章算法提取到的高层特征可以获得更强的区分能力和表达能力。

在图像领域使用的深度学习算法，经常会用图像的原始像素作为深度学习模型的输入，直接从原始数据中挖掘数据的有价值信息。在本研究中，采用 BoVF 特征作为深度置信网络的输入，一方面是因为三维模型本身是由非常复杂的空间拓扑连接关系组成的，对这些空间连接关系难以进行有效表达，不能将其直接作为输入；另一方面是因为对于相似三维形状，提取到的视角图像序列并不是相互对应的，不能直接进行比较。实验结果表明，采用 BoVF 特征将深度学习与三维模型的分析联系起来的做法是可行的。

在本章的研究中，采用 SIFT 特征作为最底层的视觉特征来构建高层特征，虽然在三维模型的分类和检索实验中表现出了较好的性能，但是这种做法丢失了三维模型本身的几何结构信息，并未将三维模型携带的信息充分利用起来，这一点是本算法可以改进的一大方面。此外，将图像的二维卷积方法扩展至三维，从而将卷积神经网络引入三维模型领域 (此时可将三维模型直接作为深度学习模型的输入) 仍是一个值得深入研究的问题。

第三部分　三维网格分割与模型检索

第 6 章　视觉分割技术概述

6.1　分割背景和意义

在人类所接受的信息中，有 80%是来自视觉的图像信息，包括图像、图形、视频以及文本等，这些都是目前人们获得信息的最佳手段。而人们往往需要对获得的这些数据进行加工处理从而获得其中对用户有用的信息，而对于计算机视觉处理来说，图形图像分析是一个基本的步骤，并且随着计算机的普及以及其他相关学科的发展，人们越来越多的需要通过对图形图像进行分析并从中提取有用的信息加以利用。

分割技术作为计算机视觉分析的基础。分割，顾名思义是将目标按照一定的标准划分成不同的区域，使得同一区域内元素之间具有相似性，而不同区域间不存在这种相似性[74]。

视觉分割技术的应用非常广泛，可以说遍及图像处理的各个领域。例如，在医学领域中，需要对医学照片中的成分进行分析，首先必须利用图像分割手段将目标从复杂背景中提取出来，在交通图像分析中，需要把目标车辆从背景中分割出来以便进一步分析；在遥感图像中，需要将农产品分割出来以便估计农产品的质量和产量。此外，图像分割技术在地质、环保、气象等领域也有广泛的应用。因此，对于图像分割技术进行研究有着极大的应用价值。

图像分割方法根据处理对象不同可以分为灰度图像分割方法和彩色图像分割方法。早期由于设备以及人们需求的限制，对于灰度图像分割方法研究的较多，方法也比较完善和成熟，但随着人们对彩色图像各种需求的不断提高，各种彩色图像的分割方法也不断被提出。彩色图像分割方法比灰度图像分割方法具有更多的优点，使得其分割方法的应用更加广泛。

与灰度图像相比，彩色图像具有的特点可以做出如下概括：

(1) 彩色图像包含了比灰度图像更多的信息，但同时造成了人们将会面对复杂的待处理对象；

(2) 彩色图像更符合人们的视觉习惯，但其种类繁多、情况复杂、特征不容易取得，造成分割方法缺乏统一性；

(3) 对彩色图像的分割方法研究，符合现在一些领域的需求，并且随着科技尤其是计算机软硬件技术的发展，为处理彩色图像提供了保证。

另外，随着三维扫描仪硬件设备的出现和更新使三维数据获取系统可以轻易地获取集合信息和表面纹理颜色信息，随着计算机技术的发展，开发出了很多经济适用的专用图形硬件系统和技术可供选择，计算机运算能力和存储能力的大幅度提高及各种图形加速卡的出现使得在个人计算机上处理三维集合数据变得很容易，加上网络技术的飞速发展使得三维集合将继声音、图像和视频后掀起新一轮的多媒体数据革新浪潮。

三维数据中，三角网格模型是一种重要的三维物体表示方法，它用一系列空间三角形逼近表示三维物体。三角网格模型具有表示简单一致、方便算法统一处理的优点，在计算机图形学等领域有着广泛的应用，它的缺点是为了达到应用领域中需要的模型精度，通常需要用大量的三角形来拟合表示三维物体，从而导致庞大模型的出现，这给计算机分析、显示和存储带来了很大的不便。

而三维网格分割是根据一定的几何及拓扑特征，将封闭的网格多面体或者可定向的二维流形，依据其表面几何、拓扑特征，分解为一组数目有限、各自具有简单形状意义的且各自连通的子网格片的工作，是一种将网格模型分解成为许多有一定意义的连通网格子集的过程。目前，该工作已经被广泛应用于网格简化、层次细节模型、几何压缩与传输、交互编辑、纹理映射、网格细分、几何变形、动画对应关系建立、局部区域参数化以及逆向工程中的样条曲面重建等数字几何处理的研究工作中。

6.2 图形分割的国内外研究现状

图像分割的研究多年来一直是计算机视觉领域中的研究热点，现在这个领域的发展现状可以概括为不仅分割算法繁多，而且分割对象也各有不同 (包括光强度图像、深度图像、核磁共振图像、SAR 图像和热成像等)。例如，分割中用到的图像的模型不同 (有物理模型和随机场模型)，分割的目的不同 (提取图像中的边缘或提取图像的目标区域) 等。因此，图像分割方法的分类也不尽相同。

对于灰度图像的分割方法，人们从不同角度[75] 提出了诸如直方图阈值法、区域生长法、边缘检测法、基于分水岭的方法和神经网络法等。其中，直方图法和区域生长法是基于像素的分割方法，处理对象是像素，而边缘检测和分水岭则是对图像纹理基元进行处理，神经网络法是利用分类的思想对图像进行分割。无论是基于像素的分割方法，还是基于纹理特征的分割方法，灰度图像的分割方法都已经发展的比较充分。

对于彩色图像分割方法，总体来说可分为基于颜色特征空间和基于纹理特征空间以及基于混合特征的三类分割方法[76]。

第一类是早期对彩色图像分割所采用的方法，即在某一种颜色空间，如 RGB

颜色空间或者 CIE 颜色空间通过颜色距离标准来融合像素，这种方法只适合于结构简单且颜色不多的图像；第二类是通过提取图像像素间的颜色差异，将原图像转换为纹理特征图像然后将具有相似纹理特征的像素合并起来，达到分割的效果。这种方法无法直接使用在彩色纹理图像中，因此提出了第三类方法，目的在于融合前面两类方法的思想，达到对图像的最佳分割效果。

而对于网格分割算法，人们也对其进行了大量的研究，下面是几种典型的三维网格分割算法：

1. 分水岭算法[77]

基本思想：把图像看成是测地学上的拓扑地貌，图像中每一点像素的灰度值表示该点的海拔高度，每一个局部极小值及其影响区域称为集水盆，而集水盆的边界则形成分水岭。分水岭的概念和形成可以通过模拟浸入过程来说明。在每一个局部极小值表面，刺穿一个小孔，然后把整个模型慢慢浸入水中，随着浸入的加深，每一个局部极小值的影响域慢慢向外扩展，在两个集水盆汇合处构成大坝，即形成分水岭。分水岭算法对微弱边缘具有良好的响应，但是会产生过分割的现象。

以上是图像分割中分水岭算法的基本思想，把分水岭算法应用于网格模型分割时，其基本思想一样，不同的是在网格模型中，要取模型元素 (三角形或者定点) 的集合属性 (如曲率等) 作为高度函数。分水岭算法中种子和高度函数的选择是很重要的，直接影响分割结果。但是仍然存在过分割的现象。

2. 基于拓扑信息的方法

基于几何以及拓扑信息的形状分割方法可以归结为 Reeb 图、中轴线和 Shock 图等，基于拓扑信息的形状特征描述主要有水平集法和基于拓扑持久性的方法。水平集法具有较高的计算速度和健壮的计算精度。

3. 基于模糊聚类的层次分解

模糊聚类的层次分解算法，算法处理由粗到精，得到分割片层次树。层次树的根表示整个网格模型 S。在每个节点，首先需要进一步分割为更精细的分割片，然后执行一个 k-way 分割。如果输入的网格模型 S 由多个独立网格构成，则分别对每个网格进行同样的操作。分割过程中，算法不强调每个面片必须始终属于特定的分割片。大规模网格模型的分割在其简化模型上进行，然后将分割片投影到原始网格模型上，在不同的尺度下计算分割片之间的精确边界。优点是可以对任意拓扑连接的或无拓扑连接的、可定向的网格进行处理，避免了过分割和边界锯齿，分割结果适用于压缩和纹理映射。

4. 其他方法

除去以上方法，还有很多的其他分割算法。例如，基于条件随机场的有监督学习分割[78] 和近年来成为热点的对同一类别网格模型的共分割方法[79]，其趋势是采用逐渐复杂的几何特征用机器学习算法来有监督地或无监督地分割网格对象。

存在的问题

现存的分割算法虽然繁多且复杂，但是现存的分割评价手段研究却少之又少，在证明各自的分割算法优劣时，往往通过改变测试数据集合以及度量手段来提高自己算法的度量分数，而且某些分割任务存在度量标准不唯一的问题，此时如何综合多种标准的评价结果成为了一个难题，从而本书根据此问题，提出了一种基于多标准分割的分割度量手段。

另外，近年来研究者在研究分割问题时往往着重于分割问题本身而不太注重其应用，只着眼于分割算法的精度却忽略了提出的分割算法可以拿来干什么，本书考虑到此问题，提出了一种基于语义分割的场景重建算法。

第 7 章　二维图像分割算法研究

图像分割技术是一种基本的图像处理技术，是图像分析和模式识别系统的重要组成部分，并决定图像的最终分析质量和模式识别的判别结果。分割过程通常都是通过对图像特征进行处理来完成的。图像特征就是一幅图像所体现出来的与其他图像之间最大的不同点，一个良好的图像特征可以完全代表该图像的主要结构，是进行图像分割以及图像检索的基本条件。

本章主要讨论了特征空间和分割方法两个问题，并涉及以下主要内容：首先是常用颜色空间的介绍，其次是常用纹理特征的介绍，最后分析了一些常用图像分割方法。

7.1　颜色空间及分析

7.1.1　颜色空间的基本性质

颜色是人脑对于外界光刺激的一种反应，从物理学角度来说是人眼对于不同波长光线的一种映象，而在其他领域需要具体对颜色进行描述或者使用时，颜色通常用三个相对独立的属性来描述。三个独立变量综合作用所构成的三维立体结构就是一个颜色空间，即有下式的表达：

$$x = X(x) + Y(y) + Z(z) \tag{7-1}$$

其中，(x)、(y)、(z) 是三基色颜色量；X、Y、Z 是比例系数并且需要满足以下条件：

(1) $X > 0, Y > 0, Z > 0$;

(2) Y 的数值等于彩色光的亮度；

(3) 当 $X = Y = Z$ 时，表示标准白光。

式 (7-1) 说明颜色从不同的角度，用 3 个一组的不同属性加以描述，就会产生不同的颜色空间，但被描述的颜色对象本身是客观的，不同颜色空间只是从不同的角度去衡量同一个对象。在不同的颜色空间里对同一幅图像进行分割会产生不同的结果。例如，一些颜色空间：RGB、HIS、CIE，虽然都可以被用于彩色图像分割，但是没有任何一个可以被应用于所有的图像目标彩色空间。因此选择一个合适的颜色空间是图像分割技术的基本要求和首要步骤。

人们为了适应不同应用场合的需要已经构架了各种各样的颜色空间[80]。在这里将这几个颜色空间按照常见的方式分为 3 类[81]。

1. RGB 颜色空间

这类颜色空间是比较常见的，特点与设备相关，即基于 RGB 颜色系统的不同扫描仪对同一幅图像会得到不同的结果。这类颜色空间主要包括 RGB、YUV 等。

2. CIE 颜色空间

这类颜色空间是由国际照明委员会定义的颜色空间，通常作为国际性的颜色空间标准，用作颜色的基本度量方法。颜色空间包括 CIEXYZ、Lab、Luv 等，都是由 RGB 颜色空间经过非线性变换得到的。

3. Munsell 颜色空间

这是一个根据颜色的视觉特点所制定的颜色分类和标定系统。Munsell 颜色系统的颜色卡片在视觉上的差异是均匀的。其色调、明度值和彩度反映了物体颜色的心理规律，它们可分别代表颜色的色调、明度和彩度的色知觉特性。总体来说，对于每一种颜色空间都有其应用领域，不能单纯地认为某一颜色空间的好坏。因此如何从这些颜色空间中选择一个更通用的，依然是图像分割的热点问题之一。

7.2　纹理特征及分析

颜色特征由于其直观性得到了广泛的应用，但在很多情况下由于缺乏对图像细节特征的有效描述，因此并不能取得良好的效果。为了描述这种细节特征，人们就提出了一种对颜色的变化进行描述的特征——纹理。图 7-1 为同类物体之间的不同纹理。

(a) 木材纹理

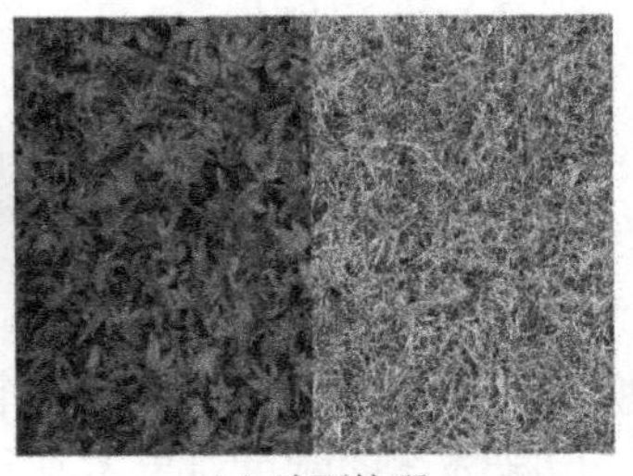

(b) 地面纹理

图 7-1　同类物体之间的不同纹理 (阅读彩图请扫封底二维码)

对于纹理，至今仍然缺少一个完整的定义，只能说纹理是描述图像结构的一种特征，大部分纹理都是由纹理基元不断重复所构成的。纹理是针对区域而言的，对图像中一个区域内的纹理进行统计就构成了该区域的纹理特征。纹理特征所体现的是一种图像区域内的颜色变化规律，而我们正是利用纹理特征的这种性质来表达图像的基本结构。一幅图像的纹理是在图像计算中经过量化的图像特征。图像纹理描述图像或其中小块区域的空间颜色分布和光强分布。而常见的纹理特征有LBP、HOG、GLCM 等。

7.3 常用彩色图像分割方法

在前文已经提到，处理彩色图像过程中所使用的分割方法根据所使用的特征类型不同主要可以分为 3 组[82]：基于边缘的，包括应用各种边缘纹理特征的方法；基于图像像素的，包括直方图阈值法、像素聚类法；基于区域的，包括区域生长、分裂合并。

7.3.1 基于像素的分割方法

基于像素的分割方法大多从单个像素颜色的角度出发，根据某种颜色距离，对图像进行处理，典型代表算法[83] 是直方图阈值法和聚类算法。这种算法的特点是不需要任何先决条件，运行速度极快，但缺点是会带来以下问题：

(1) 对邻域关系缺乏考虑，容易产生噪声；

(2) 容易将本来一体的物体分割成互不相关的部分；

(3) 很大程度上会造成过分割或者欠分割的现象。

1. 基于直方图特征的分割方法

直方图是一种统计图像中颜色出现频率的方法，其基本思想是利用在图像中的目标物体与背景在颜色上存在的差别，即在直方图上的表现就是存在几个比较明显的波峰和波谷，将波谷值作为阈值对图像进行分割。

直方图是基于阈值的方法，因此它存在的缺点是如果待分割物体与图像中其他成分的像素值差别足够大，即有明显的阈值存在并且图像构成简单，此方法适用，但是一旦这种差别很小那么直方图方法将无法分割图像，也就是说只能将颜色值相近的像素合并，缺乏对空间信息的考虑。

随着对彩色图像研究的深入，人们在发现单独依靠一个阈值已经不能满足需要的情况下，从两个角度对这种方法做出了改动：一种是改善颜色空间，采用具有视觉一致性的 CIE 颜色系统或者 Munsell 颜色系统；另一种是降低颜色空间的维数，将三维的 (X、Y、Z) 空间投影到二维的 (X，Y)、(Y，Z) 和 (X，Z)3 个子空间，然后分别考虑各自直方图的特征信息。一个简单的直方图法分割效果图如图 7-2 所示。

(a) 原图

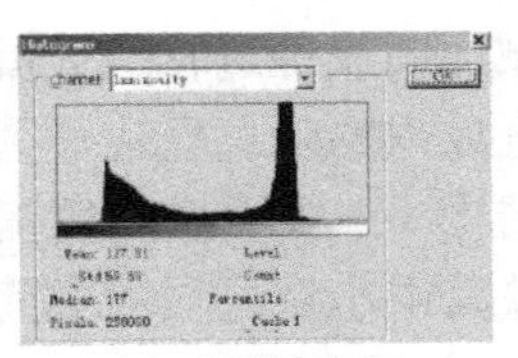

(b) 亮度直方图

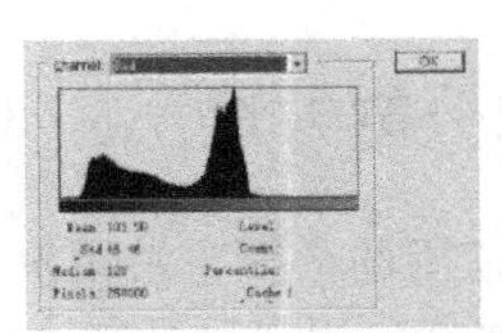

(c) R分量直方图

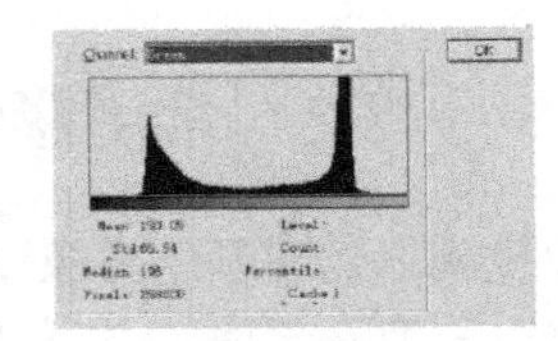

(d) G分量直方图

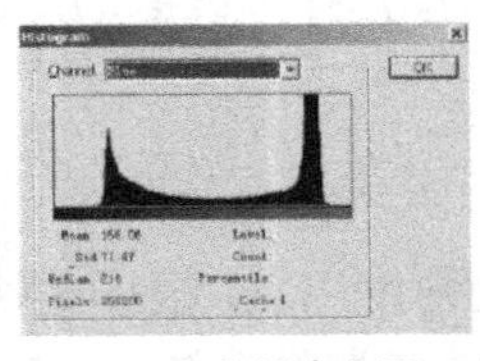

(e) B分量直方图

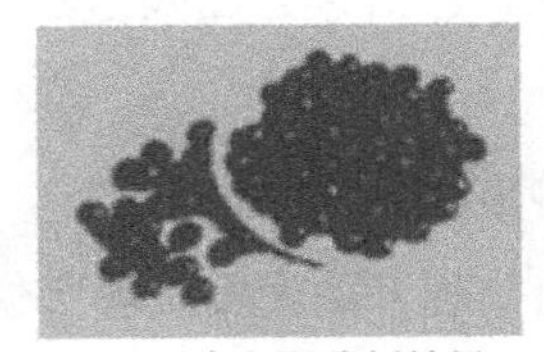

(f) 直方图分割结果

图 7-2　利用亮度及颜色直方图进行分割 (阅读彩图请扫封底二维码)

2. *基于颜色聚类的分割方法*

聚类法的基本思想是首先确定几个聚类的中心像素值，然后设定一个颜色合并范围，其次将图像中的所有像素都和这几个中心像素计算颜色距离，如果在范围内就合并颜色，否则确定为新的聚类中心，如此循环进行直到所有像素点处理完毕。这种聚类方法中得到应用最多的是 K 均值聚类[84] 和模糊 C 均值聚类[85]。这种方法的优点是可以处理颜色较多的图像，但也有以下缺点：

(1) 颜色范围不易确定，根据需求的不同会有不同的颜色范围。

(2) 聚类类数必须预先确定。无论设定的类数太多或者设定太少都会加大计算量和出错的概率。

(3) 同一物体表面会因为颜色略有差异而被分割成不同的区域。

(4) 聚类结果对噪声比较敏感。

7.3.2　基于区域的图像分割方法

基于区域的技术首先考虑相邻区域内的像素情况，而不是像前面基于像素方法一样直接考虑整幅图像的颜色组成。基于区域的技术主要依赖于图像中区域内颜色的连续性，即每个待分割区域内的颜色差别较小，区域间差别较大。目前应用最广泛的区域分割技术是区域生长技术和区域分裂聚合技术[86]。

1. 基于区域生长的分割方法

区域生长技术的基本思想是首先为每个需要分割的区域确定一个种子像素作为生长起点，然后按一定的生长准则把它周围与其特性相同或相似的像素合并到种子像素所在的区域中，直到没有满足条件的像素可以被合并，这时生长停止，一个区域就形成了。然后再重新确定一个种子生长点重复以上动作，直到图像中所有像素点都被生长完毕，整个算法结束。

与其他分割方法相同，这种方法也存在优缺点：

区域生长方法的优点在于如果当区域一致准则比较容易定义并且停止生长的方法容易找到的时候，这种方法能取得较好的效果，并且比基于边缘的方法具有更好的抗噪声能力。

区域生长方法的缺点在于必须解决生长开始和停止两个准则和生长点确定的问题。开始生长准则的确定直接影响最后形成的区域，如果选取不当，就会造成过分割或者欠分割的结果。停止生长的准则也是缺乏通用的准则，如果确定不好，很容易引起程序的死循环，生长点需要人工指定，鲁棒性较差。

一幅颜色简单的图像生长效果如图 7-3(b) 所示，其中采用 RGB 颜色的欧氏距离作为标准，生长结束的规则是所有的像素点都被生长完毕并且类间距离大于某个阈值。因此对颜色均匀的图像使用此方法可以得到较好的效果。

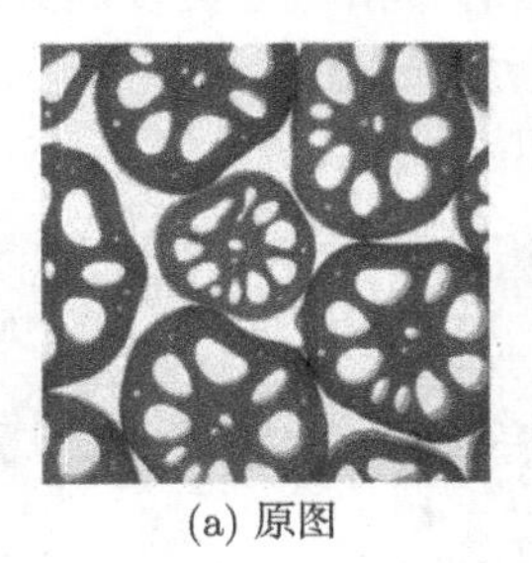

(a) 原图

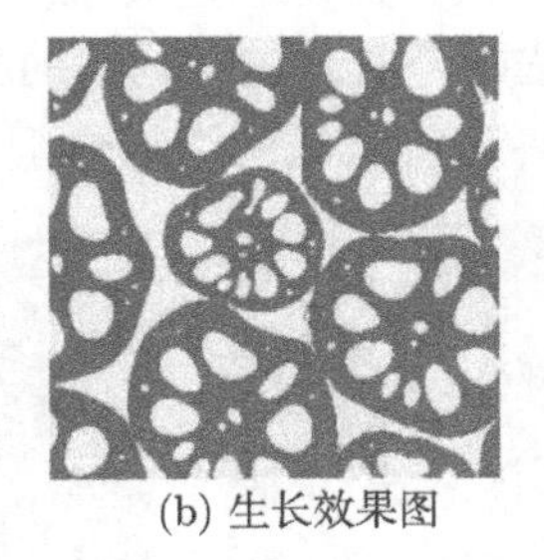

(b) 生长效果图

图 7-3 采用区域生长算法分割效果图

2. 基于区域分裂聚合的分割方法

区域分裂聚合技术是先将图像分割成不相交的块，然后判断块间特征是否一致，如果一致则合并，否则将不一致的块再作为母块进行分块并再次判断，重复这个过程，直到所有的块内特征相一致，块间特征相异为止。

这种方法的分割过程核心是不断地对内部特征不一致的块做宽/2，长/2 的切割，若切割后的两小块特征一致则合并，否则继续切割直到被切割的部分块内特征一致。由此可见分裂合并法的关键是分裂合并准则的设计。这种方法对颜色简单图像的分割效果较好，但算法较复杂，计算量大，分裂还可能破坏区域的边界。

一幅图像的分裂算法结果如图 7-4 所示。

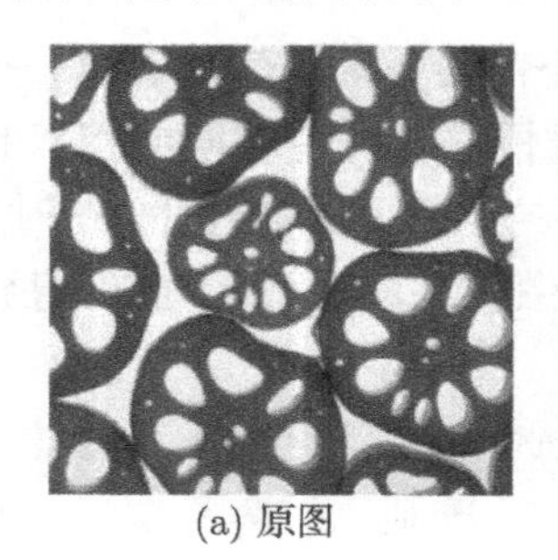
(a) 原图

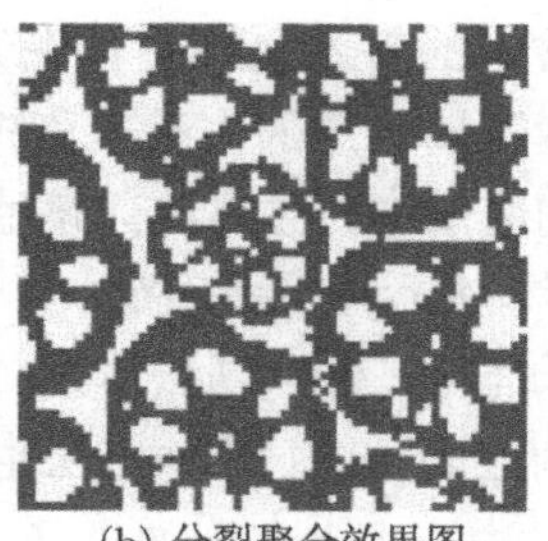
(b) 分裂聚合效果图

图 7-4 分裂聚合算法分割结果

图 7-4 所采用的停止分裂标准是当最小块面积为 4×4 大小，此时便不再考虑块内像素的一致性，而采取将 4×4 块赋予主色的方法。从图中可以看出，有些边界部分被扩大了，有些部分出现了不该有的空洞。

7.3.3 基于边缘的分割方法

边缘意味着一个区域的结束或者开始，因此一旦图像经过处理得到其边缘之后，图像就能够被分割成基于这些边缘的许多区域。其中一种方法的基本思想是首先通过微分算子确定边缘，然后采用聚类方法对像素点分类以达到纹理分割的目的；另一种方法则是通过边缘两侧的颜色聚类达到分割效果。

基于第二种分割方法的边缘分割效果如图 7-5 所示。

(a) 原图

(b) 边缘图像

(c) 效果图

图 7-5 基于边缘检测的分割结果

如图 7-5 所示，必须先经过边缘算子求得边缘，然后确定边缘两侧的颜色值。当统计完所有边缘两侧的颜色值之后便可以以此为基本像素值，最后通过聚类等方法对整幅图像进行分割。但是常用的边缘算子都是宽边缘，必须将得到的边缘细化，以保证能精确地取得颜色值。

这类算法的难度就在于边缘的提取，由于噪声点的存在会增加被统计的颜色值，并且无法确定得到颜色的重要性差别，产生颜色的混淆，进而增大错分割的概率，最终影响分割的效果。因此，这种方法只能用于边界明显并且没有或者具有很少噪声点的图像。

基于边缘的图像分割技术优点是可以快速准确地找到边缘，并通过边缘确定区域内的颜色信息，从而达到对图像的快速分割。但这种方法的缺点在于以下几点：

(1) 不能保证边缘的连续性或封闭性。从前面提到的边缘检测方法可以看出，无论现在的哪一种算子，核心都是通过差值提取边缘，一旦边缘附近存在噪声点，会直接导致边缘的不完整。

(2) 在高频区域存在大量细小的边缘，难以形成一个大区域并且会产生区域错分，但又不宜将高频区域分成小块，因为一旦在边缘图像中分块将会导致彩色图像中图像的错分割。

(3) 单独的边缘检测只能产生边缘点，而不是一个完整意义上的图像分割过程，得到的边缘点信息需要后续处理或与其他分割算法结合起来，才能完成分割任务。

7.4 小　结

以上分别首先介绍了目前存在的一些常用颜色空间和纹理特征，初步分析了各种目前常用的彩色图像分割方法，并指出了其优劣性。

从上述介绍可以得知，目前单一使用一种特征来分割图像的方法由于彩色空间的特点以及被处理图像的多样性而受到很多限制，因此目前大部分方法都是至少综合了两种特征——颜色和纹理。但由于图像中的诸多因素如物体表面、光线甚至各种噪声等的影响，极大地干扰了分割算法的稳定性，导致分割算法的通用性极差。目前彩色图像的发展状况可以总结为：一方面为了获得一个好结果，人们不断发展各种新手段；另一方面由于新提出的思路存在的限制并没有改变分割方法具有针对性这一特点。因此目前所要解决的问题就是如何快速有效地将各种图像特征融合在一起，并设计出一种适合大多数图像情况的分割方法。

第 8 章　三维网格分割研究

近 10 多年来，三维数据捕获设备及其技术的进步推动了逆向工程、医学成像、基于图像建模等技术向纵深发展，产生了许多复杂的三维模型，使得基于网格模型 (特别是三角网格模型) 的几何处理等相关技术成为近年来计算机辅助设计 (CAD) 和图形学的重要研究热点。

原始三角网格模型缺少足够的结构特征和语义信息，对原始三角网格模型的理解成为许多几何处理问题亟待解决的重要问题，网格分割按照一定的分割准则将原始三角模型分解为不同的部件或曲面片，有助于相关几何处理问题如曲面压缩、网格重构、参数化、纹理映射、模型检索等的有效解决，实际上正是来自纹理映射[87-89]、参数化[90-92]、网格动画[93]、网格变形[94] 等问题的需求使网格分割作为一个重要的几何处理问题开始引起人们的重视。在计算机视觉中，将模型分割为不同部分，有助于进行模型的特征识别，例如将人脸三维模型通过分割识别出脸颊、鼻子、眼睛等。在网格参数化和纹理映射中，通过将模型分割为一系列平坦的区域，可以减少参数化和纹理映射的扭曲变形，提高参数化和纹理映射的质量[87-92]。在逆向工程中，通过网格分割可以有效识别出构成 CAD 模型的不同曲面片，以便采用如参数曲面片等更精确的曲面表示形式，既极大地减少了模型的数据量又为 CAD 设计和计算机辅助制造 (CAM) 等提供了坚实的基础。在网格变形和动画中，通过将模型分割为不同的有意义的部件，可以产生更加自然的变形和动画，并提高算法的效率[93,94]。图 8-1 为三角网格模型应用于 CAM。

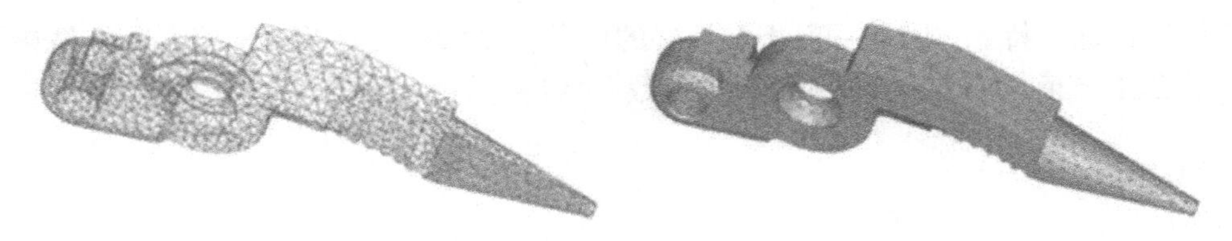

图 8-1　三角网格模型应用于 CAM(阅读彩图请扫封底二维码)

三维三角网格曲面可看成通过共边连接在一起的三角形集合构成的分段线性曲面，一个三角网格 M 可看成一个二元组 (K, V)，其中 K 是表示拓扑元素 (顶点、边、三角形) 连接关系的单纯复形；V 是表示顶点几何的顶点集合。假设 S 代表网格 M 的某种拓扑元素 (顶点、边、三角形) 集合，网格分割是指将该拓扑元素集合 S 按照某种分割准则或策略分解为若干个互不相交的子集合 $S_i(i = 1, 2, \cdots, k)$，即满足: $S = \cup S_i$ 且 $\cap S_i = \varnothing$。目前，大部分网格分割主要按照三角形元素对网格模型进行分割。

尽管对于深度图像表示的三维模型分割已有许多年的深入研究，但是对网格表示的三维模型分割还缺少广泛的研究。近 10 多年来，研究人员不断提出新的网格分割算法，但由于网格的复杂性特别是很难确定一个公认的分割准则，不同的网格分割算法通常都是针对特定的应用，并且不同的网格分割算法在分割准则、算法效率等方面也各有优缺点，因此很难有一个适合所有应用的通用网格分割算法。文献 [95-97] 从不同的角度对网格分割算法进行了综述；文献 [95] 将网格分割方法分为两大类：基于块的分割算法和基于部件的分割算法，并根据分割的具体方法对网格分割进行了分类介绍；文献 [96] 则从网格分割的历史、典型网格算法分类及网格分割的应用角度进行了综述。

8.1 网格分割概述

网格分割根据网格元素 (三角形、顶点、边) 的物理邻接性和几何信号相似性将网格曲面分解为互不相交的区域。由于图像分割的研究已经相当成熟，出现了许多典型成熟的图像分割算法如门限法、区域生长法、分水岭法、聚类分析法等，根据与图像分割的相似性，网格分割算法在很大程度上借鉴了图像分割算法的思想和术语，然而由于图像数据是二维平面上的规则数据，其数据信号也是单一的图像灰度或者颜色，而三维网格模型是不规则的拓扑结构，特别是如何定义指导网格分割的三维几何信号是网格分割需要解决的基本问题，因此使得普通的图像分割算法难以直接应用于网格分割，也给网格分割带来了相当大的难度。

与网格分割相关并得到充分研究的另一个问题是网格简化，网格简化按照某种准则 (通常是平坦性准则) 对网格元素进行聚类并通过对网格元素的增或删、重网格化等方法对原始模型进行简化，试图用较少的网格元素较好地反映原始模型，简化过程实际上可以用网格元素的层次树表示，其中的叶子结点是网格元素，而中间结点则是某些简化操作，根结点表示最终的简化模型，因此，在某种意义上也可算是一种网格分割，不过并没有显示地表示出网格分割。某些网格分割算法正是基于网格简化的思路展开的[98]。

另一个与网格分割相关的问题是网格特征检测，通常都希望特征点或边界位于分割区域边界，如果能够用特征边界曲线将区域分割开来是最理想的，实际上一些网格分割算法正是基于特征 (曲线) 检测而展开的[99,100]。

网格元素的物理邻接性可以从构成网格的拓扑关系得到，而网格元素的相似度并没有明确、统一的方法进行衡量，定义反映网格元素相似度成为网格分割的核心问题，而网格元素相似度需要基于一定的曲面几何信号，通常采用网格元素附近的局部曲面来定义该网格元素的几何信号，但也不排除全局性的几何信号，如测地距离的作用。不同的网格分割算法采用不同的几何信号及计算方法，有的分割算法采用基于平坦性的几何信号驱动网格分割；有的算法采用基于高价导数的几何信号，如曲率驱动网格分割；有的算法利用二次曲面特性，如可展曲面控制分割过程；有的算法则利用语义或人的视觉原理指导网格分割。同样是度量平坦性，有的采用最大法矢量偏差；有的采用二次距离误差；有的采用二面角。采用不同的几何信号和分割策略，算法具有不同的计算效率、健壮性，并产生不同的分割结果。例如，采用曲率作为分割信号量的许多算法使用不同的方法如曲面拟合、曲线拟合、离散曲率等估计曲率，显然基于曲面拟合的曲率计算量要远大于基于离散曲率的曲率计算量，但可以获得更准确的曲率信息。同样是曲率，有的算法使用主曲率；有的使用高斯曲率或均值曲率。常用的几何信号有: 欧氏测地距离、二次误差度量、法矢量偏差、二面角、曲率、曲面或曲线拟合、凸凹度、骨架、谱信号、对称性等。

另外，不同的应用对网格分割有不同的需求，如网格参数化中要求分割的曲面区域比较平坦并拓扑等价于圆盘以减少参数化扭曲，而网格动画或变形场合则要求被分割的区域是有意义的刚性部件。因此，网格分割算法是根据问题或应用驱动的，不可能有一种适合所有应用的分割算法。但总体来说，分割算法已经越来越复杂化，其所用特征也越来越丰富，下面将针对近年来几种比较优秀的分割算法进行介绍。

8.2 基于有监督学习的三维模型分割

Evangelos Kalogerakis 等[78] 在 2010 年提出一种由数据驱动的有监督学习分割算法，能够在分割三维网格模型的同时给三维网格的各个分割部分打上语义标签，他们将分割问题转化为由条件随机场模型建立而成的优化函数，其中包含三角面片和其潜在标签的一致性代价函数以及面片之间的一致性代价函数。

8.2.1 条件随机场模型

条件随机场[101] 是由 John Lafferty 提出的一个基于统计序列分割和标记的方法，是一个在给定输入节点的前提下，计算输出节点条件概率的无向图模型[102]。条件随机场模型解决了最大熵马尔可夫模型[103] (maximum entropy markov model, MEMM) 和其他非生成的有向图模型所固有的标记偏置问题，而且也不像隐马尔可夫模型[104] (hidden markov model, HMM) 那样有严格的独立假设。标记序列 (label sequence) 的分布条件属性，可以使条件随机场根据真实世界的数据建模，标记序列的条件概率依赖于这些数据的观察序列中相互作用、非独立的特征[105]。

条件随机场属于无向图模型，在给定一组需要标记的观察序列的条件下，一个标记序列的联结概率分布就可以定义为条件随机场。假设 Y，X 分别表示标记序列和观察序列，那么 $\mathrm{CRF}(X,Y)$ 就是以观察序列 X 为条件的无向图模型。

条件随机场的定义：$G=(V,E)$ 为一个无向图，这里 V 是一组节点，E 是 V 中的无向边。$Y=(Y_v|v\in V)$，即 V 中的每一个节点都对应着一个随机变量所表示的标记序列的元素。如果每个随机变量 Y_v 对于 G 都遵守马尔可夫属性 (markov property)，也就是条件独立属性，那么 (X,Y) 就是一个条件随机场。在给定 X 和所有其他随机变量 $Y\{u|u\neq v,\{u,v\}\in V\}$ 的条件下，随机变量 Y_v 的概率可以表示为

$$p(Y_v|X,Y_u,u\neq v,\{u,v\}\in V) \tag{8-1}$$

也可以描述为

$$p(Y_v|X,Y_u,\{u,v\}\in E) \tag{8-2}$$

在建立图 G 的模型时，最简单普遍的图结构是一个一阶链式结构。结构图如图 8-2 所示。

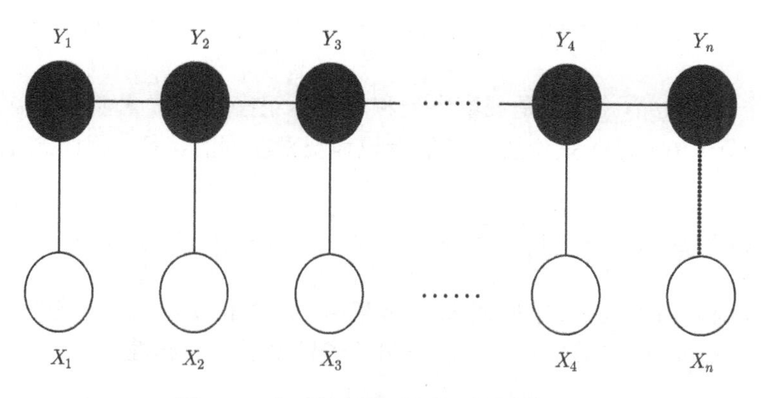

图 8-2 序列的条件随机场链式结构图

条件随机场可以看成是一个概率自动机，该自动机的每一个状态转移都对应一个非归一化的权值，这些权值的非归一化性质就说明了在条件随机场模型中对状态的转移是区别对待的。也就是说，对任意一个给定的状态都可能会缩小或者放大传递到后继状态的概率分布，而任何状态序列的权值则由全局归一化因子给出[22]。从而使条件随机场克服了标记偏置问题。

8.2.2 条件随机场模型潜在函数选择

条件随机场潜在函数选择的主要依托是最大熵框架。这样在给定观察序列的前提下，将每个潜在函数定义如下：

$$\psi_{Y_c}(v_c) = \exp(\lambda_k, f_k(c, y|c, x)) \tag{8-3}$$

式中，C 是图 G 中全部的全连通环，而且 $\psi_{Y_c}(v_c)$ 是一个建立在图 G 中 Y_c 的最大全连通环之上的必须为正实数的潜在函数。潜在函数的选择还决定了在给定观察序列 X 条件下，标记序列 Y 的联合概率分布形式：

$$p(y|x) = \frac{1}{Z(x)} \exp\left[\sum_{c \in C} \sum_k \lambda_k f_k(c, y_c, x)\right] \tag{8-4}$$

式中，$Z(x)$ 是归一化因子，由下式给出：

$$Z(x) = \sum_{x,y} \exp\left[\sum_{c \in C} \sum_k \lambda_k f_k(c, y_c, x)\right] \tag{8-5}$$

当使用图结构建立序列数据模型一阶链 G=(V, E) 的时候，边 E 是 G 中最大的全连通环。因此对于一个边 $e = (i-1, i)$ 来说，式 (8-5) 的一般形式可扩展为

$$\psi_{Y_e}(y_e) = \exp\left[\sum_k \lambda_k f_k(y_{i-1}, y_i, x)\right] + \sum_k \mu_k g(y_i, x) \tag{8-6}$$

式中每一个 $f_k(i, y_{i-1}, y_i, x)$ 是观察序列和对应标记序列中位置 i 和 $i-1$ 的标记特征，而每个 $g_k(i, y_i, x)$ 是位置为 i 的标记和观察序列的特征。因此式 (8-6) 可扩展为

$$p(y|x) = \frac{1}{Z(x)} \exp\left[\sum_i \sum_k \lambda_k f_k(y_{i-1}, y_i, x) + \sum_i \sum_k \mu_k g_k(y_i, x)\right] \tag{8-7}$$

通过分别为训练数据中的每个标记观察值 (y, x) 和标记 (y', y) 定义一个特征，使所建立的条件随机场模型具有和隐马尔可夫模型相似的属性：

$$f_{y',y}(y_u, y_v, x) = \begin{cases} 1, & y_u = y', y_v = y \\ 2, & \text{其他} \end{cases} \tag{8-8}$$

$$g_{y,x}(y_v, x) = \begin{cases} 1, & y_u = y', y_v = y \\ 2, & \text{其他} \end{cases} \tag{8-9}$$

在这里，这些特征的参数几乎都等于隐马尔可夫模型中的转移概率 $p(y'|y)$ 和发射概率 $p(x|y)$ 的对数值。

8.2.3 基于条件随机场的分割方法

基于条件随机场的分割算法对于特定一类网格，通过提取几何特征和标签语义特征来训练条件随机场模型中的一元能量和二元能量，最后用 Graphcut 方法将优化问题转化为求解能量最小化问题从而获得每一个三角面片的标签。

其构造的 CRF 模型如下：

$$E(c;\theta) = \sum_i a_i E_1(c_i; x_i, \theta_1) + \sum_{i,j} l_{ij} E_2(c_i, c_j; y_{ij}, \theta_2) \tag{8-10}$$

其中，一元项 E_1 表示含有特征 x_i 的三角面片与给定类别 c_i 之间的一致性，并且用三角面片归一化之后的面积 a_i(即此三角面片的面积除以总面积) 来加权；而二元项 E_2 表示相邻两个三角面片之间在给定其二元特征 y_{ij} 且其标签分别为 c_i、c_j 的情况下其二者的一致性，并且二元项用此相邻三角面片之间的公共边长度 l_{ij} 来加权，其长度体现了此对三角面片其二元能量函数的重要性。

式 (8-11) 是通过条件随机场的概念定义而来的，根据最大熵模型，定义网格在特定的标签下其条件概率为

$$P(c|x, y, \theta) = \frac{\exp(-E(c;\theta))}{Z(x, y, \theta)} \tag{8-11}$$

其中，Z 为归一化常数，$E(c;\theta)$ 用 alpha-expansion 方法优化，而其优化结果 (即所有三角面片的标签 c) 隐式定义了三角网格模型的分割结果，其中分割线位于两块标签不同且相邻的网格表面区域的邻接处。

在此，模型的一元能量代价由分类器得出，此分类器将三角平面的特征 x 输入，并返回其所属各个标签可能性的概率分布 $P(c|x, \theta_i)$，在此方法中，作者选用了 jointboost 作为其分类器，并且一元能量等于其概率为负的对数函数：

$$E_1(c; x, \theta_1) = -\log P(c|x, \theta_1) \tag{8-12}$$

而对于相邻两个三角面片其二元项定义如下：

$$E_2(c, c'; y, \theta_2) = L(c, c')G(y) \tag{8-13}$$

其中，L 表示标签之间的一致性代价，而 $G(y)$ 表示这两个二元面片之间属于不同类别的可能性：

$$G(y) = -\kappa \log P(c \neq c'|y, \xi) - \lambda \log \left[1 - \min\left(\frac{\omega}{\pi}, 1\right) + \epsilon\right] + \mu \tag{8-14}$$

式中，前一项为由 jointboost 输出的两个相邻三角面片不属于同一类别的概率；后一项为这两个三角面片所形成的二面角；μ 为防止边界参差不齐而加入的惩罚项。

他们对普林斯顿分割标准库中的 19 类、380 个形状分别进行了测试，其分割结果如图 8-3 所示：

图 8-3　基于有监督学习的分割结果[78] (阅读彩图请扫封底二维码)

8.3　基于谱嵌入的三维模型共分割

Oana Sidi 等[79] 于 2011 年将共分割思想引入网格分割，对一类模型同时进行无监督分割，并且他们的算法能够在分割的同时将有着相同语义信息的部分归为一类。

其算法大致流程如下；

(1) 采用无需指定分割数目的 mean-shift 方法预先进行过分割；

(2) 将分割出来的分割部分进行谱嵌入运算，提取其谱特征；

(3) 采用谱特征对分割部分进行聚类，然后将每一类构建其特征的高斯混合模型；

(4) 最后再用上一步构建出的高斯混合模型对面片重新进行分类。

谱特征有着区分能力强的特点，在原来的特征空间中区别不明显的特征点，在谱特征空间中可以被分离，图 8-4 的例子说明了这一观点：

其算法中为了计算谱特征，先计算如下分割块之间的距离函数：

$$D(s_i,s_j)=\sqrt{\sum_{d=1}^{n_d}\mathrm{EMD}^2\left(h_i^d,h_j^d\right)+|a_i-a_j|^2+\|g_i-g_j\|_2^2} \tag{8-15}$$

其中，h_i^d 为分割块其下属所有三角面片的 SDF 和平均测地线距离的特征分布；a_i 为其归一化之后的面积；g_i 为分割块的散布矩阵特征值的组合特征。

图 8-4 无监督共分割结果，其相同颜色部分之间语义信息相同[79] (阅读彩图请扫封底二维码)

定义距离之后，分割块之间的关系矩阵定义如下：

$$M = D^{-1}W \tag{8-16}$$

其中，W 为未归一化的关系矩阵：

$$W_{i,j} = \exp\left(-\frac{D\left(s_i, s_j\right)}{2\sigma^2}\right) \tag{8-17}$$

而 D 为归一化系数，其中

$$D_{i,i} = \sum_j W_{i,j} \tag{8-18}$$

式中，$M_{i,j}$ 表示分割块 s_i 经由一步转变到 s_j 的概率，其侧面反映了两个分割块之间的联系。

最后，算法将 M 特征分解，其排序后的特征值由大到小为 $\lambda_0 = 1 > \lambda_1 \geqslant \lambda_2 \geqslant \cdots \geqslant \lambda_{n-1} \geqslant 0$，而 $\psi_0, \cdots, \psi_{n-1}$ 为其对应的特征矢量，并由如下式子计算其谱特征：

$$\psi_t(s) = \left(\lambda_1^t \psi_1(s), \cdots, \lambda_{n-1}^t \psi_{n-1}(s)\right) \tag{8-19}$$

其中，$\psi_t(s)$ 为给定分割块 s 在谱特征空间下的坐标。

在计算完谱特征并且进行聚类之后，算法通过如下公式定义三角面片的先验概率：

$$p(f|c_i) = p\left(f, \mu_i, \Sigma_i\right) = C\mathrm{e}^{-\frac{1}{2}(f-\mu_i)^T \sum_i^{-1}(f-\mu_i)} \tag{8-20}$$

其中，μ_i、Σ_i 分别为在聚类后每一类的均值和协方差矩阵，C 为高斯归一化常数，根据贝叶斯理论，对于给定的三角面片，其属于 c_i 类的概率值为

$$p(c_i|f) \propto p(f|c_i)p(c_i) \tag{8-21}$$

其中，$p(c_i)$ 为 c_i 类面片在训练集合中所占的总面积比例。

图 8-5 为原有特征空间和谱空间对不同类样本点之间的区分能力。

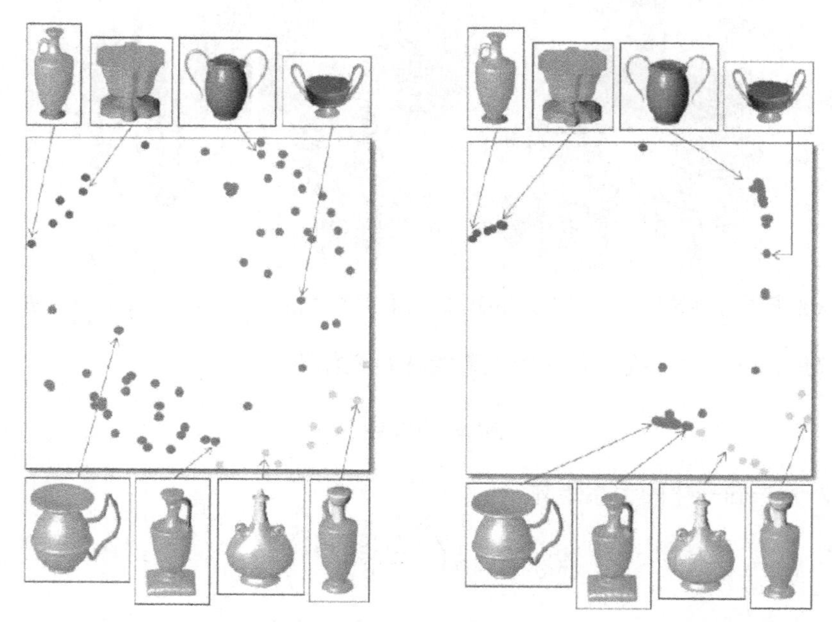

图 8-5　原有特征空间和谱空间对不同类样本点之间的区分能力 [79](阅读彩图请扫封底二维码)

最后文中采用 graphcut 算法将分割结果优化，其优化能量函数为

$$\varepsilon(l) = \sum_{u\in V} \varepsilon_D(u, l_u) + \sum_{u,v\in E} \varepsilon_S(u, v, l_u, l_v) \tag{8-22}$$

式中，l_u、l_v 为赋予面片 u 和 v 的标签，特别的，上式中前一项：

$$\varepsilon_D(u, l_u) = -\omega \log(p(c_{l_u}|u)) \tag{8-23}$$

其中，$p(c_{l_u}|u)$ 表示三角面片的后验概率，而第二项：

$$\varepsilon_S(u, v, l_u, l_v) = \begin{cases} 0, & l_u = l_v \\ -\log\left(\dfrac{\theta_{uv}}{\pi}\right), & \text{其他} \end{cases} \tag{8-24}$$

式中，用两个三角面片之间的二面角来衡量它们之间的联系。

最后再通过 graphcut 算法来优化能量函数，得到各类的过分割结果如图 8-6 所示。

图 8-6 各类模型其过分割的结果[79](阅读彩图请扫封底二维码)

8.4 基于用户交互的快捷分割

Zheng 等[106] 于 2010 年提出一种基于用户指定分割区域的便捷分割算法，用户只需在需要分割的区域附近点击鼠标即可得到很好的分割结果，该算法的主要原理是通过建立能够感知模型表面凹凸性的调和函数，并且用投票的策略来确定其调和函数的等值线作为最终的分割线，其中用户的点击作为投票时的约束条件。

作者首先通过定义一个在网格表面上足够平滑，而且对网格表面凹凸敏感的函数。其中，调和函数满足此条件，由调和函数的定义可知，其满足拉普拉斯方程。因此通过求解泊松方程：

$$\Delta\Phi = 0 \tag{8-25}$$

其中，Δ 为拉普拉斯算子，为了求解上述方程，作者采用最小二乘法，构建方程：

$$A\Phi = b\left(A = \begin{bmatrix} L \\ C \end{bmatrix}, b = \begin{bmatrix} 0 \\ B \end{bmatrix}\right) \tag{8-26}$$

其中，B 和 C 为表述边界条件的向量和矩阵；L 为拉普拉斯矩阵。

$$L_{ij} = \begin{cases} -1, & i = j \\ \dfrac{w_{ij}}{\sum\limits_{(i,k)\in E} \omega_{ik}}, & (i,j) \in E \\ 0, & \text{其他} \end{cases} \tag{8-27}$$

其中，E 表示网格中所有边的集合，而本方法中 w_{ij} 通过如下公式定义：

$$w_{ij} = \begin{cases} \dfrac{\|v_i - v_j\|}{e} \quad \theta, & \text{如果}v_i\text{或}v_j\text{是凹的} \\ 1 \end{cases} \tag{8-28}$$

其中，e 为所有边平均长度；θ 为正常数 0.01。通过求解泊松方程，获得如图 8-7 所示的调和场。

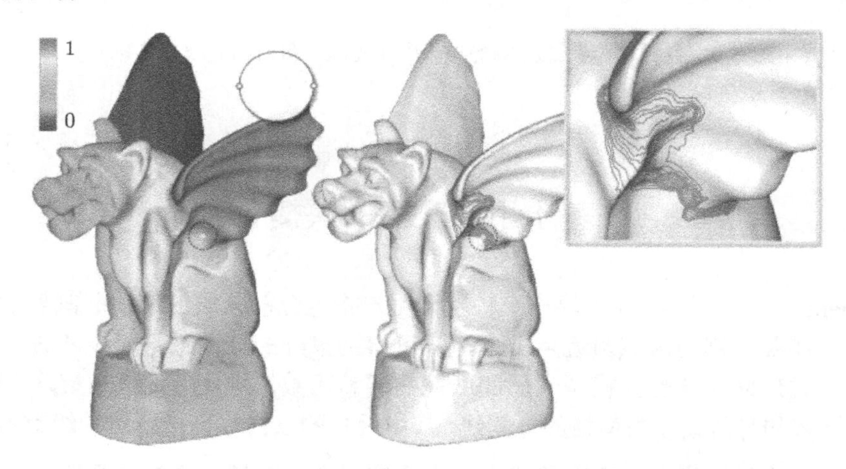

图 8-7　设定初值的调和场，其中放大标出部分为等值线[106] (阅读彩图请扫封底二维码)

可以看出，其中某些等值线恰好位于分割线附近，所以接下来通过投票策略选出最适合的等值线：

$$\psi_i = g(\varsigma_i) \times g(\tau_i) \times g(\upsilon_i) \tag{8-29}$$

上式 3 项分别代表分割线的凹性、紧致性以及离用户所点击位置的距离。其中，$g(x) = 1/(1+x^2)$。

用户通过点击自己想要分割的区域，从而不断改变 $g(\upsilon_i)$ 使得投票结果改变，从而获得一系列分割线，其分割线紧致而光滑，其部分分割结果如图 8-8 所示。

图 8-8 由用户简单交互产生的分割结果[106] (阅读彩图请扫封底二维码)

8.5 基于凸度估计和快速行进方法的三维模型自动分割算法

在本节中，将详细介绍一种基于凸度估计和快速行进方法的三维模型自动分割算法。

8.5.1 相关算法介绍

1. 快速行进算法及其工具箱

快速行进算法 (fast marching algorithm) 最早由 J.Sethian 等[107] 于 1996 年提出。该数值算法能够找到以下镜像方程的黏性解。

$$\mathrm{norm}(\mathrm{grad}(D)) = P \tag{8-30}$$

等值面 $\{x|F(x)=t\}$ 可被看成速度 $P(x)$ 保持一致的锋面。生成的函数 D 是一个距离函数。如果速度 P 为常数，那么距离函数可以被当成一个起始点的集合。

快速行进算法跟 Dijkstra 算法十分相似，都是在图形或者图像中寻找最短的路径。如果使用梯度下降的距离函数 D，就可以找到一条最优估计的最短测地线距离 (如果 P 表示欧拉距离，则为常数；如果 P 表示黎曼流形距离，则为变量)。

快速行进算法有比较成熟的工具箱，并且十分简单易用。本书直接采用该工具箱分别进行了均匀采样和计算部分点集的最短测地线距离。如图 8-9 所示，图 8-9(a) 表示使用快速行进算法进行均匀采样的结果，而图 8-9(b) 则为单个点到多个目标点的最短测地线距离。

(a) 快速行进算法进行均匀采样

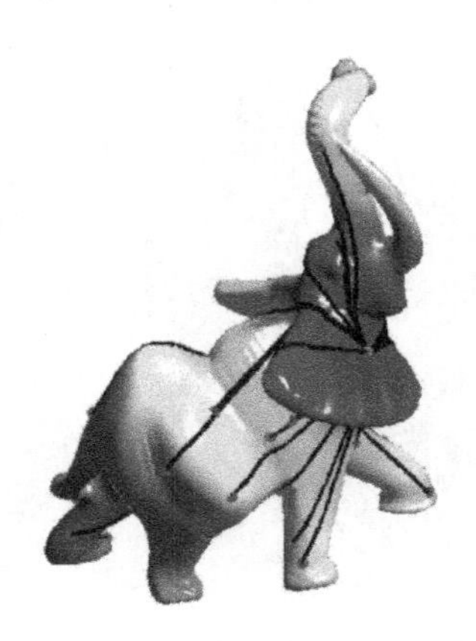

(b) 单个点到多个目标点的最短测地线距离

图 8-9　快速行进算法的效果示意图 (阅读彩图请扫封底二维码)

2. 形状内径函数描述符

在分析三维模型时，人们能发现，三维模型各个部分的相似性常源于它们的功能和作用。比如，人类或者其他动物的躯干和四肢都拥有不一样的功能属性，而它们也具备相应可识别的体积信息。因此，要区分这些不同的部位，所设计的自动算法应该首先能识别它们的固有信息。而由 Shapira 等[108] 提出的形状内径函数 (shapediameter function, SDF)，则能很有效地识别这样的体积信息。SDF 描述符将三维模型的体积信息，通过衡量模型表面的顶点或者面片在模型内的投射内径，映射到模型表面的每一个顶点或者面片上。因此，SDF 描述符非常适合用于引导体积信息分离，探测自然三维物体的分割和定义局部特征。

假设 M 表示一个三维模型，则可以在模型的表面定义一个标量函数：

$$f_v : M \longrightarrow R \tag{8-31}$$

来表示三维模型上每一个点 $p \in M$ 的邻近内径。称该定义为形状内径函数。在平滑的模型表面，该内径距离可以利用所在点的反向法向量与模型内部其他位置的交点，即所在点和交点这两个点的距离来表示。

给定三维模型表面的一个顶点，该方法在此顶点的反向法向量周边构建一个锥形体。然后，在该锥形体范围内投射一组射线相交于模型内侧的另一面，如图 8-10 所示。对于每一条这样的射线，用该方法检查相交点的法向量。如果相交点的法向量与原点法向量的夹角在一定的范围内，则保留该相交点，否则去除不予考虑。那么，该顶点的 SDF 值可以定义为所有予以考虑的射线的加权平均长度，并且在所有射线长度中值的标准差范围内。

图 8-10 形状内径函数描述符的计算原理示意图[108] (阅读彩图请扫封底二维码)

给定三维模型表面的一个顶点，沿着该点法向量的相反方向，在一个圆形锥内发射一组射线。这个圆形锥的中心线是该点法向量的反向线。而这些射线和模型内部的另一表面相交，每条射线由一个交点和其长度构成。记每条射线的长度为 $r_i, i = [1, N]$。而射线的平均长度为

$$r_m = \frac{1}{N}\sum_{i=1}^{N} r_i \tag{8-32}$$

射线的标准差为

$$\sigma = \sqrt{\frac{1}{N}\sum_{i=1}^{N}(r_i - r_m)^2} \tag{8-33}$$

则落在标准差范围内的射线保留下来，其他舍去。

$$r_j \in \text{range} = \left[r_m - \frac{1}{2}\sigma, r_m + \frac{1}{2}\sigma\right] \tag{8-34}$$

每条射线 $r_j \in \text{range}$ 赋予一个权值 ω_i:

$$\omega_i = \frac{1}{\alpha_i} \tag{8-35}$$

其中，α_i 表示该射线与圆形锥中心线的夹角，如图 8-11 所示。

那么，该顶点的 SDF 值可以由以下公式计算:

$$\text{SDF} = \frac{1}{M}\sum_{j=1}^{M}\omega_i r_i \tag{8-36}$$

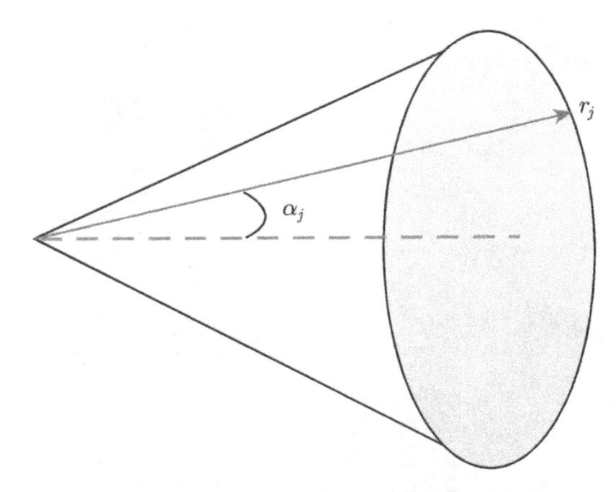

图 8-11　射线的权值对应的夹角示意图

需要注意的是，一方面，使用一个小的圆锥角度会导致区分度高的问题，并且会对模型的局部特征过于敏感；另一方面，如果使用一个较大的圆锥角度，比如接近 180°，那么会使得 SDF 特征受到很多噪声的干扰，并且会导致某些射线找到模型中不相关的部位。为此，经过大量实验发现，保持一个 120° 的开角，并且发射 30 条射线的实验效果最佳。

由 SDF 特征描述符的定义可知，该特征对刚性物体形变保持稳定。更进一步地说，SDF 特征描述符对任何不产生局部体积变化的形变都保持一定的不变性。这包括带关节的三维模型形变，基于骨架的移动或者是分层的刚性形变等。本质上理解，SDF 特征描述符对大部分情况的姿势形变不敏感，如图 8-12 所示。

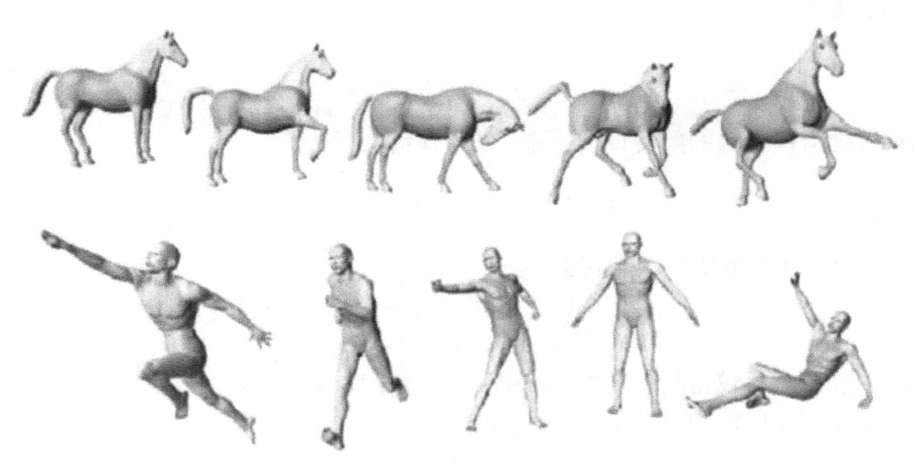

图 8-12　SDF 特征描述符对姿态的变化不敏感[108] (阅读彩图请扫封底二维码)

8.5.2 初始分割过程

初始分割过程的目的是将任意的三维模型粗略地分解成一个主要部分和多个子部分。这么做的首要原因是为了避免产生过分割和差的分割结果，因为如果三维模型的形状和拓扑结果非常复杂，启发式的策略将十分难以控制；另一个原因是可以极大地降低分割算法的时间成本，从而达到快速自动分割三维模型的目的。换句话说，初始分割算法解决了粗略切割的问题，而启发式算法则负责更细更优地切割三维模型。

当切割三维模型时，人们很容易发现，每个三维模型都包含有一些可以区分的体积信息。比如人四肢的体积类似，而头部和躯干的体积则相差很大。因此，该特性可以通过设计特征或者算法来进行表示和提取。本书采用一种基于形状内径函数描述符的有效分割方法来提取该体积信息。如图 8-13 所示，SDF 特征值的分布已经可以看出三维模型的各个部分，可以很容易地区分开。

图 8-13 部分典型的三维模型的 SDF 特征值分布示意图 (阅读彩图请扫封底二维码)

具体地，本方法首先利用期望最大化 (expectation-maximization，EM) 算法[109]构建一个高斯混合模型 (Gaussian mixture model，GMM)，将此模型的 k 个高斯函数来拟合三维模型面片单元的 SDF 特征值直方图。利用高斯混合模型，本方法可以对每一个面片 f 计算一个向量 $v_f \in R^k$，其中 v_f^i 是面片 f 属于第 i 个高斯函数的概率。此处，k 通过实验验证，对于大部分三维模型，其固定取值为 3。而对于一些少量的具有简单拓扑结构的三维模型，其对应的 k 值设为 2 来重新计算一遍，效果比 $k=3$ 要理想并且更符合实际需求。如果只选择概率最大时所对应的高斯函数的索引来标记每一个面片 f，那么得到的初始分割结果如图 8-14(b) 所示。很显然，这样的结果是不符合期望的，因为它没有邻近关系，从而导致结果中存在大量的洞口和锯齿。

为了解决以上存在的问题，本方法将模型表面的上下文信息考虑在内，保证分割块之间的边界线平滑并接近表面的局部显著区域，如凹陷区域或者褶皱区域。为此，本方法采用 alpha expansion 图切割算法[110] 来实现这个目标。图分割算法是在考虑 EM 算法步骤获得的概率信息和模型表面的上下文信息的情况下，给每一个面片赋予一个分割标签。具体地，图分割算法通过最小化以下能量函数来实现标注：

$$E(\hat{x}) = \sum_{f\in F} e_1(f,\hat{x}(f)) + \lambda \sum_{(f,g)\in E} e_2(\hat{x},f,g) + \mu \sum_{(f,g)\in E} e_3(\hat{x},f,g) \tag{8-37}$$

$$e_1(f,\hat{x}(f)) = -\log(P(f|\hat{x}(f)) + \varepsilon) \tag{8-38}$$

$$e_2(\hat{x},f,g) = \begin{cases} l_{(f,g)}(1-\log(\theta_{(f,g)}/\pi)), & \hat{x}(f) \neq \hat{x}(g) \\ 0, & \hat{x}(f) = \hat{x}(g) \end{cases} \tag{8-39}$$

$$e_3(\hat{x},f,g) = \begin{cases} l_{(f,g)}(1-\log(d_{(f,g)}+\varepsilon)), & \hat{x}(f) \neq \hat{x}(g) \\ 0, & \hat{x}(f) = \hat{x}(g) \end{cases} \tag{8-40}$$

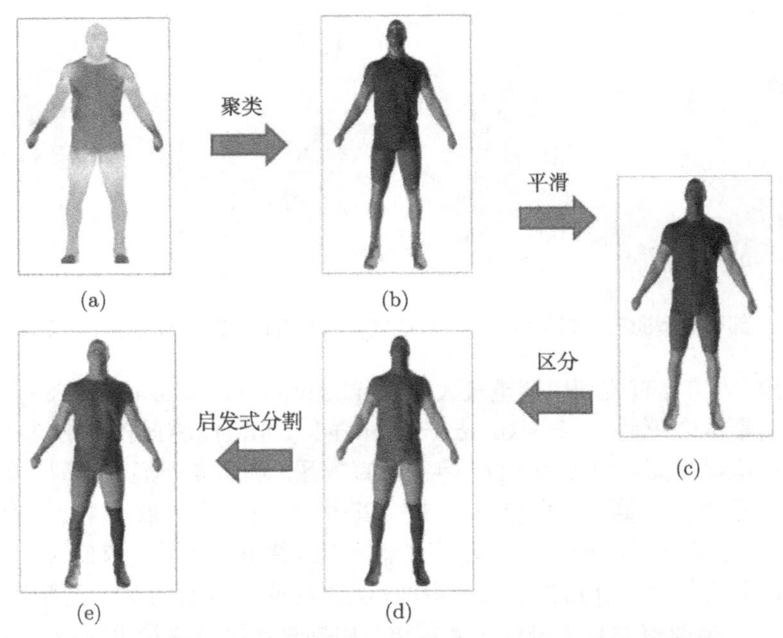

图 8-14　自动分割算法的步骤示意图 (阅读彩图请扫封底二维码)

其中

➢ $\hat{x}$ 表示面片的标签；

➢ $P(f|\hat{x}(f))$ 表示给面片 f 标注标签 $\hat{x}(f)$ 的概率；

➢ $\theta_{(f,g)}$ 表示任意的相邻面片 f 和 g 之间的二面角；

➢ $d_{(f,g)}$ 表示任意的相邻面片 f 和 g 之间的 SDF 值的差的绝对值；

➢ $l_{(f,g)}$ 表示任意的相邻面片 f 和 g 之间的长度；

➢ F 和 E 分别表示面片的集合和边的集合；

➢ λ, μ 和 ε 都是常数，经过实验验证，本书将这些参数分别设为 $\lambda = 1$, $\mu = 0.8$ 和 $\varepsilon = 10^{-3}$。

其中，e_1 可以理解为数据项，而 e_2 和 e_3 为平滑项。与 Shapira 等提出的基于 SDF 的自动切割方法不同，本方法在平滑项中还引入了 e_3 项，而这一平滑项在改进分割结果中起到了很重要的作用。e_2 项的作用是让分割块之间的边缘线收缩到凹陷区域。然而，如果过分地放大 e_2 的作用 (通过提高 λ 的值)，那么原本被正确分割的部分可能会因过度平滑而合并在一起。反过来，如果缩小 e_2 的作用，那么分割结果将不够平滑，并且存在很多的洞口和锯齿，如图 8-15(a) 所示。因此，本书引入 e_3 作为平衡项来解决这个问题。e_3 项通过度量邻近面片的特征差异来表示相邻面片的相似性。在 e_3 的帮助下，如果相邻面片的特征距离足够小，那么它们将被赋予相同的标签；否则被赋予不同的标签。其有效性参见图 8-15(b)。后续的实验结果更能说明 e_3 项对取得良好分割结果的贡献。

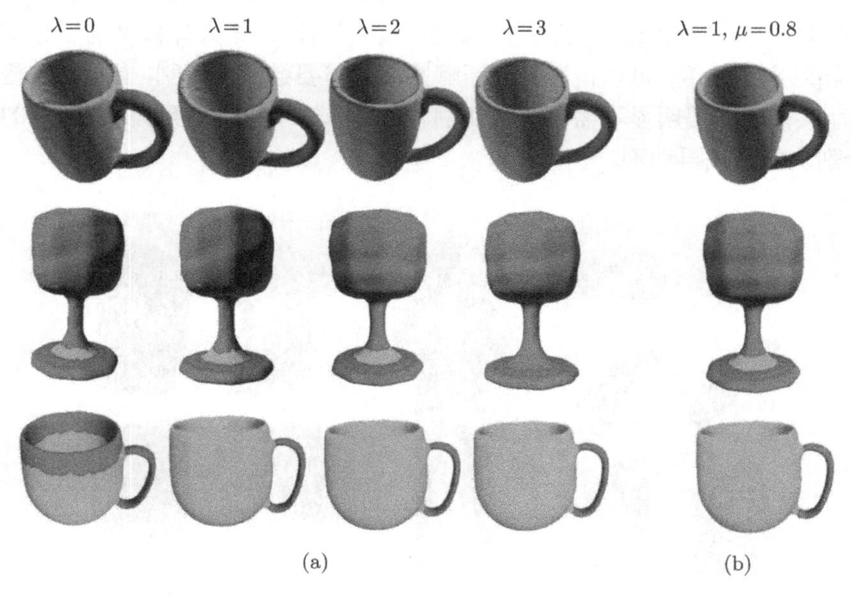

图 8-15 平滑项的选择与参数的确定示意图 (阅读彩图请扫封底二维码)

经过上述步骤所得的结果，其相似而不相连的部分还是被标注相同的标签，如图 8-14(c) 所示。本书通过选取一个面片作为种子，采用区域扩散的方法将相似而不相连的部分标注上不一样的标签，得到的结果如图 8-14(d) 所示。至此，初始分割过程结束。

8.5.3 启发式分割过程

前面提到，实施初始分割过程的目标是将任意的三维模型分解成一个主体部分和多个分支部分。比如，一个人体模型被分成躯干、头部、手臂和腿脚。然而，在很多情况下，这还远没有达到分割的理想结果，并且没有满足将非刚性三维模型分解成若干个刚性部分的要求。因此，本书设计了一个启发式分割方法，将初始分割得到的结果进一步进行切割，直到满足以上要求为止。

1. 判断准则

对于每一个经过初始分割的三维模型的子分割块，它应该被估计和判断是否再需要进一步切割。本书所采用的策略是计算每一个子分割块的凸度，并设定一个阈值。如果所对应的凸度小于设定的阈值，那么该子分割块将再进一步被切割；否则，该子分割块保持不变。凸度的定义能够恰当地区分三维模型的刚性与非刚性部件。经过大量实验验证，最合适的阈值为 0.85。而对于任意子分割块 P 的凸度 C 的定义如下，

$$C(P) = \frac{\text{Volume}(P)}{\text{Volume}(CH(P))} \tag{8-41}$$

其中，$CH(P)$ 为子分割块 P 的凸包。如图 8-16 所示，从该人体模型的子分割块的体积和相对应的凸度，可以很容易判断哪些部位需要继续被切割，如脚、大腿还有躯干；而头部和手很明显不需要再被切割。因此，该判断准则能够保证所有的非刚性子分割块能够被再切割。

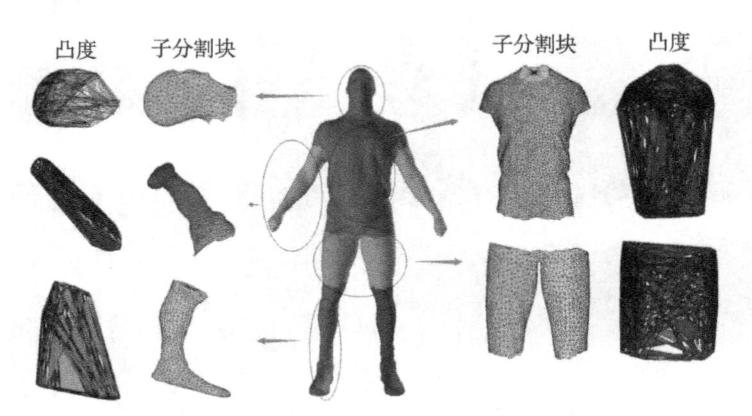

图 8-16　人体三维模型的子分割块和对应的凸度示意图 (阅读彩图请扫封底二维码)

2. 快速行进分割算法

本书提出的算法的最终目标是将非刚性三维模型分解成若干个刚性的子部分集合，并且保证子分割块之间的边界线能够平滑地收缩到三维模型的缝合线处。为了实现这个目标，本书提出了一种快速有效的启发式分割算法。如果来自初始分割结果的子分割块满足判断准则，那么它将被进一步切割，直到所有的分割块都不满足判断准则为止。该算法主要由以下 5 个步骤构成。

(1) 均匀采样。在进行启发式分割过程中，本方法需要计算三维模型子分割块中的顶点对的测地线距离。而对于本章中需要处理的大部分三维模型，都包含有万量级的顶点数和面片数。如果计算三维模型中的所有顶点或者面片之间的测地线距离是非常耗时和不切实际的。因此，本方法通过快速均匀采样的方法来获得均匀分布在三维模型子分割块中的部分顶点集合，如图 8-17(a) 所示，本书将采样点数设为 20。

(2) 选取种子点。在此步骤，本方法先使用快速行进方法 (fast marching methods)[107] 计算所采样的点集内两两顶点之间的测地线距离，同时计算出点集内对应的欧氏距离。然后，通过本方法计算测地线距离和欧氏距离的比值，如下：

$$r_{uv} = \frac{\mathrm{GD}_{uv}}{\mathrm{ED}_{uv}} \tag{8-42}$$

其中，r_{uv} 为顶点 u 和顶点 v 的测地线距离与欧氏距离的比。而 GD_{uv} 和 ED_{uv} 分别表示其对应的测地线距离和欧氏距离。接着，将测地线距离值以降序的顺序排列，并于排在前 10 位的测地线距离对应的顶点对中挑选出距离比值 r 最大的顶点对作为种子点，如图 8-17(b) 所示。

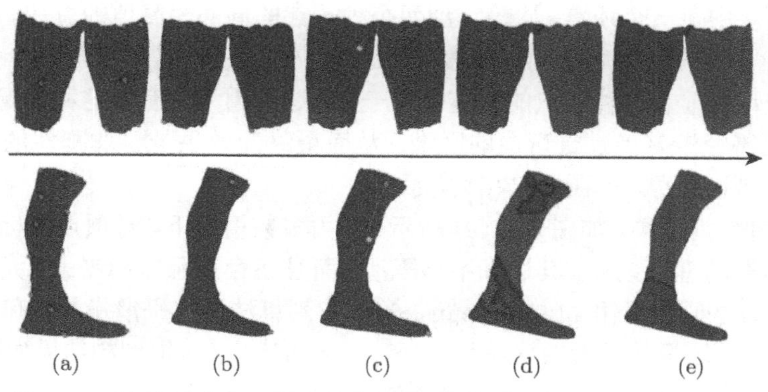

图 8-17 快速行进分割算法步骤示意图 (阅读彩图请扫封底二维码)

在大部分情况下，所选取顶点对的测地线路径都能经过子分割块最弯曲的区域，从而为后面步骤进行切割提供了重要的指导信息。本方法没有单纯地采用最大测地线距离对应的顶点对，这是因为在某些情况下，如图 8-18(c) 所示，会得到不理想的切割结果。而在考虑了距离比值后，可以得到的结果，如图 8-18(d) 所示。

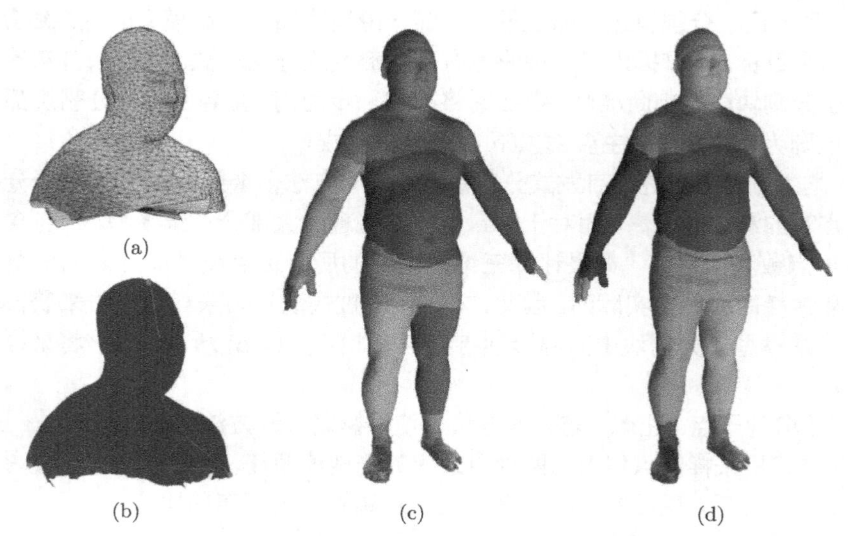

图 8-18　种子点选取的特殊情况考虑示意图 (阅读彩图请扫封底二维码)

(3) 计算局部深度值总和。在这一步，本方法再次使用快速行进方法来计算子分割块中每一个顶点到种子点的测地线路径。然后，对于每一个顶点 (除了种子点)，将该顶点到两个种子点的测地线路径中经过的顶点的局部深度值分别求总和，如图 8-17(c) 所示。

(4) 标注子分割块。假设对两个种子点标注不一样的标签，比如 0 和 1。然后，对于子分割块中每一个顶点，比较它到两个种子点的局部深度值的总和。如果它到其中一个种子点的路径所含局部深度值的总和小于到另一个种子点的，那么该顶点的标签应该和前者的种子点的标签保持一致。这是因为只有在这种情况下，该顶点的测地线路径没有经过最弯曲的区域。从而最终的效果是将非刚性的子分割块拆分成两个刚性部分，如图 8-17(d) 所示。

(5) 平滑分割结果。如图 8-17(d) 所示，在大多数情况下，对顶点的标注结果还不能满足预期的理想效果，其边缘不够平滑，而且还存在洞口和锯齿。为了解决这个问题，本方法同样采用 alpha expansion 图切割算法进行平滑操作。和初始分割中的算法不同，这里的平滑项只采用 e_1 和 e_3 来构建。最后得到的结果如图 8-17(e) 所示。

到目前为止，整个分割算法已经介绍完毕，并通过计算得到最终的分割结果。而整个分割算法过程是全自动的。图 8-19 为分割算法所产生的分割结果示意图。

图 8-19 本书分割算法所产生的分割结果示意图 (阅读彩图请扫封底二维码)

第 9 章　多标准三维物体分割评价

将三维模型分解成有意义的各个部分成为形状分析领域近年来的一个热点。很多形状分析问题如骨架提取、局部形状匹配、形状变形、纹理映射和形状对应等大都依赖于形状分割。近年来，许多形状分割算法都尝试着获得更好的分割结果。然而，如何确定一个分割算法是否优于另一个分割算法是一个棘手的问题。为了解决这一问题，Benhabiles[111] 等首先提出了一个分割算法评价框架，随后 Chen[112] 等提出了一个分割评价标准，这个标准中含有 380 个三维模型，这 380 个三维模型平均被分为 19 类，这些类别大都是常见的三维模型，如人体模型、四足动物、桌子、鱼类等。他们为这些模型提供了 4300 种不同的由人认定的标准分割，并且还提出了 4 种评价度量，这些度量都是从图像分割中扩展而来的。尽管这些度量被许多研究者所采用，但是这种一对一的基于标准分割比较并且平均比较分数的分割限制了它们的分辨能力。最重要的是，它们不能直接获得基于多个标准分割的评价结果。

为了解决这个问题，提出了两种度量方法，相似性汉明距离 (similarity hamming distance, SHD) 和自适应熵增 (adaptive entropy increment, AEI)。对于一个三维模型，它们采用了多个标准分割来综合评价并且为待评价的分割结果评分，这一点和基于一对一的分割评价方式不同。其中，SHD 基于局部相似性匹配。对于输入的任意模型的分割结果中的分割块，这个度量算法都自动搜寻其在标准分割中可能的对应分割部分，并且用来计算最后的分割误差。其中，分割块对应关系中所包含的语义信息使分割评价变得更加合理和直观。而另一个度量 AEI 基于信息熵的概念，信息熵描述了随机变量的不确定性。对于同一物体，考虑其分割结果的多样性和无序性，并将其用随机变量来描述。而熵在其中被用来描述分割的多样性和无序性，故而评价分割质量的好坏问题就转变为熵的比较问题，对于同一模型，所有的标准分割产生的熵形成了一条基线，当有新的分割引入时，将会使得熵从这一基线增加，而增加的大小描述了新分割和标准分割的差异。

许多实验表明提出的两个度量方法可以提供更强的分辨能力和符合人类认知的分割评价，并且对于阶层式分割有着很强的鲁棒性。

9.1　相似性汉明距离

在汉明距离误差检测与校正码的基础性中首次引入相似性汉明距离这个概念。

汉明距离可以在通信中累计定长二进制字中发生翻转的错误数据位，所以它也被称为信号距离。汉明重量分析在包括信息论、编码理论、密码学等领域都有应用。但是，如果要比较两个不同长度的字符串，不仅要进行替换，而且要进行插入与删除的运算，在这种场合下，通常使用更加复杂的编辑距离等算法。

对于固定的长度 n，汉明距离是该长度字符向量空间上的度量，很显然它满足非负、唯一及对称性，并且可以很容易地通过完全归纳法证明它满足三角不等式。

两个字 a 与 b 之间的汉明距离也可以看成是特定运算 “–” 的 $a-b$ 的汉明重量。

对于二进制字符串 a 与 b 来说，它等于 a 异或 b 以后所得二进制字符串中 “1” 的个数。另外二进制字符串的汉明距离也等于 n 维超正方体两个顶点之间的曼哈顿距离，其中 n 是两个字串的长度。

Huang[113] 等将汉明距离引入三维网格分割评价中，比较由自动算法产生的分割和标准分割之间区域的不同。在绝大多数情况下，G 往往不唯一，这也是为什么 Chen[112] 等对于每一个模型，都从多个人之中收集人工分割结果作为标准分割集合的原因。在这里考虑以下两个问题：

(1) 如何评价一个分割结果，其用于参考的标准分割是从不同认知得到的多标准分割；

(2) 如何解决当没有标准分割对应自动算法分割结果的情况。

考虑到图 9-1 的情况，假设 A 是由算法得到的分割结果，而 G_1 和 G_2 是用于参考的标准分割结果。从图中不难得出，A 是一个不错的合理分割结果，但是当将 A 和标准分割结果之中的任意一个进行比较时，都会导致不合理的误差。这

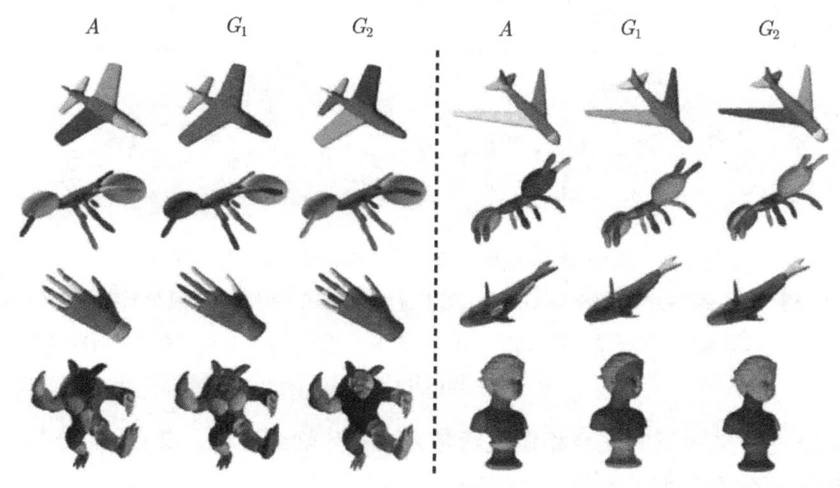

图 9-1 对于由分割算法产生的分割结果和标准分割结果进行一对一的比较将导致不必要的误差，因为 A 和两种标准分割单独比较起来都明显不同 (阅读彩图请扫封底二维码)

个问题存在于所有基于一对一比较的分割度量中。实际上，对于大量的三维网格模型，往往存在多个符合人类认知的标准分割结果，尤其是对于那些含有多个语义部分的模型 (如含有许多关节的人体模型以及四足动物模型)。

在这里引入一个新的度量，相似性汉明距离 (SHD)，对于同一个模型，这个度量综合了其所有标准分割和待评价分割之间的相似性。这个度量基于待评价分割和参考分割之间的局部相似性对应。对于待评价分割的任意一个分割部分，我们寻找其在参考分割集合中的对应分割部分，这些可能来自于多个参考分割结果的分割部分被用来计算最终的评价分数。这个度量充分发掘了待评价分割其分割部分和其对应分割部分的潜在语义联系，从而使得评价结果更加合理和直观。

如图 9-2 所示，SHD 的计算流程如下:

(1) 对于同一模型，设分割集合 $\{G_1,\cdots,G_n\}$ 为其标准分割结果，并且将分割 G_n 的第 1 个分割部分记为 G_i^1，将待评价的分割记为 A。首先从 A 中选出一个分割部分，记为 a_k，并且寻找在标准分割集合中与其有着重叠部分的标准分割部分。这些部分组成了集合 $O(a_k)$，并且其每一个元素 $O_j(a_k)$ 满足条件:

$$O_j\left(a_k\right)\cap a_k=\{f:f\in O_j\left(a_k\right)\wedge \mathrm{f}\in a_k\}\neq\varnothing \tag{9-1}$$

其中，f 表示网格中的三角形；$\varnothing$ 表示空集。

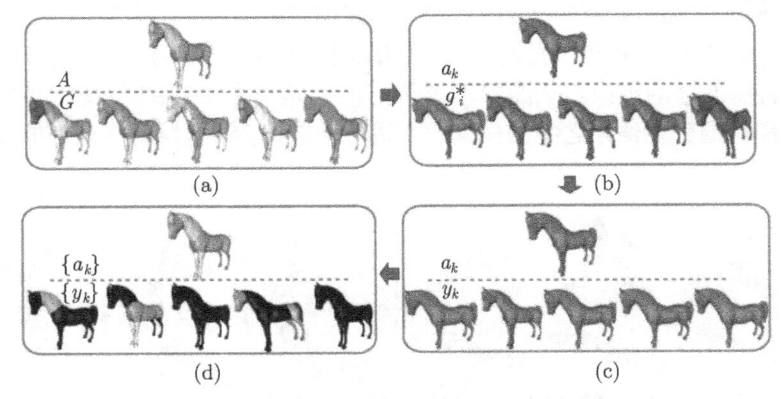

图 9-2　SHD 计算的流程图 (阅读彩图请扫封底二维码)

(a) 待评价分割 A 和多个标准分割结果 G_i；(b) 对于待评价分割的分割块在标准分割中寻找其对应部分 (红色部分)；(c) 找到最相似对应部分 (红色部分)；(d) 找到待评价分割其所有分割部分的对应部分 (非黑色部分)

(2) 通过定义如下的集合相似性函数，比较分割部分 a_k 和 G_i 的分割块集合 $O(a_k)$ 所有重叠部分的分割块:

$$\mathrm{SD}=(1-\beta)*\mathrm{EMD}(a_k,O_j(a_k))+\beta*\tilde{d}(C(a_k),C(O_j(a_k))) \tag{9-2}$$

其中，EMD 为 a_k 和 $O_j(a_k)$ 分割块之间的 D2 分布的 Earth Mover's 距离[114]。而第二项 $\tilde{d}(C(a_k),C(O_j(a_k)))$ 为归一化的 a_k 的中心 $C(a_k)$ 与 $O_j(a_k)$ 的中心 $C(O_j(a_k))$ 之间的欧氏距离，β 为其权值。因为 EMD 的值处于 [0,1]，故它们之间的中心欧氏距离也应该通过如下公式被归一化到 [0,1]：

$$\tilde{d}(C(a_k),C(O_j(a_k))=\frac{d(C(a_k),C(O_j(a_k))}{\sum\limits_{j=1}^{M}d(C(a_k),C(O_j(a_k))} \tag{9-3}$$

其中，M 为 $O(a_k)$ 中的元素个数，用上述距离来寻找在分割 G_i 中和 a_k 形状相似并位置对应的分割部分，并且选出有着最近距离的最佳对应部分 g_i^*，β 为两者之间的平衡权重，确定 β 的方法将在下文给出。

(3) 从不同的标准分割 $\{G_1,\cdots,G_n\}$ 挑选出其对应的分割部分集合 $\{g_1^*,\cdots,g_i^*\}$ 之后，重新用式 (9-3) 计算并且比较它们与 a_k 之间的距离 SD。其中，式 (9-2) 中的前半部分已经在上一步中被计算出来，而第二部分需要重新被 $C(a_k)$ 与 $C(g_i^*)$ 之间的距离之和进行归一化，找出最终 a_k 在标准分割中的最佳对应分割部分 g_i^*，其应该满足两个条件：①有着最小的 SD 值。②面积应该大于 a_k 面积的一半，如果没有分割部分满足条件 2，将只用条件 1 来选择最佳对应分割部分。将最后选出来的对应于 a_k 的最佳对应分割部分记为 y_k。

(4) 重复上述步骤直到找到集合 $\{a_k\}$ 中所有分割部分的对应分割块 $\{y_k\}$。$\{y_1,\cdots,y_k\}$ 组成了一个新的集合 Y，称为相似标准分割。至此，Y 中的元素个数和分割 A 中的分割块数一致，这使得对应关系更加有意义。

(5) 最后，通过式 (9-4) 计算出相似标准分割 Y 和待评价分割 A 的汉明距离：

$$D_H(A,Y)=\frac{1}{2}\left[R_m(A,Y)+R_f(A,Y)\right] \tag{9-4}$$

考虑到 Y 的特殊性，对于 $R_m(A,Y)$ 和 $R_f(A,Y)$，做了如下改动：

$$R_m(A,Y)=\frac{\sum\limits_{k=1}^{C}|a_k\backslash y_k|}{\sum\limits_{k=1}^{C}|a_k|} \tag{9-5}$$

$$R_f(A,Y)=\frac{\sum\limits_{k=1}^{C}|y_k\backslash a_k|}{\sum\limits_{k=1}^{C}|y_k|} \tag{9-6}$$

其中，“\” 为差集运算符；“|.|” 为集合的基数，在此处为集合中所有三角面片的面积总和。在一般的汉明距离公式中，归一化常数为 $|A|$，其中，$|A|=|Y|=|S|$。而在我们所提出的相似汉明距离中，$|A|\neq|Y|$。这里我们修改了归一化常数，被归一化过后的汉明距离将会为一个下界为 0 上界为 1 的值，其中，0 代表了完美的分割，而 1 表示待评价的分割和用于参考的标准分割没有任何相似性。

分析：在此考虑以下两个问题：

(1) 为什么不采用分割部分之间的重叠面积来确定分割块 α_k 在标准分割集合 G_i 之中的对应分割部分。一般的汉明距离中，确定对应关系的准则为“最大化重叠面积”，然而，这个准则不能应对一对多的匹配，图 9-3 说明了这一观点。图 9-3(a) 是待评价分割 A，图 9-3(b) 是用于参考的标准分割，当将重叠面积进行排序时，其中 G_1 整个模型都被选为在分割 A 中杯身的最佳对应部分。实际上，在分割 G_2 中的杯身 (红色部分) 和 A 中杯身有更加高的相似性。显然，没有相似信息的比较过程将会导致不合理的对应关系，故而，为了避免不合理的对应关系，引入了相似距离的概念。

(2) 如何确定第二步中的权重系数 β，其综合了分割部分之间的形状相似性和位置信息。如果只用其中一个的话，将会导致不合理的结果。有时 D_2 距离不能区分非常相似的两个部分，如都相似于圆柱的上臂和小腿。如果只用 D_2 距离进行相似度量将导致算法找到错误的对应部分[114]，图 9-3 展示了只采用 D_2 距离而导

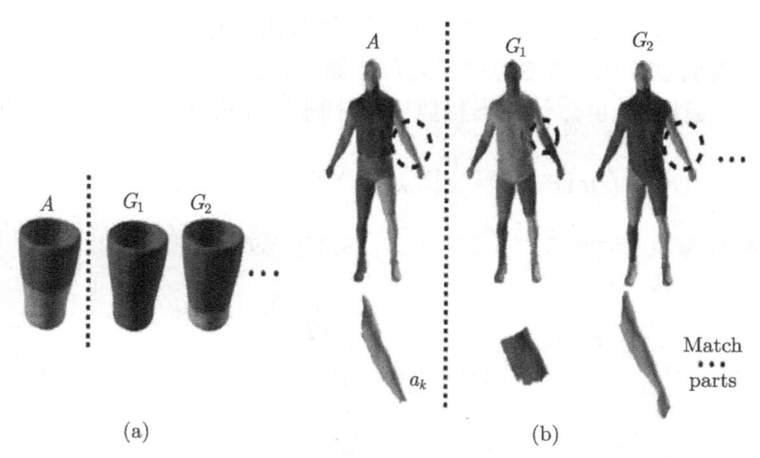

图 9-3 只采用 D_2 距离而导致的错误对应 (阅读彩图请扫封底二维码)

(a) 阐述了为什么不采用面积重合最大化原则来从标准分割中寻找 A 中分割块对应的分割部分，其中 G_2 的红色部分和 A 的红色部分更加匹配，但是由于其重合部分小于 G_1 的红色部分，从而导致了错误的匹配结果；(b) 我们展示了只由相对位置来计算相似关系。其中，当将分割块之间的空间欧氏距离进行排序后，发现尽管 G_1 中找出的分割部分和 α_k 距离最短，但是 G_2 却和 α_k 有着更高的相似性

致的错误对应，为了结合图 9-3(b) 两部分的分割部分匹配结果而给出一个正确的最终对应结果，平衡权重系数 β 起着很大作用。观察到第一项 D_2 分布的 Earth Mover's 距离经常小于第二项的欧氏距离，并且它们都处于 [0,1]。这个算法自动从 [0,1] 选择数值作为 β 的值，以便获得最小的相似汉明距离。

9.2 熵　　增

熵在信息论中运用广泛，它描述了随机变量的不确定性，系统的熵在系统的状态变得无序时增大。在此考虑到不同分割对于同一模型其分割的多样性和无序性，如果将这些无序性和多样性表述成为随机变量的形式，那么熵就恰好可以描述这类不确定和无序性。那么描述分割质量的问题就可以转化为熵的比较，所有不同标准分割形成了一条基线，当一个新的分割被加入时，熵会从基线增加。用增加的幅度来反映被加入分割的好坏。AEI 的计算流程图如图 9-4 所示。

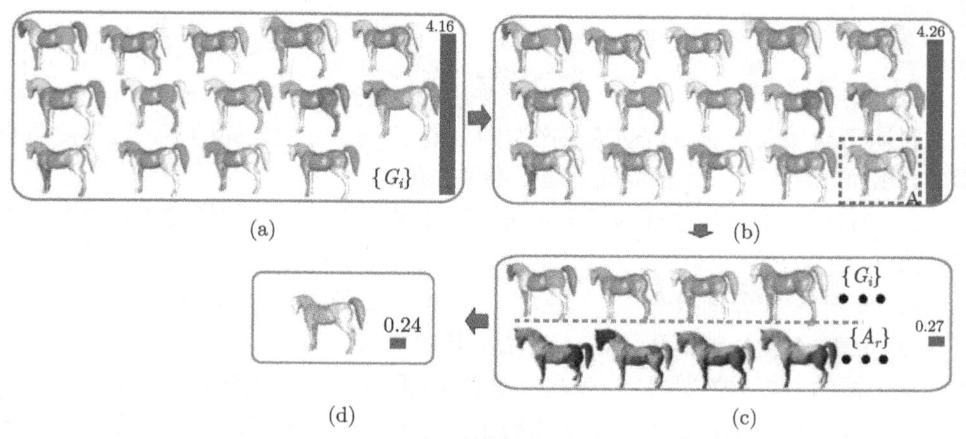

图 9-4　计算 AEI 的流程图 (阅读彩图请扫封底二维码)

(a) 所有标准分割集合 $\{G_i\}$ 所形成的熵的基线 (蓝色柱状部分)；(b) 当待评价算法 A 加入以后其熵增加，其中红色柱状部分为增加的熵，在此例中熵增量被熵增的上限 ($H(A)=1.64$) 归一化后其值为 0.1；(c) 从引入的随机分割集合 $\{A_r\}$ 中计算出自适应熵增量的期望值 $E(\Delta H)$；(d) 最后通过自适应熵增期望归一化后计算得到的 AEI 值

将一个标准分割 G_i 中的一个分割部分记为 $s(G_i)$，并且对于所有的标准分割集合 $\{G_1,\cdots,G_n\}$ 而言，其分割部分重合的概率为

$$P\left(\{s(G_1),\cdots,s(G_2)\}\right)=\frac{\|\{\forall f,f\in s\left(G_1\right)\}\cap\cdots\cap\{\forall f,f\in s\left(G_n\right)\}\|}{S} \tag{9-7}$$

这里，S 代表整个网格模型的面积，$\|\cdot\|$ 为给定三角面片的面积。为了简化概率分

布的表示形式，引入如下的缩略形式：

$$P(G_1,\cdots,G_n)=P(\{s(G_1),\cdots,s(G_n)\}) \tag{9-8}$$

其中，上述两式意味着分割集合 $\{G_1,\cdots,G_n\}$ 的联合概率分布可以用不同分割之间的重合面积估计出来。接着，对于同一模型，这些分割基于所有可能的分割部分重合情况的熵可以被如下公式所定义：

$$H(G_1,\cdots,G_n)=-\sum P(G_1,\cdots,G_n)\log(P(G_1,\cdots,G_n)) \tag{9-9}$$

这个公式描述了对于同一网格模型其不同分割所组成的分割集合的多样性和无序性。对于同一模型，当计算其标准分割的分布时，其重合的可能情况不超过其三角面片的个数。仅考虑其中有效的状态 (即在此状态下的面片数目大于 0)，因此计算其部分的复杂度是线性的。根据熵的概念，当一个待评价分割 A 加入其中时，其熵增加，有如下不等式：

$$H(G_1,\cdots,G_n)<H(G_1,\cdots,G_n,A) \tag{9-10}$$

上式说明了当加入新的由自动算法产生的分割 A 时，分割之间的不一致程度将会增加。然而，熵在以下 3 种情况下是不会增加的：

(1) 当分割 A 不包含任何分割部分，即在算法产生的分割结果中网格的分割块数为 1；

(2) 分割 A 和分割集合 $\{G_1,\cdots,G_n\}$ 其中一个分割完全相同；

(3) 分割 A 和分割集合 $\{G_1,\cdots,G_n\}$ 其中任意分割部分的组合完全一致。

在上面的第 3 种情况下，对于同一个模型，假设 A 是需要和标准分割 $\{G_1,G_2\}$ 比较的待评价的分割，图 9-5 用简化的正方形描述了这种情况。其中在正方形上方的蓝色部分代表着分割 A 中的上半身，而红色部分对应着分割 A 中的腿部。由于 A 和 G_1 对应于人体的上半部分的分割方式相同，故而蓝色部分出现在分割 G_1 中，同样 A 和 G_2 对应于人体的下半部分分割方式相同，故而蓝色部分出现在分割 G_2 中。A 完全与这两种标准分割结果一致，因而我们认为 A 是由这两种分割组合而成的。和前文中提到的那些一对一然后平均的评价手段不同，在这里熵在加入分割 A 后并不增加：

$$H(G_1,G_2)=H(G_1,G_2,A) \tag{9-11}$$

上式表示联合熵在加入 A 后不变，这说明一个完美的分割可以由标准分割的分割部分组合而成。为了更好地解释这一观点，我们类比如果一个小孩的鼻子长得很像他的父亲而其他的部分长得很像他的母亲，我们仍然会说“这个小孩长得很像他的双亲”，可以把这一概念转到多标准评价上。相反的，如果 A 和标准分割集合 $\{G_1,\cdots,G_n\}$ 没有任何关系，在这种情况下，可以得到如下公式：

$$H\left(G_1,G_2,\cdots,A\right)-H\left(G_1,\cdots,G_n\right)=H\left(A\right) \tag{9-12}$$

上式是一个极端情况，这有力地说明了 $H(A)$ 可以成为熵增的上界，为了将熵增量归一化到 [0,1]，用下式将度量归一化：

$$\Delta H=\frac{H\left(G_1,G_2,\cdots,A\right)-H\left(G_1,\cdots,G_n\right)+\varepsilon}{H\left(A\right)+\varepsilon} \tag{9-13}$$

其中，加入极小的正常数 ε 用来防止特殊情况下分母为 0，在此种情况下 $H(A)$ 为 0，说明模型没有被分割，误差为 1。

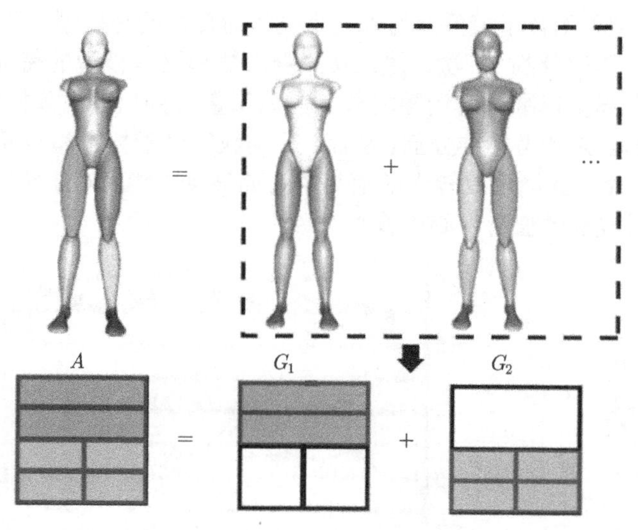

图 9-5　如果 A 完全由参考标准分割 G_1 和 G_2 的分割块组合而成，那么这个集合其熵的值将不会增加 (阅读彩图请扫封底二维码)

我们也尝试了另外一个归一化常数 $\log m$，其中 m 为分割 A 的分割块数。尝试这个常数的原因是 $\log m$ 是 $H(A)$ 的上界。尽管也可以选择 $\log m$ 为归一化常数，但是这将会导致在不平衡的分割结果中产生错误的评价。用图 9-6 来说明，图 9-6 表示了一个水壶的两种分割：其中 A 是有着非常不平衡分割块的分割结果，G_1 为标准分割结果。用式 (9-14) 来计算待评价分割的误差，发现误差值非常接近 0，这意味着待评价的分割十分接近标准分割，然而这个结果显然是错误的。

$$\Delta H=\frac{H\left(G_1,A\right)-H\left(G_1\right)+\varepsilon}{\log m+\varepsilon}\approx 0 \tag{9-14}$$

如果 $H(A)$ 作为归一化常数，那么式 (9-15) 的值将会趋向 1。从而产生了待评价分割和标准分割相差甚远的正确判断。此外，采用 $H(A)$ 同样可以使得上界更加紧凑从而增强了这个准则的分辨能力。

$$\Delta H=\frac{H\left(G_{1},A\right)-H\left(G_{1}\right)+\varepsilon}{H\left(A\right)+\varepsilon}\approx 1 \tag{9-15}$$

9.3　自适应熵增

我们观察到仅靠熵增准则来判断分割的变化范围和辨别能力不能满足要求。对于简单模型和相对复杂的模型，其熵的增量往往是不一样的，图 9-6 举出了两个实例，其中一个是简单的杯子模型而另外一个是相对复杂的马模型。我们设计了一个算法随机将两个模型分割 11 次，并且其分割块数和这些模型的待评价分割一致。其对应于同一个模型标准分割的随机分割的熵增量被列出。将普林斯顿分割标准库中的人工分割设为参考标准分割，从而，分别获得对于杯子和马模型的 11 个误差。对于简单模型，其熵增以较大的值为中心而波动，然而对于相对复杂的模型，其熵增量以相对较小的值为中心而波动。

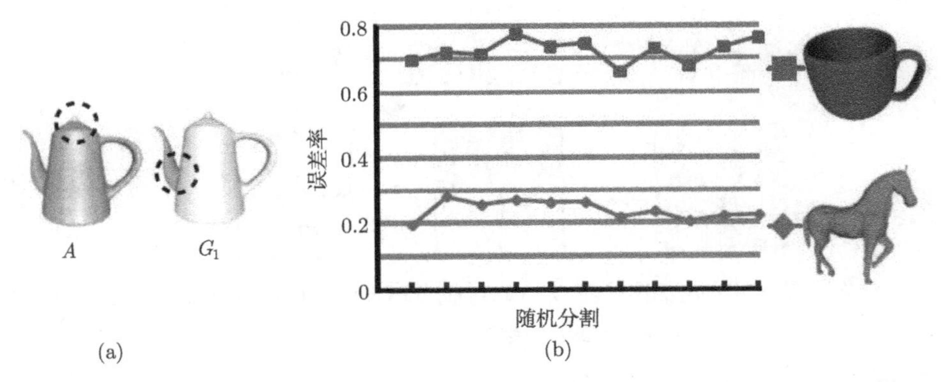

图 9-6　(a) 用一个极端情况下的分割结果 A 和标准分割结果 G_1 的比较来观察两个候选归一化常数 $\log m$ 和 $H(A)$ 的效果；(b) 简单模型"杯子"和复杂模型"马"的熵增波动，其中纵轴表示其相应的熵增

因此，尝试寻找一个自适应的期望去重新归一化给定分割数目的分割结果的熵增值，这能使其熵增的分辨能力增强。如果熵增加为 0 的待评价分割被视为最佳的分割，那么那些没有任何先验知识 (如其几何特征) 的随机分割将被视为最差的分割，因此其误差应被归一化为 1。剩下的问题就是如何定义这个作为归一化常

数的自适应熵增量。通过 N 个随机分割 $\{A_r\}$ 来估计它:

$$E(\Delta H) = \frac{1}{N}\sum_{r=1}^{N}\Delta H(G_1, \cdots, G_n, A_r) \tag{9-16}$$

其中，A_r 和待评价分割有着相同分割数目的随机分割，而 $\{G_i\}$ 对应着同一个模型的标准分割集合，用随机增长算法获得 N 个随机分割结果，这些分割结果可以被视为最差的分割，用这个方法得到熵增期望 $E(\Delta H)$。

在获得 $E(\Delta H)$ 之后，自适应熵增由如下公式定义:

$$\Delta H_\alpha = \frac{\Delta H}{E(\Delta H)} \tag{9-17}$$

9.4 评价实验

为了调查这两个度量方法对评价分割的实用性，设计了 5 个实验。前 3 个实验从 3 种情况来调查其分辨能力:

(1) 标准分割和随机分割;

(2) 极端情况的分割;

(3) 对于简单模型和复杂模型的分割。

接下来调查我们的算法是否对于阶层式分割有鲁棒性。最后再获得对应于普林斯顿分割形状库的人工分割结果及其 6 种算法分割结果以及随机分割的评价结果。

实验方案: 首先说明用于评价分割的手段。鉴于由不同手段得到的分割结果的特殊性，现存在两种不同评价分割的综合方法，当评价人工分割时 (其分割在普林斯顿分割标准库中被视为标准参考分割)，除去待评价的人工分割将剩下的分割作为参考的标准分割。而在评价由算法产生的分割结果时，将现存自动分割算法产生的结果以及随机分割的结果作为待测试分割，将所有的人工分割结果作为标准分割进行测试，值得注意的是，对于不同的度量方法，其综合评价方法也不一样，对于那些一对一形式的度量方法如 CD(cut discrepancy)、HD(hamming distance)、RI(rand index)、CE(consistency error) 度量 [112]，待评价分割和所有标准分割一对一比较后，将所有评价值平均作为此分割的评价结果，而对于 AEI(adaptive entropy increment)、SHD(similarity hamming distance) 这两种一对多的度量手段，可以直接将待评价分割和所有标准分割进行比较得出评价值。

9.4.1 对于标准分割和随机分割的分辨能力分析实验

首先调查我们提出的两个度量方法是否提高了对于标准分割和随机分割的分辨能力。对应于普林斯顿分割标准库中的 4300 个人工标准分割，生成了与其对应的 4300 个随机分割。其中，随机分割和其对应的人工标准分割其分割对象相同，而且分割块数相同。采用上面所述的综合评价方法产生评价分数，并且做出了所有分割分数的直方图；算出了所有的分割在 6 个度量下分别对应的分数，并且最后产生了 6 组直方图。

图 9-7 展示了对于标准分割和随机分割在 6 个度量下其分辨能力的统计图。其中，纵轴表示处于此分数段的分割结果的个数。我们希望人工分割有着较低的误差，相反的，随机分割有着较高的分割误差。所以理想的直方图应该是随机分割位于直方图的右侧，而人工分割位于直方图的左侧，可以看到AEI和SHD两者都在直方图中将随机分割和人工分割明显区分开，特别是AEI产生了几乎完美的结果。

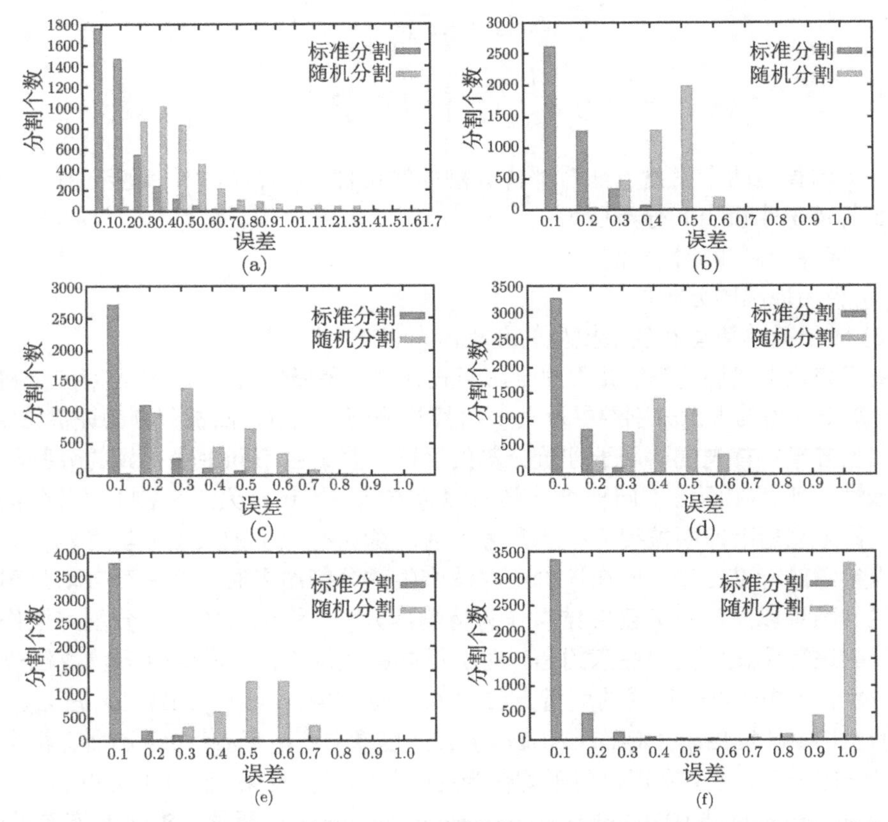

图 9-7 6 种度量方法 (a)~(f) 分别在手动分割和标准 (手动) 分割上的区分能力，其中纵轴表示落在此分值范围内的分割个数 (阅读彩图请扫封底二维码)

(a) CD；(b) HD；(c) RI；(d) CE；(e) SHD；(f) AEI

通过式 (9-18) 来量化两种分割占据的直方图之间的差距：

$$D(H_1, H_2) = \frac{\mu_1 - \mu_2}{\sigma_1 - \sigma_2} \tag{9-18}$$

其中，μ 为均值而 σ 为标准差。CD、HD、RI、CE、SHD 和 AEI 的值分别为 0.6、1.4、0.7、1.5、1.9 和 5.0。其中，SHD 和 AEI 的量化指标要明显高于其余度量手段，这一点说明它们有着更高的分辨能力。

另外还比较了随机分割和标准分割占据直方图的重叠面积。重叠指标函数由下式定义：

$$O(H_1, H_2) = \int \min(h_1(e), h_2(e))\,\mathrm{d}e \tag{9-19}$$

其中，e 为在度量下的误差；$h_i(e)(i=1,2,\cdots)$ 为对应的概率密度函数。其中，CD、HD、RI、CE、SHD 和 AEI 所计算出来的重叠指标函数值分别为 26.0%、11.1%、34.3%、8.5%、7.9%和 3.1%。这些值说明在 SHD 和 AEI 的度量下，随机分割和人工分割的误差范围重叠最小，同样说明了其更高的鉴别能力。

9.4.2 对于极端分割情况下的判别能力分析实验

这里的极端分割情况包括：不合理的分割、过分割、完美分割和欠分割。用这些分割来测试这些度量对其的反映，图 9-8 展示了这 4 种分割情况在这 6 种

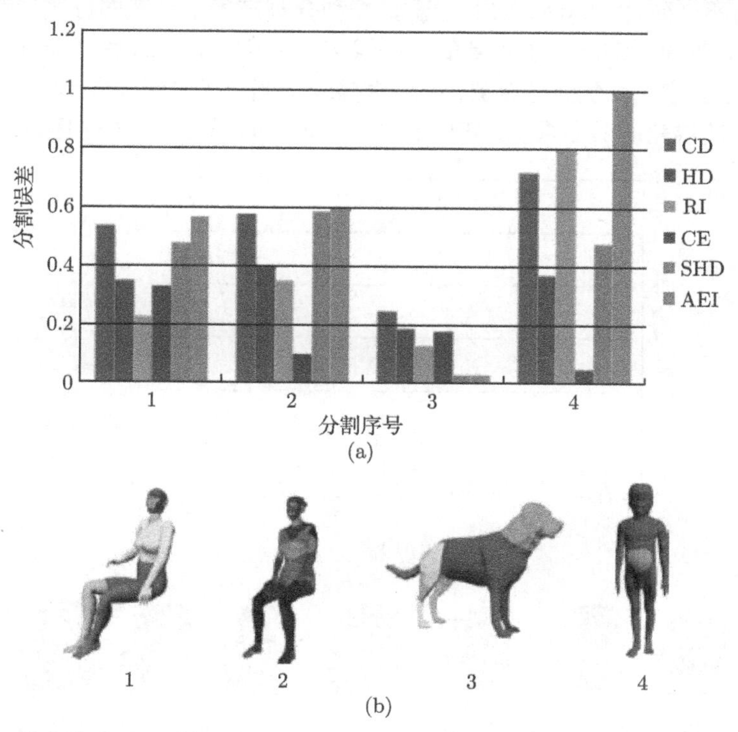

图 9-8 (a)6 种度量对于 4 种极端情况下分割结果的评价，其 4 种情况分别为不合理的分割、过分割、优秀的分割和欠分割；(b)4 个模型依次在不合理分割、过分割、优秀的分割和欠分割下的结果展示

度量下的误差值。其中，对于不合理的分割，SHD 和 AEI 的误差最大，而欠分割在 AEI 度量下的误差最大。对于完美的分割，SHD 和 AEI 的误差值最小。对于每一种度量，如果用不好的分割结果 (如欠分割、过分割、不合理分割) 误差减去好的分割结果误差，可以看到 AEI 的差值最大。这个明显的差值应该是一个理想的度量在比较分割算法时所需具备的。并且，我们看到对于 4 种分割下的 CE 度量结果，其过分割和欠分割产生了比完美分割更小的误差，这是在评价分割时用户所不想看到的。

9.4.3 对于复杂模型和简单模型误差的辨别能力分析实验

对简单模型和复杂模型同时进行测试，其中，简单模型是指其语义分割部分较少，而复杂模型相对较多。我们希望度量的分辨能力不随着物体其复杂度的变化而变化。而这 6 种度量 CD、HD、RI、CE、SHD 和 AEI 分别对从普林斯顿分割形状库中取出的一个杯子模型的 7 种分割和人体模型的 13 种分割进行评价，结果展示在图 9-9 中。其中，杯子的前 5 种分割都是优秀的分割结果而后两种分割明显和人类的认知所不一致。SHD 和 AEI 对于前 5 种分割产生了更低的分割误差，而 CD 和 AEI 对后两种分割产生了更高的分割误差，尤其是对于最后一个分割，CD 和 RI 有着相对于前 5 个优秀分割更高的分割误差，当分割结果变差时，SHD 和 AEI 迅速反映出其误差的明显增加。在图 9-10 中，同样计算出了 13 种复杂物体的分割

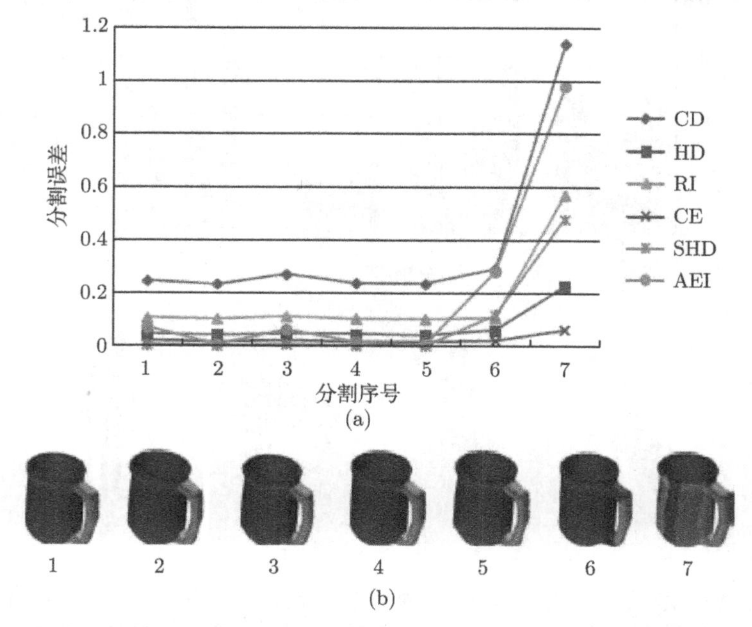

图 9-9 对于简单模型分割优劣鉴别能力的比较，测试了 6 种分割度量手段和 7 个杯子模型的分割结果，其中最后两个分割结果明显和人类感知不符 (阅读彩图请扫封底二维码)

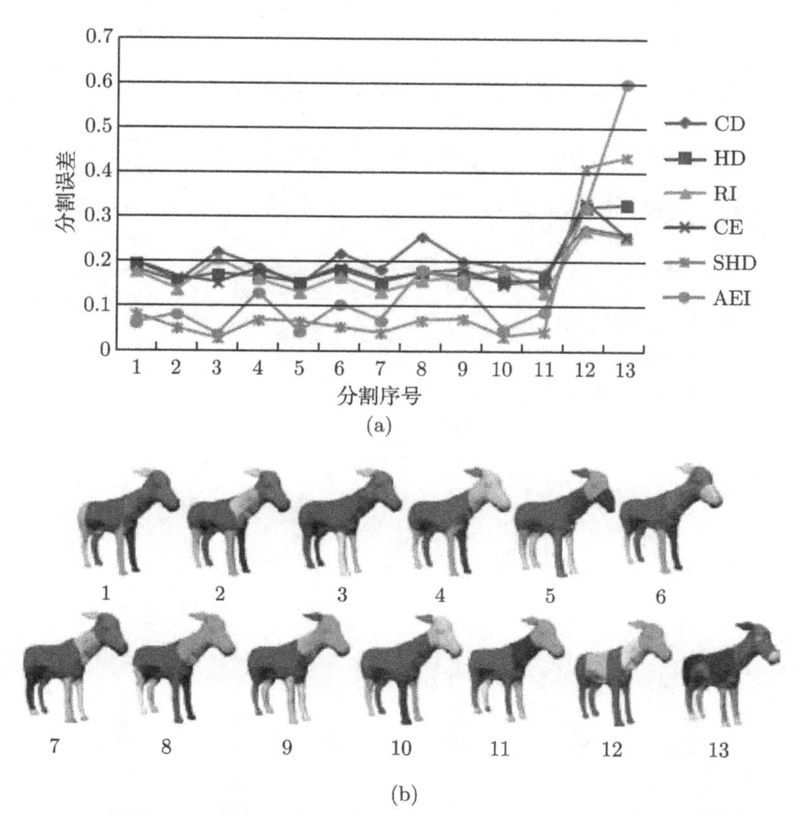

图 9-10 对于复杂模型分割优略鉴别能力的比较，测试了 6 种分割度量手段和 13 个四足动物模型的分割结果，其中最后两个分割结果明显和人类感知不符 (阅读彩图请扫封底二维码)

结果在 6 种度量下的分割误差，其前 11 种分割为优秀分割，而后两种分割为不合理分割或过分割。从图中可以看出，AEI 和 SHD 对好分割有着更低的误差，而对于后两种分割其误差迅速增大。这两个实例表明了 AEI 和 SHD 对于复杂模型和简单模型都有着很高的误差分辨能力。

9.4.4 对于阶层式分割的鲁棒性分析实验

接下来将通过实验展示我们的度量方法是否对阶层式分割鲁棒。图 9-11 展示了对于同一模型的 11 种分割误差，这些分割结果其局部有着不同的优化，其中，纵轴表示其分割误差，而横轴表示其分割序号。相对于其他两种度量，AEI 和 SHD 对于其中的细微变化相对比较稳定，因此，对于不同的阶层式结果，这两种度量可以承受那些虽然有着一定改善但是总体一致的分割结果。

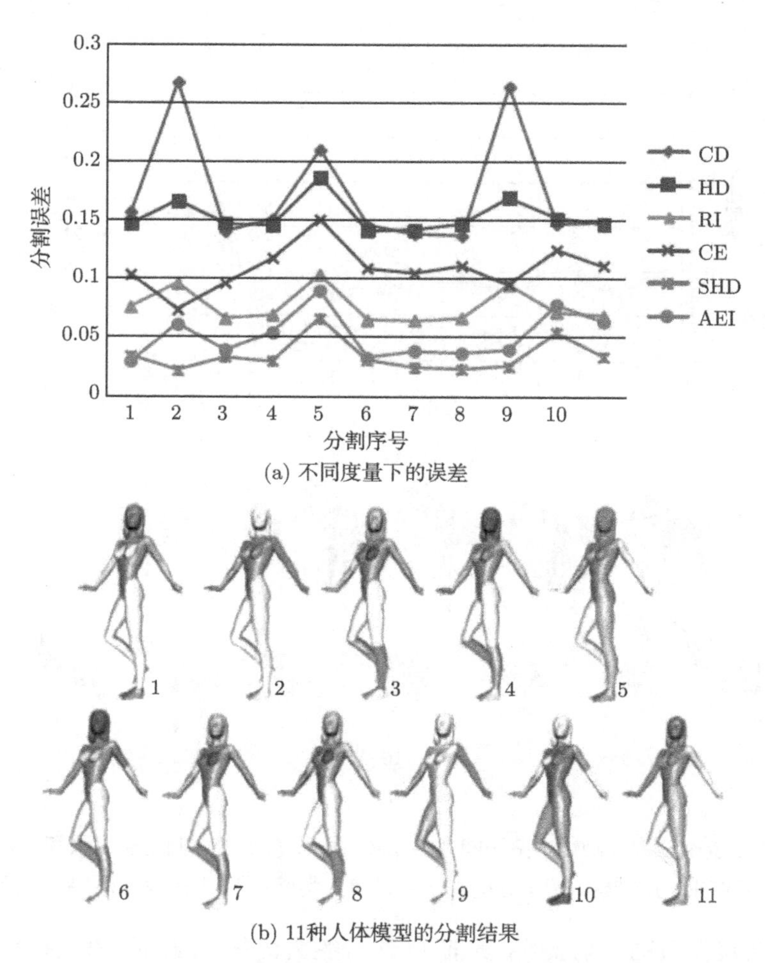

(a) 不同度量下的误差

(b) 11种人体模型的分割结果

图 9-11　对于阶层式分割结果的鲁棒性 (阅读彩图请扫封底二维码)

9.4.5　对于普林斯顿分割形状库的数据评价试验

最后调查了现存的几种主流分割算法的分割效率。其中，包括 RC(randomized cuts)、SD(shape diameter)、NC(normalized cuts)、CE(core extraction)、RW(random walks)，FP(fitting primitives) 和 KM(K-means)。其中，对应于 380 个网格模型还有着总共 4300 种手动分割结果，这些结果被作为参考标准分割。

对于手动分割的评价：首先评价对于手工分割在这 6 种度量下的分割评价结果。对于 CD、RI、HD 和 CE 度量，由上面所提到的，用留一法对其进行评价，即将待评价的分割取出，剩下的手工分割作为参考用的标准分割结果对其进行评价。接下来平均每个类别下的分割误差，接着再评价所有类别的分割误差。

对算法产生的分割结果的评价：类似的，研究现有的 7 种主流分割算法在 6 种度量体系下的评价结果。值得注意的是，有 5 种分割需要将分割数目作为参数输入，将其分割数目设定为人在手工分割时最常见的分割数目。而 SD 和 CE 可以自动确定其分割块数。同样的，算出其在以手工分割为参考标准分割的情况下，对于类别和总体的平均误差。

图 9-12 展示了我们提出的两种度量误差相比较其他 4 种度量而言，对于所有的分割度量，较短的柱状图可以表示更好的分割结果。在 6 种度量中，可以看到 AEI 和 SHD 对于算法产生的分割和手工分割有着更加明显的区分，例如，对于手工分割和 K-means 分割算法，根据 RI 度量，其误差差值只有 0.15，而 SHD 和 AEI 却分别达到了 0.25 和 0.52 的差值。它们更有能力对这些分割算法的优劣进行区分评判。同样将这些算法在 6 种度量下的分割评价进行了排序，其结果在表 9-1 中，接下来我们将讨论这个排序结果。

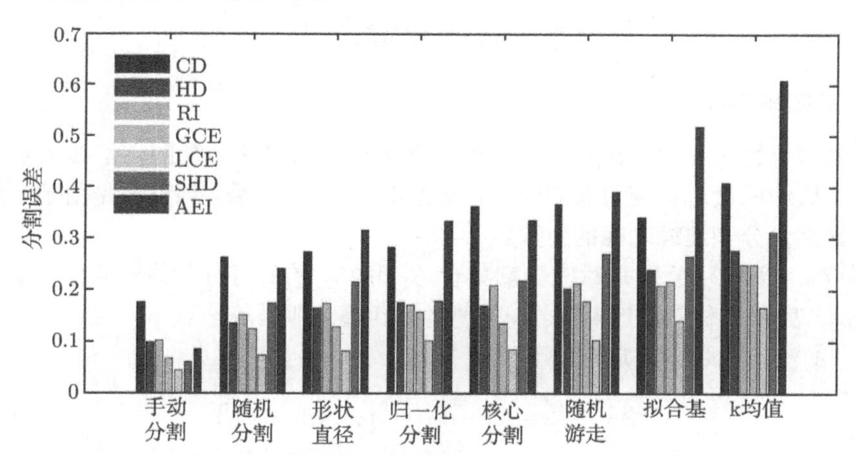

图 9-12 SHD、AEI 以及其他 4 种度量下对手动分割和其他 7 种主流分割算法的评价 (阅读彩图请扫封底二维码)

表 9-1 7 种分割结果的主观评分 (SS) 和它们的主观优略排序 (SR) 以及在其他几种度量 CD、HD、RI、CE(GCE、LCE)、SHD 和 AEI 的评价优略排序

度量方法	RC	SD	NC	CE	RW	FP	KM
SS	6.0	5.7	5.5	5.2	4.8	4.7	3.9
SR	1	2	3	4	5	6	7
AEI	1	2	3	4	5	6	7
SHD	1	3	2	4	6	5	7
GCE	1	2	4	3	5	6	7
LCE	1	2	4	3	5	6	7
RI	1	3	2	4	6	5	7
HD	1	2	4	3	5	6	7
CD	1	2	3	5	6	4	7

和人类认知的一致性分析：为了展示我们提出的两种度量方法的优越性，召集了 10 个实验者，让他们对由自动算法产生的 380 个网格模型的分割结果进行主观评分，最后根据评分来对这些算法进行排序，在让他们评分之前，先让他们观察参考标准分割和随机分割，以此来界定分割的好坏。接下来，让实验者将所有待评价的分割打分，分值为 0～10。根据他们的评分平均结果，对分割算法进行优劣排序，从排序结果中可以看到，AEI 度量的度量结果和人类认知评价结果完全一致，而 SHD 次之，但都优于其他度量体系。我们同样计算出了 6 种度量体系的结果和人类认知评价的相关系数，AEI 和 SHD 的相关系数分别为 0.55 和 0.48，而 CD、HD、RI 和 GCE(LCE) 的相关系数分别为 0.18、0.47、0.38 和 0.41(0.37)。可以看出 AEI 与 SHD 和主观评价更加一致，最后值得注意的是，主观评价有着许多不可预测的偏差因素。例如，不同评价者对于好分割和坏分割的评价惩罚力度不同。

9.5 其他评价方法

9.5.1 切割差异性

切割差异性 (cut discrepancy, CD) 计算所有沿着算法计算的切割线的点集到真实切割边缘的最近切割边缘的距离，反之亦然。直观来看，该度量是用基于边缘的方法来衡量分割边缘之间的差异。

假设 C_1 和 C_2 分别是对应分割集合 S_1 和 S_2 的所有分割线的点的集合，而 $d_G(p_1,p_2)$ 表示三维模型上两点之间的测地线距离。那么从一点 $p_1\in C_1$ 到分割点集合 C_2 的测地线距离的定义如下：

$$d_G(p_1,C_2)=\min\{d_G(p_1,p_2),\forall p_2\in C_2\} \tag{9-20}$$

而定向切割差异性 (directional cut discrepancy, DCD)，$\mathrm{DCD}(S_1\Rightarrow S_2)$，即 S_1 相对于 S_2 的 DCD 定义为所有点 $p_1\in C_1$ 的 $d_G(p_1,C_2)$ 分布的均值：

$$\mathrm{DCD}(S_1\Rightarrow S_2)=\mathrm{mean}\{d_G(p_1,C_2),\forall p_1\in C_1\} \tag{9-21}$$

定义切割差异性 $\mathrm{CD}(S_1,S_2)$ 为双向方向函数的均值除以所有三维模型表面的点到中心点的欧氏距离的均值 (avgRadius)。这么做是为了保证度量的对称性和避免尺度变化的影响：

$$\mathrm{CD}(S_1,S_2)=\frac{\mathrm{DCD}(S_1\Rightarrow S_2)+\mathrm{DCD}(S_2\Rightarrow S_1)}{\mathrm{avgRadius}} \tag{9-22}$$

切割差异性度量的优点在于提供了一个简单、直观的度量方法来表达边界的一致性。然而其缺点是对切割的间隔尺寸非常敏感。具体地，如果两个模型都是没有被切割的，那么就没法定义。并且如果真实的切割线越多，该值就越接近于 0。

9.5.2 边缘索引

边缘索引 (rand index) 度量一对面片存在于两个分割集合里的同一分割块，还是不同分割块[115]。

如果 S_1 和 S_2 分别表示两个不同的分割集合，s_i^1 和 s_i^2 分别表示在 S_1 和 S_2 中的第 i 个面片的 ID，而 N 表示三维模型中面片的个数。如果 $s_i^1 = s_i^2$，则 $C_{ij} = 1$；如果 $s_i^2 = s_j^2$，则 $P_{ij} = 1$。那么边缘索引可以定义为

$$\mathrm{RI}(S_1, S_2) = \begin{pmatrix} 2 \\ N \end{pmatrix}^{-1} \sum_{i,j,i<j} [C_{ij}P_{ij} + (1 - C_{ij})(1 - P_{ij})] \tag{9-23}$$

其中，$C_{ij}P_{ij} = 1$ 表示面片 i 和面片 j 在 S_1 和 S_2 中都拥有相同的 ID，$(1-C_{ij})(1-P_{ij}) = 1$ 表示面片 i 和面片 j 在 S_1 和 S_2 中都拥有不同的 ID。因此，$\mathrm{RI}(S_1, S_2)$ 描述了面片对在两个分割集合中的 ID 一致性比例。为了和其他的度量标准保持一致，我们实验室选择使用 $1 - \mathrm{RI}(S_1, S_2)$ 来表示差异性，而不是相似性。

该度量标准的优点是它不用通过找分割块的对应部分就能表示分割块面积重叠的部分。

9.5.3 一致性错误

一致性错误 (consistency error) 用来表示分割集合中嵌套和层叠的相似性和差异性。基于人类的视觉器官更倾向于将三维物体划分为层叠树的结构，Martin 等[116] 提出一种基于区域的一致性错误度量，但不惩罚嵌套层叠的差异。

假设 S_1 和 S_2 分别表示两个不同的分割集合，t_i 为模型的面片，“\” 符号表示集合的差异运算符，$||x||$ 是集合 x 的度量，$R(S, f_i)$ 表示在分割集合 S 中包含面片 f_i 的分割块 (一组相互连接的拥有相同的分割标签的面片集合)，n 表示三维模型所含的面片总数，那么局部细化错误可以定义为

$$E(S_1, S_2, f_i) = \frac{||R(S_1, f_i) \backslash R(S_2, f_i)||}{||R(S_1, f_i)||} \tag{9-24}$$

给定每一个面片的细化错误，可以对整个三维模型定义两个度量：全局一致性错误 (global consistency error, GCE) 和局部一致性错误 (local consistency error, LCE)，如下：

$$\begin{aligned} \mathrm{GCE}(S_1, S_2) &= \frac{1}{n} \min \left\{ \sum_i E(S_1, S_2, f_i), \sum_i E(S_2, S_1, f_i) \right\} \\ \mathrm{LCE}(S_1, S_2) &= \frac{1}{n} \sum_i \min\{E(S_1, S_2, f_i), E(S_2, S_1, f_i)\} \end{aligned} \tag{9-25}$$

其中，GCE 和 LCE 都是对称的。它们的不同在于，GCE 强制所有的局部细化往同一个方向发展，而 LCE 允许细化在三维模型的不同部位和不同方向发展。因此，$\mathrm{GCE}(S_1, S_2) \geqslant \mathrm{LCE}(S_1, S_2)$。

该度量标准的优点在于它们表达了分割集合中的嵌套和层叠部分。而其缺点在于，当两个模型拥有不一样数量的分割集合时，这两个值会非常低。这样的话，如果有任何模型是欠分割或者过分割，会容易产生错误的指导结果。比如，如果一个三维模型没有被切割，那么这两个度量的错误率为 0，或者如果每一个面片都被切割，那么其中一个分割集合肯定是另一个分割集合的嵌套细化结果。

第10章　非刚性单位模型检索应用

10.1　三维形状分类方法简介

在进行三维模型特征提取研究的同时，分类学习方法也是研究者关注的重点。基于分类学习[117] 的相似性匹配方法是使用人工智能领域的成熟分类算法，结合三维模型形状特征进行相似性计算的方法。目前，主要使用的是人工神经网络，支持向量机 (SVM) 和判别分析等算法。首先，选择一个具有一定规模的三维模型形状特征集合作为训练样本集，然后对使用的算法进行训练，完成三维特征空间的理想划分，得到进行相似性计算和比较的分类器。例如，Hou 等[118] 使用 SVM 学习算法实现相似性匹配。SVM 方法是通过非线性变换将输入空间变换到一个高维数空间，然后在这个新空间中求取最优分类的方法。Hou 等将提取到的特征向量直接输入 SVM 分类器，将其分类结果作为模型匹配的相似度，从而实现基于形状的检索。

对于三维模型分类技术，三维模型几何相似性比较算法需要有较好的可计算性，即对各种类型的三维模型没有特殊要求，具有较好的噪声鲁棒性、较好的网格简化鲁棒性以及三维模型的坐标系旋转鲁棒性。

10.2　形状检索定义

一直以来，人们对于形状的研究就从未停止过。哲学家试图要弄懂人类的视觉感知系统 (HVS)，因为它能轻易地从映入人眼的二维图像中识别出三维形状。工程师则侧重于与形状相关的可制造性和功能性等属性。对于形状，Kendall[119] 给出了如下定义："当把位置、大小和旋转效果 (即欧拉变换) 都去除掉后，所有的几何信息仍然能够保留的物体即为形状"。在此基础上，Kendall 提出了"三维形状检索就是确定在大型三维形状数据库中的三维形状的相似性。"

10.3　三维形状检索研究现状

基于形状的三维模型检索是现今计算机图形学、机器视觉和模式识别领域中一个活跃的研究方向。可以广泛应用在计算机辅助设计、分子生物学、机器人、军事、虚拟地理环境等多个领域，并且在电子商务和搜索引擎的研究中也有广阔的应用前景。基于形状的三维模型检索技术是近十几年孕育出来的新研究领域，其检索方法的思想起源于基于内容的图像检索，是目前比较活跃的研究领域，但是总体上还处于研究的初期，有许多问题有待进一步的研究。近几年，许多大学和研究机构都进行了基于形状的三维模型检索的研究，并推出了相应的检索系统，如普林斯顿大学、台湾大学、莱比锡大学等，其总体架构大同小异。目前，比较典型的三维模型检索系统和搜索引擎如表 10-1 所示。

表 10-1　典型的三维模型检索系统和搜索引擎

检索系统	系统特性
普林斯顿大学三维模型检索系统 http://shape.cs.princeton.edu/search.html	提供了二维草图和三维草图的绘制界面，并具有规模最大的三维模型数据库
卡耐基-梅隆大学三维模型检索系统 http://amp.ece.cmu.edu/projects/3DmodelRetrieval	同时结合了底层形状特征和语义特征进行检索，并提供了用户相关反馈的功能
德国莱比锡大学三维模型检索系统 http://merkur01.inf.uni-konstanz.ed/CCCC	允许用户任意选择三维坐标轴 X、Y 和 Z 进行模型坐标的标准化，用户界面友好
IBM 日本东京研究院几何形状检索和分析系统 http://www.trl.ibm.com/projects/3dweb/Simsearch_e.htm	能够对三维模型库进行知识管理
美国布朗大学三维模型检索系统 http://www.lems.brown.edu/vision/researchAreas/3Drecog/overview.html	以二维图像为输入方式，在三维模型库中检索出相似的三维物体模型
台湾大学三维模型检索系统 http://3d.csie.ntu.edu.tw/~dynamic	使用 MPEG-7 标准的三维形状描述符和多视图等对模型特征进行描述
希腊 ITI 学院信息处理实验室三维模型检索系统 http://3d-search.iti.gr/default.php?page=3dsearch	提供了对三维模型进行两两比较的用户界面和功能基于高斯曲
荷兰 Utrecht 大学三维形状搜索引擎 http://www.cs.uunl/centers/give/imaging/3Drecog/3Dmatching.html	率等形状特征实现基于模型形状的检索
日本多媒体教育学院多边形模型检索系统 http://www.nime.ac.jp/~motofumi/Ogden	同时使用模型的形状和颜色特征对模型数据库实现检索，以建立三维的网络教学环境

基于形状的三维模型检索仍然处于起步阶段，涉及的许多问题还都在研究之中。现有的形状特征不能从理论上证明其模型特征描述的精确程度，也没有一种通用的形状特征描述方法。因此通过局部特征匹配的研究以及寻找一种通用的形状特征描述方法成为对现有特征提取方法的一个挑战。

随着三维模型获取技术日渐成熟，如何准确并且有效地对大量的三维模型进行检索已经成为各大领域中一个非常重要的问题，如计算机视觉、模式识别、计算机图形、机械 CAD 等。而这其中一个非常具有挑战性的任务是如何计算比较非刚性三维模型之间的差异性，而这类模型在生活中是最常见的。为了快速和有效地比较非刚性三维模型，研究者都倾向于用具有判别意义的特征来表示三维模型。这些特征一般都具有等距转换不变形的特点，如刚性形变、非刚性弯曲和关节等。在第

1 章中提到，现有的非刚性三维模型检索方法可大致分为 5 类：基于局部特征、基于拓扑结构、基于等距不变的全局特征、直接形状分析和基于标准姿态。前 4 种方法虽然都能保证等距不变这个条件，但它们都不太适合运用于实际的应用中。这是因为这些方法要么计算成本特别高，要么就是具有比较弱的判别性能。

而到目前为止，最有效的非刚性三维模型检索办法就是利用三维模型的标准姿态。通过计算三维模型的标准姿态，可变形的三维模型能统一转换成唯一并且等距不变的特殊三维表现形式。此时，任意的三维模型检索方法，包括那些专门为刚性三维模型设计的检索方法，都能应用于非刚性三维模型检索中。因此，本章首先介绍一种基于特征保持的三维模型标准姿态提取方法，来提取切割好的麦吉尔带关节的数据库模型的标准姿态。然后采用基于视觉匹配的三维模型检索方法对模型库中的模型进行检索应用。

10.4 常用检索评价方法

常用的度量标准假设每一个需要被评估的算法都能计算出任意一对三维模型的"距离"值。如果该值为正值并且越小，说明这对模型越相似；相反如果越大，则存在越多的差异。所以，给定一个模型匹配算法和三维模型数据库，能计算一个距离矩阵，其元素 (i,j) 表示模型 i 和模型 j 之间的计算距离。类似的，任意给定一个模型 Q，能够根据其他所有模型和 Q 距离的大小，从最相似到最不相似依次排序。如果 Q 作为模型搜索引擎的一个查询，那么该检索结果的一个排序列表将被返回。第 4 章中，已对常用的评价方法进行了详细的介绍。

10.5 非刚性三维模型检索

在非刚性三维模型检索的应用中，本书采用一种混合的检索算法，使用局部特征和全局特征来表示 2D 视角图像。本质上，该方法由两种方法混合而成，一种是基于测地线包围盒和多视角描述符 (geodesic sphere based multi-view descriptors, GSMD)[120] 的三维模型检索方法，而另一种是基于时钟匹配和特征包 (clock matching and bag-of-features，CM-BOF)[121] 的三维模型检索方法，本书综合以上两种方法的优点，实现非刚性三维模型检索的应用，并且取得了很好的实验结果。

10.5.1 标准姿态构建

非刚性三维模型检索问题是非常具有挑战性的，而基于标准姿态构建的非刚性三维模型检索算法是目前解决对应问题的最有效的方法。

1. 发展概况

现有的标准姿态提取方法都是基于嵌入的规程。但是这类方法都不可避免地导致提取的标准姿态严重扭曲和失真。如图 10-1(b) 和图 10-1(c) 所示。自从三维模型标准姿态的概念首次被提出后，就再也没有新的方法被提出来改进标准姿态提取的效果。在基于特征保持的标准姿态提取算法被提出来之前，由 Elad 和 Kimmel[122] 提出来的最小平方多维尺度 (least squares multidimensional scaling, LSMDS) 变换方法被认为是构造三维模型标准姿态的最佳方法，能达到最小的扭曲变形损失。其效果如图 10-1(c) 所示。由图示可以看出，对比于原始的模型 (图 10-1(a))，一些重要的特征如手、脚和头部还是已经严重地失真。如果基于这样的标准姿态来进行三维模型识别，那么具有相似的拓扑结构而细节不同的多种三维模型就无法区分开。这就是过去提出的这些方法不能获得令人满意的检索效果的原因。

而本书采用基于特征保持的标准姿态提取算法。其基本原理是考虑将 MDS 嵌入的结果作为参考，然后对原始的模型进行变形来达到提取标准姿态的目的。以这种方式获得的标准姿态，不仅拥有等距不变的特性，而且保留了原始三维模型的特征细节，如图 10-1(d) 所示。具体地，本方法在标准姿态中保留的特征包含局部结构和表面细节信息，它们在等距变换过程中保持不变。为了实现这个目标，三维模型首先被自动地切割成接近刚性的若干个子分割块。接着，本方法将这些子分割块平移并旋转到一个新的位置和方向，从而能够和 MDS 标准姿态的相应子部分完全对应上。最后，本方法通过最小化多个能量函数问题来获得最终的特征保持的标准姿态结果，并进行相应的平滑处理。

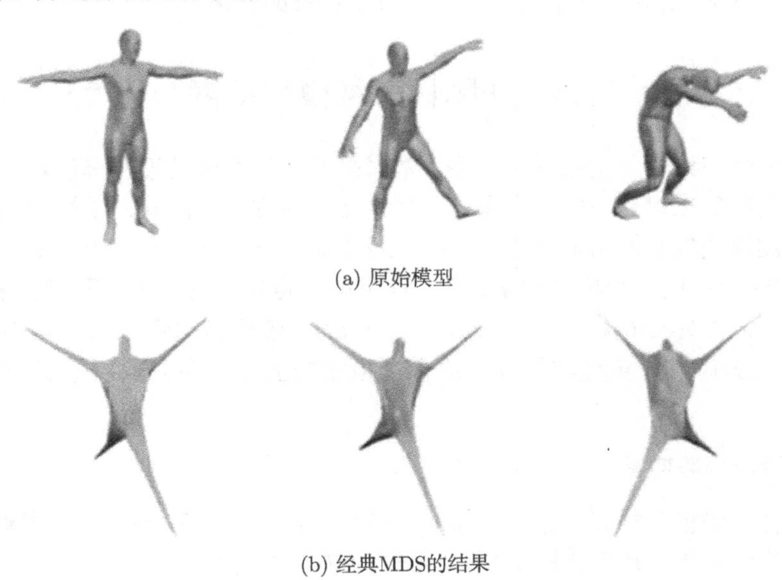

(a) 原始模型

(b) 经典MDS的结果

(c) 最小平方MDS的结果

(d) 基于特征保持的3D标准姿态

图 10-1　多种方法的标准姿态提取结果展示[123]

2. 基于多维尺度缩放的标准姿态方法

多维尺度缩放方法 (multidimensional scaling，MDS) 在基于特征保持的三维模型标注姿态提取方法中起到了重要作用。因此有必要对其进行一些介绍。

MDS 方法的基本原理是将在给定的特征空间中任意两个特征的差异性度量，映射到一个较小维度的欧氏空间中对应的两个点对上。更具体地说，MDS 将每一个特征向量 $Y_i, i = 1, \cdots, N$ 映射到相应的 m 维欧氏空间 R^m 中的点 X_i 上，$i = 1, \cdots, N$。比如，可以通过最小化如下的应力函数来获取：

$$E_S(X) = \frac{\sum_{i=1}^{N}\sum_{j=i+1}^{N} w_{ij}(d_F(Y_i, Y_j) - d_E(X_i, X_j))^2}{\sum_{i=1}^{N}\sum_{j=i+1}^{N}(d_F(Y_i, Y_j))^2} \tag{10-1}$$

其中，$d_F(Y_i, Y_j)$ 表示特征 Y_i 和 Y_j 之间的差异性；$d_E(X_i, X_j)$ 表示 X_i 和 X_j 两点之间在 R^m 空间中的欧氏距离；而 w_{ij} 是取决于不同应用的权值。由于需要计算的是三维模型的标准姿态，因此欧氏空间中的 $m = 3$，更进一步地使得计算得到的三维模型标准姿态对等距变换保持不变。

本质上，MDS 方法的目的都是最小化 $d_F(Y_i, Y_j)$ 和 $d_E(X_i, X_j)$ 之间的差距，具体表达为如 $E_S(X)$ 之类的函数。现有的 MDS 方法可被归类为经典的 MDS[124]、最小平方 MDS[125] 和快速 MDS[126] 等。考虑到篇幅关系，本书仅阐述经典的 MDS，并简要介绍最小平方 MDS。

实现经典的 MDS，首先得计算在特征空间中的每对特征 Y_i 和 Y_j 的差异性和距离 $d_F(Y_i, Y_j)$，并构造平方的特征距离矩阵 D_F：

$$D_F = \begin{bmatrix} d_F^2(Y_1, Y_1) & \cdots & d_F^2(Y_1, Y_N) \\ \vdots & & \vdots \\ d_F^2(Y_N, Y_1) & \cdots & d_F^2(Y_N, Y_N) \end{bmatrix} \tag{10-2}$$

D_F 是一个对称矩阵，因为 $d_F(Y_i, Y_j) = d_F(Y_j, Y_i)$。然后，计算内积矩阵 G_E，即 Gram 矩阵，如下：

$$G_E = -\frac{1}{2} J D_F J \tag{10-3}$$

其中，$J = I - \frac{1}{N} 1 1^T$，$I$ 是 $N \times N$ 的单位矩阵，1 是包含有 N 个 1 的特征向量，即 $1_{N\times 1} = [1, 1, \cdots, 1]^T$。

经过奇异值分解后，矩阵 G_E 可表达成

$$G_E = Q \Lambda Q^T \tag{10-4}$$

其中，$\Lambda_{N\times N} = \mathrm{diag}(\lambda_1, \lambda_2, \cdots, \lambda_k, 0, \cdots, 0)$，并且 G_E 的特征值是按照下降的顺序进行排列的，即 $\lambda_1 \geqslant \lambda_2 \geqslant \cdots \geqslant \lambda_k \geqslant 0$。

假设嵌入的欧氏空间的维度为 m，且 $m \leqslant k$，那么内积矩阵 G_E 可用以下式子进行估计：

$$G_E = U U^T = \begin{bmatrix} X_1 \\ X_2 \\ \vdots \\ X_N \end{bmatrix} \begin{bmatrix} X_1^T & X_2^T & \cdots & X_N^T \end{bmatrix} \tag{10-5}$$

这样可以得到：

$$U = \begin{bmatrix} X_1 \\ X_2 \\ \vdots \\ X_N \end{bmatrix} = Q_{N\times m} \Lambda_{m\times m}^{1/2} \tag{10-6}$$

其中，$\Lambda_{m\times m} = \mathrm{diag}(\lambda_1, \lambda_2, \cdots, \lambda_m)$，$Q_{N\times m}$ 表示包含对应 $\Lambda_{m\times m}$ 的特征值矩阵。而 $X_i = [x_1, x_2, \cdots, x_m], i = 1, 2, \cdots, N$ 是映射后的坐标点。从根本上说，经典的 MDS 通过最小化以下能量函数来代替应力函数 $E_S(X)$：

$$E_{S1}(X) = ||Q(\Lambda - \tilde{\Lambda})Q^T||^2 \tag{10-7}$$

其中，$||\cdot||$ 表示对括号里面的元素平方和再开根号，而 $\tilde{\Lambda}_{N\times N}=\text{diag}(\lambda_1,\lambda_2,\cdots,\lambda_m,0,\cdots,0)$。

最小平方方法就是用标准的优化算法来解决最小化如同 $E_S(X)$ 之类的成本函数问题。然而，要计算出这样的非线性函数的一阶导数，是非常困难的。一种简单的办法是采用数值运算的计算方法来迭代求解。基于这样的思路，Borg 和 Groenen 提出了 SMACOF(scaling by maximizing a convex function) 算法[126] 来最小化应力函数 $E_S(X)$。具体地，由于篇幅关系，不展开介绍。

3. *基于特征保持的标准姿态提取方法*

属于同一类的三维模型可能会存在不一样的姿势和形态。但是它们都会拥有相似的标准姿态。因此，在标准姿态的帮助下，任何刚性三维模型检索方法都能用来度量非刚性三维模型之间的差异性。本章将使用第 8 章提出的分割算法来构建三维模型的标准姿态，并实现非刚性三维模型检索的应用。

本书将参考 Lian 等[123] 提出的基于特征保持的三维模型标准姿态来提取框架，结合本书提出的三维模型切割算法，提取三维模型的标准姿态。基于特征保持的标准姿态提取方法通过以下步骤实现：

(1) 模型初始化。测地线距离在等距变换过程中保持不变。因此，通过使用 MDS 方法将原始模型的测地线结构映射到一个新的三维欧氏空间中。为了计算初始的标准姿态，本书采用基于 SMACOF 算法的最小平方 MDS 方法来实现。由于在此过程中，测地线距离的计算和最小平方 MDS 的实现都非常耗时。因此，本书首先将三维模型简化到一定程度来满足后续的需求。具体地，将实验中的三维模型简化到每个模型含有 2000 个顶点左右。

(2) 模型分割。在这一步，使用第 8 章提出的分割算法将原始的模型切割成若干个刚性部分组成的集合。然后将分割结果映射到简化的模型和嵌入表面。

(3) 模型装配。该步骤的概览如图 10-2 所示。经过第二步的分割过程后，建立一个部件树 (part tree)$\{P_i,B_j|1\leqslant i\leqslant N_P,1\leqslant j\leqslant N_B\}$，其中 P_i 表示子分割块 i，而分割线 j 则表示为 B_j，所有的子分割块都由分割边界连接而成。定义拥有最大数量的分割线的子分割块为主体部分 (core part)，并作为组装的起始部分。给定简化模型 M_s 和嵌入表面 M_e 的主体部分，分别用 CP_s 和 CP_e 表示，首先将 CP_s 平移到与 CP_e 的重心重合，然后沿着重心旋转到与 CP_e 匹配最佳的状态。其余的部分也用相同的方法进行匹配对准。图 10-2(c) 直观地表示了子分割块对准的过程，其中绿颜色的部分为简化模型，红颜色的部分为嵌入表面，而蓝颜色为分割线。

遵从以上的步骤，计算出麦吉尔带关节的模型数据库中所有 255 个三维模型 (共分为 10 类) 的标准姿态。如图 10-3 所示，随机从该数据库中选取两个模型，并比较采用本书提出的分割算法 (图 10-3(b)) 和 Lian 等[123] 提出的方法 (图 10-3(a))

生成的分割结果与对应的标准姿态。从图示结果可以看出，本书提出的分割算法不仅能将三维模型切割得更自然，而且能够获得从人类感官来看非常令人满意的标准姿态。

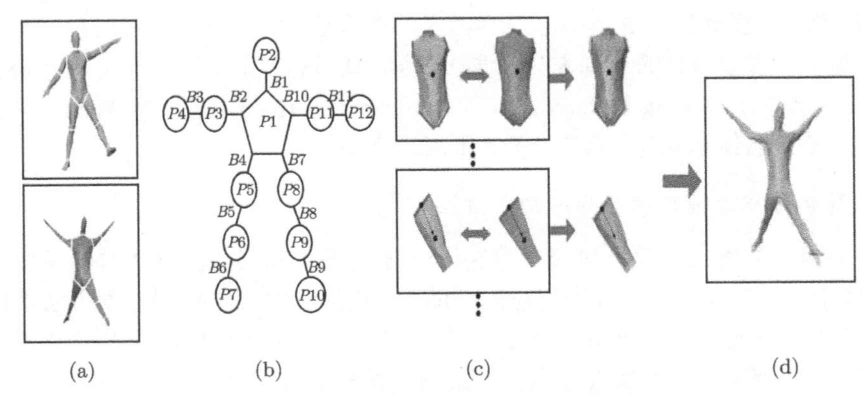

图 10-2 模型装配步骤示意图[123] (阅读彩图请扫封底二维码)

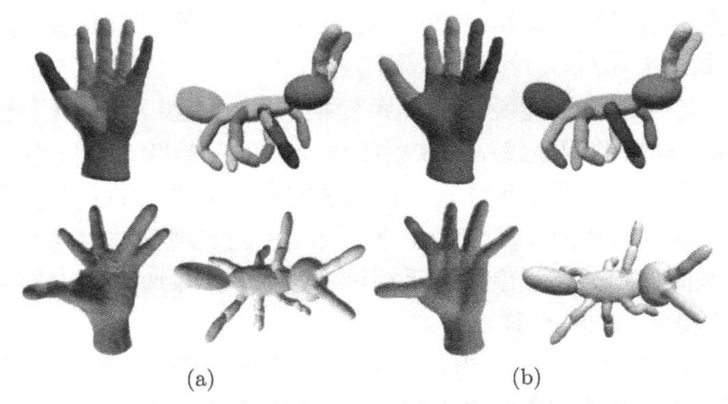

图 10-3 两种方法的分割结果和标准姿态结果对比示意图 (阅读彩图请扫封底二维码)

10.5.2 基于测地线包围盒和多视角描述符的 3D 模型检索算法

基于测地线包围盒和多视角描述符的三维模型检索方法，是一种基于视觉相似性匹配的检索方法。该方法通过设计一个基于判别视觉的三维模型匹配机制，利用三维模型的直线性度量作为重要的特征来帮助实现三维模型的检索应用。一般来说，此方法可通过以下 3 个步骤实现:

(1) 初始化。递归地将原始单元八面体细分为 n_d 次，得到一个预先设定分辨率的包围盒以及该包围盒的顶点坐标，并保存在一个表格 (顶点表格) 中，以它们出现的时间顺序排列。而顶点的数目用如下公式计算，

$$N_v(n_d) = N_v(n_d - 1) + N_e(n_d - 1) \tag{10-8}$$

$$N_e(n_d) = (N_f(n_d) \times 3)/2 \tag{10-9}$$

$$N_f(n_d) = 4 \times N_f(n_d - 1) \tag{10-10}$$

$$N_v(0) = 6, \quad N_f(0) = 8 \tag{10-11}$$

其中，$N_e(n_d)$ 和 $N_f(n_d)$ 分别表示边和面的数目。在细分的过程中，还将旧顶点和新顶点之间的边保存在一个表格 (边表格) 中。整个过程只需要计算一次，效果如图 10-4 所示。

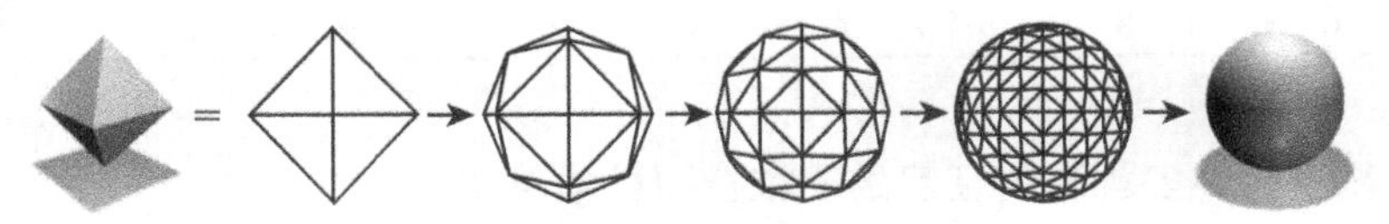

图 10-4 球面包围盒示意图[120]

(2) 特征提取。以上的点集作为三维模型的视点，提取模型各个视角的轮廓图像和深度缓冲图形。接着，对每幅图像提取一些 2D 的描述符，并对应顶点表格的每一个顶点保存成特征向量。本方法将特征向量表示成如下方式：

$$\mathrm{FV}_i = \{\mathrm{FV}_i(k) | 0 \leqslant k < N_v(n_d)\} \tag{10-12}$$

其中，$\mathrm{FV}_i(k)$ 为图像 k 的特征。

(3) 模型匹配。当比较两个使用 0 级描述符表示的两个三维模型时，本方法将计算 24 个匹配对 $((p_0, p_1), 0 \leqslant i \leqslant 23)$ 的最小距离。而该匹配对可以从排列表格 10-2 中提取。如果应用高层形状特征，本方法使用边表格和 $p_i(0 \leqslant i \leqslant 23)$ 来构建新的排列 $p'_i = \{p'_i(k) | 0 \leqslant k < N_v\}(0 \leqslant i \leqslant 23)$ 对用 N_v 个视角表示的两个模型的所有匹配对 $(p'_0, p'_i)(0 \leqslant i \leqslant 23)$ 进行描述。最后，利用 L1 归一化方式对模型进行处理，查询模型 q 和原始模型 s 的差异性可以表示如下：

$$\mathrm{Dis}_{q,s} = \min_{0 \leqslant i \leqslant 23} \sum_{k=0}^{N_v - 1} ||\mathrm{FV}_q(p'_0(k)) - \mathrm{FV}_s(p'_i(k))|| \tag{10-13}$$

为了使得实验结果更理想，本方法依据 Chen 等[127] 提出的著名光场描述符 (light field descriptor，LFD) 方法，提取一些 2D 形状特征，用来描述 N_v 顶点的测地线球面包围盒上提取的轮廓。具体地，本方法使用包含 47 维数据的特征向量。这其中包括 35 维的泽尔尼克片段，10 维的傅里叶系数，1 维偏心率和 1 维紧密度来描述其轮廓，并归一化成 L1 形式。而对于特征的提取，本方法直接使用作者提供的特征码本进行提取。而对于形状匹配，本方法采用自己构造的平台，在相同的条件下，对不同的方法进行比较。

表 10-2 查询模型和匹配模型的 24 个模型匹配排列[120]

k	0	1	2	3	4	5	k	0	1	2	3	4	5	k	0	1	2	3	4	5
$p_0(k)$	0	1	2	3	4	5	$p_8(k)$	4	5	2	3	1	0	$p_{16}(k)$	2	3	1	0	4	5
$p_1(k)$	0	1	4	5	3	2	$p_9(k)$	4	5	1	0	3	2	$p_{17}(k)$	2	3	4	5	0	1
$p_2(k)$	0	1	3	2	5	4	$p_{10}(k)$	4	5	3	2	0	1	$p_{18}(k)$	2	3	0	1	5	4
$p_3(k)$	0	1	5	4	2	3	$p_{11}(k)$	4	5	0	1	2	3	$p_{19}(k)$	2	3	5	4	1	0
$p_4(k)$	1	0	3	2	4	5	$p_{12}(k)$	5	4	2	3	0	1	$p_{20}(k)$	3	2	0	1	4	5
$p_5(k)$	1	0	4	5	2	3	$p_{13}(k)$	5	4	0	1	3	2	$p_{21}(k)$	3	2	4	5	1	0
$p_6(k)$	1	0	2	3	5	4	$p_{14}(k)$	5	4	3	2	1	0	$p_{22}(k)$	3	2	1	0	5	4
$p_7(k)$	1	0	5	4	3	2	$p_{15}(k)$	5	4	1	0	2	3	$p_{23}(k)$	3	2	5	4	0	1

10.5.3 基于时钟匹配和特征包的三维模型检索算法

基于时钟匹配和特征包的三维模型检索方法，也是一种基于视觉相似性匹配的检索方法。具体地，该方法首先利用姿势归一化的方法来求取每个三维模型的标准姿态，然后对该三维模型，在给定的测地线球体范围内的若干方向的点集提取一系列的深度缓冲图像。接着，对每一幅图像提取显著局部特征，表示字典直方图。最后，使用有效的、基于多视角形状匹配的形状匹配方法 (即时钟匹配) 来度量两两模型之间的差异性。当应用于非刚性三维模型检索时，此方法需要使用多维尺度变换 (MDS) 来计算每一个三维模型的标准姿态。对比传统的特征包方法，此方法不需要通过耗时的聚类来构造特征码本，而且获得了很好的检索效果。

基于时钟匹配和特征包的三维模型检索方法可以依次用以下 4 个步骤来实现：

(1) 模型预处理。将三维模型归一化到标准的坐标系，使得它们的重心与坐标系的原点重合，主方向与坐标轴方向一致，并使用单元球面包围。为了方便非刚性三维模型的检索应用，在归一化之前，先使用 MDS 方法计算每一个三维模型的标准姿态。

(2) 局部特征提取。在给定的球形包围盒上的点集中捕获多视角的深度缓冲图像，并从图像中提取局部显著特征。该包围盒的重心和坐标的原点重合。

(3) 构建字典直方图。对于每一幅图像，利用预先指定的特征码本将该图像的局部特征量化为字典直方图。通常情况下，特征码本是在离线状态下，通过对训练数据进行聚类来获得。训练数据是通过对所有模型的特征集合进行随机采样而获得。而本方法只需要对模型特征集进行随机采样获得即可，已通过实验验证。

(4) 时钟匹配。采用有效的多视角形状匹配方案来度量两两三维模型的差异性。该方案通过计算模型的 24 个视角的特征距离总和的最小值来进行比较。

10.5.4 基于视觉相似性的混合检索算法

正如前面提到的，本书采用了一种基于视觉相似性的混合 (hybrid) 检索算法，其本质是以上介绍的两种三维模型检索方法的结合。为了方便表达，使用 CEFM-CD-Hybrid 表示本书提出的切割算法和混合检索方法。其中，CEFM(convexity estimation and fast marching) 表示在第 8 章提出的基于凸度估计和快速行进方法的分割算法，CF(canonical forms) 表示标准姿态。而使用 LSMDS-CM-BOF 和 CMDS-CM-BOF 分别表示使用 CM-BOF 结合最小平方 MDS 和经典的 MDS 的三维模型检索方法。

计算 4 个量化度量，包括 NN、1-Tier、2-Tier 和 DCG 以及精度-召回率曲线 (precision-recall)，来比较我们的方法 (即 CEFM-CD-Hybrid) 和以下 8 种非刚性三维模型检索方法：LSMDS-CM-BOF[128]、CMDS-CM-BOF、BF-SIFT[129]、本征旋转图像[130](intrinsic spin images，ISI8)、热核信号[131](heat kernel signatures，HKS)、旋转图像 [132](spin images，SI)、测地线距离分布[133](G2)、拉普拉斯-贝尔特拉米频谱[134](laplace-beltrami spectrum，LBS)。实验结果如表 10-3 和图 10-5 所示，可以看出，对比现有的非刚性三维检索算法，本书提出的方法能够获得非常令人满意的结果。

表 10-3 本书所提算法与其他算法的检索结果比较

	NN/%	1-Tier/%	2-Tier/%	DCG/%
CEFM-CF-Hybrid	99.6	85.7	95.7	97.4
LSMDS-CM-BOF	99.2	84.8	96.2	97.4
CMDS-CM-BOF	96.1	74.2	88.6	93.9
BF-SIFT	97.3	74.6	87.0	93.7
ISI8	95.3	64.2	79.9	90.0

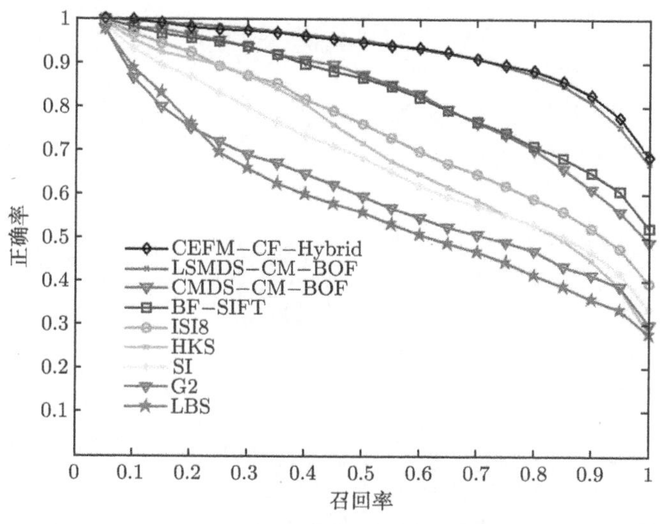

图 10-5 精度-召回率曲线 (PR 曲线) 示意图 (阅读彩图请扫封底二维码)

第四部分　三维场景重建

第 11 章　基于三维场景分割的三维重建

作为分割算法的实际应用，设计了一套系统来自动理解重建室内场景，其重建结果基于对场景的语义分割和理解，我们的工作基于 Tianjia 等[135] 于 2012 年提出来的一个基于用户交互的场景重建算法，在此工作中，用户通过 Kinect 传感器在室内以不同角度拍摄了几幅 RGBD 图像，接下来用手动交互的方法对获取的图像进行语义分割，然后对其中有效的语义区域进行匹配并且通过计算得出所匹配物体的摆放参数，此时如果匹配效果和摆放参数不理想则通过用户手动调整，从而获得整个室内场景的所有物体匹配结果和摆放位置，以得到场景重建的效果。

作为此项工作的延伸，考虑到：一个室内场景中某些物体的位置往往是变化的，例如在办公室场景中往往会出现桌椅的挪动。因此如果当每次移动某些物体之后需要再次获取此时场景的重建结果，则需要用户再一次参与场景的语义分割和匹配的过程。为了减少这一麻烦，我们所要实现的目的是：在不往场景中加入新物体的前提下，根据之前场景中产生的各种信息 (如场景的分割结果、场景物体的数目以及种类等)，在场景中某些物体变换位置之后，实现自动的场景更新。

算法流程如下：

(1) 对场景中变化的区域使用 Kinect 传感器重新捕捉 RGBD 图像；

(2) 对 RGBD 图像实行自动语义分割，此过程无需用户交互；

(3) 提取所有有效的分割部分，并且从之前场景中的模型库中进行匹配对准，从而获得新的重建结果。

上述流程中，除重新抓拍场景之外其余过程无需用户参与，重建过程快捷、简单。

11.1　图像预处理

11.1.1　Kinect 深度相机的数据获取

1) Kinect 彩色数据采集

Kinect 具有一般摄像头的基本功能，即获取彩色数据。图像质量的高低决定了数据从 Kinect 传感器发送到计算机上的速度，图像格式的选择决定了图像数据返回给应用程序代码的编码格式是 RGB 编码还是 YUV 编码。本书中所使用的彩色数据格式是 RGB 格式，分辨率为 640×480 像素，数据传输率为 30 帧/秒。

2) Kinect 深度数据采集

Kinect 获取的深度数据有效范围是：0.8~3.84m，如果超出该范围，深度值就为

0。深度数据流有 3 种分辨率，分别是 640×480 像素、320×240 像素、80×60 像素，本书中使用的分辨率为 640×48 像素。Kinect 应用程序可以处理深度数据流，支持自定义功能，比如跟踪用户的动作或者忽略掉背景。为了显示获取的深度图像，需要对深度数据进行归一化，把获得的深度信息分配给像素的 3 个通道值 (r, g, b)。具体做法是：将 16 位的深度距离值归一化为 0~255 的数值，然后给像素的 3 个通道设置取值，即 $r = g = b =$ (uchar)(256×RealDepth/0x0fff)，就是将深度图像以灰度值的形式显示出来。图 11-1 是使用 Kinect 深度相机拍摄实验室获得的 RGB 彩色图像和深度图像的对比图，上面一排是拍摄的 RGB 图，下面一排是对应的深度图像。

图 11-1 在实验室拍摄的 Kinect 深度图像和彩色图像对比图[135] (阅读彩图请扫封底二维码)

3) Kinect 开源接口

OpenNI (open natural interaction) 是一个跨平台、多语言的框架结构，它定义了利用自然交互方式编写应用程序的 API 函数接口。OpenNI 的主要目的就是建立一组可以互相通信的标准 API 接口，包括视频和音频传感器设备以及传感器中间件。由于 Kinect 彩色摄像头与深度摄像头不在同一位置，所以在转换像素值前需利用 OpenNI 深度发生器中的 GetAltnativeViewPointCap 和 SetViewPoint 函数对深度图像和彩色图像调整视角，实现对齐，得到 RGBD 图像，如图 11-2 所示，图 11-2(a) 为 Kinect 拍摄得到的颜色图像和深度图像，图 11-2(b) 为对齐后的 RGBD 图像。

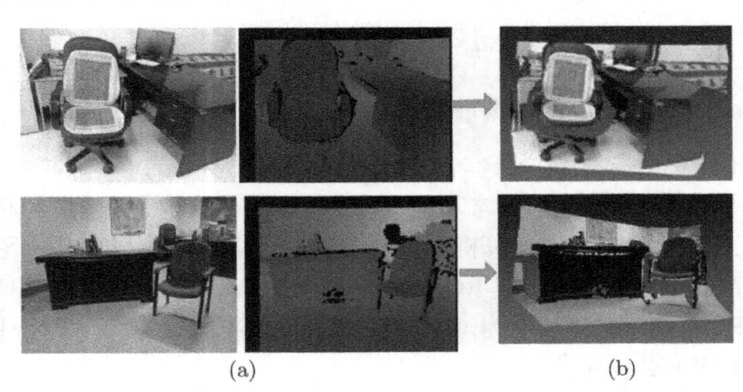

(a) (b)

图 11-2 对实验室拍摄的颜色图像和深度图像的对齐结果 (阅读彩图请扫封底二维码)

11.1.2 模型库的获取

本部分使用的模型数据库，是从 Google 三维模型库中下载得到的，考虑到主要针对的是室内三维场景重建，所以选择的模型类别主要包括系统所需要的桌子、椅子、沙发、柜子、显示器、床等类别，对于每一种类别，都选择尽可能多的样式，提高匹配精度。表 11-1 给出了所选的模型数目，图 11-3 给出了部分模型示意图。

表 11-1 模型数据库

模型	数量	模型	数量
床	26	沙发	79
柜子	22	桌子	34
椅子	70	显示器	7

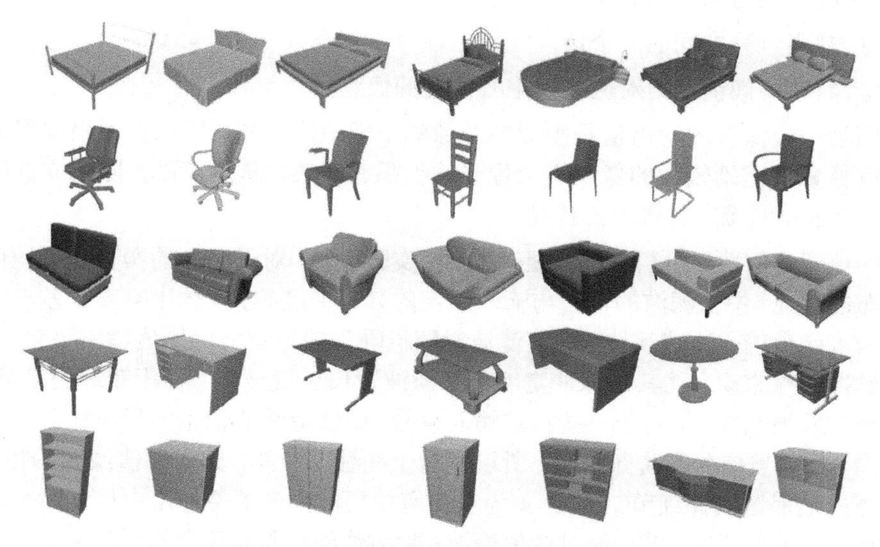

图 11-3 创建的数据库部分模型示意图

11.1.3 深度图像去噪处理

从 Kinect 得到的深度图含有大量的噪声，手动拍摄时 Kinect 的轻微晃动以及场景中的光线干扰，都会引起图像噪声的增加。而且深度估计算法还产生大量的稍纵即逝的人为干扰，尤其是靠近边缘的区域。所以在提取图像特征并进行识别之前，必须进行图像去噪。为此，使用中值滤波器对图像进行去噪，这样有利于后续对图像进行自动分割和物体识别。

中值滤波是一种常用的非线性平滑滤波，类似于卷积的邻域运算，但不是简单的加权求和，而是将窗口邻域中的像素按等级进行排序，然后选择该组的中间值作为像素输出值。它能消除或减弱傅里叶空间的高频成分，但同时也会影响低频成分。因为高频成分对应于图像中的区域边缘部分，是具有较快较大变化的深度值，该滤波可将这些分量滤除，使图像变得平滑。其主要原理是先确定以某个像素为中心点的邻域，通常为方形邻域。然后将邻域中的各个像素值进行排序，取其中间值作为中心像素点的新值，通常称这里的邻域为窗口。当窗口在图像中左右上下进行移动后，利用中值滤波算法可以很好地对图像进行去噪平滑处理。

中值滤波算法具体步骤如下：

(1) 将模板在图像中游走，并将其中心与图像中某个像素点的位置重合；

(2) 读取模板中对应像素值；

(3) 将这些值从小到大排成一列；

(4) 找出一列中间的一个值；

(5) 将该中间值赋给对应模板中心位置的像素点。

因为中值滤波的输出值是由邻域图像的中间值决定的，所以它对极限像素值与周围像素值差别较大的像素不会像平均值那么敏感，从而可以去除孤立的噪声点，还可以使图像产生较轻的模糊。

中值滤波的数学分析是比较复杂的，由实验可得，对于输入的噪声是零均值正态分布的情况，中值滤波的输出与输入噪声的分布密度相关，输出噪声方差与输入噪声密度函数的平方成反比。中值滤波对随机噪声的抑制力比均值滤波要差一些。但对脉冲干扰来说，尤其是脉冲宽度小于滤波窗口长度一半、相距较远的窄脉冲，中值滤波效果比较好。对于一些特定输入信号，中值滤波的输出信号与输入信号保持相同，如斜坡信号和阶跃信号。所以相对于线性滤波器，比如均值滤波，中值滤波能更好地保留图像细节。图 11-4 为实验室拍摄的深度图像使用中值滤波去噪后的效果图，从中可以看出，经过中值滤波，物体边缘的抖动现象有所改善。

11.1.4　深度图像补洞处理

深度图像除了包含噪声外，还会出现数据缺失的部分，这些区域从彩色相机是可见的，但没有出现在深度图像上。比如，对黑色吸光物体或镜面和低反射率表面，它们的深度没能被估计，出现了深度图上的孔。这种情况会影响后面求取图像特征以及匹配过程，因此使用形态学重构方法对其进行修补。

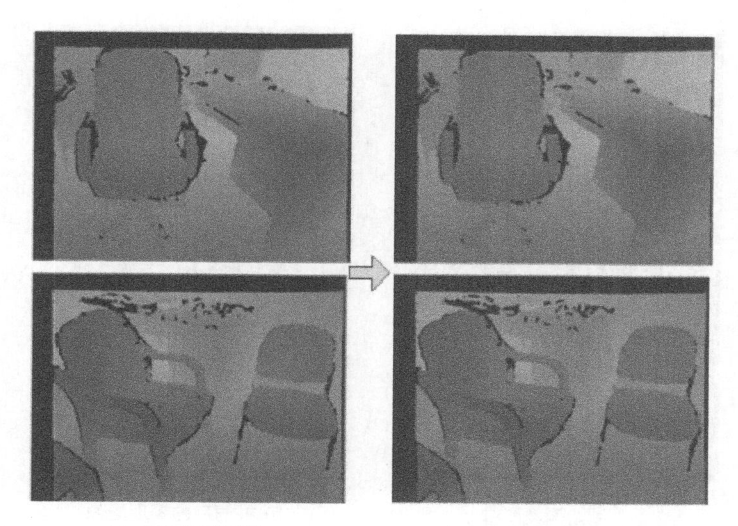

(a) 原始深度图像 (b) 中值滤波去噪后的深度图像

图 11-4 对我们实验室拍摄的深度图像滤波结果

形态学重构是一种涉及两幅图像和一个结构元素 (而不是单幅图像和一个结构元素) 的形态学变换。一幅图像即标记 (marker)，是变换的开始点。另一幅图像是掩模 (mask)，用来约束变换过程。结构元素用于定义连接性。本方法使用 8 连接，也就是一个大小为 3×3 且值为 1 的矩阵，其中心坐标为 (2,2)。若 g 是掩模，f 为标记，则从 f 重构 g 可以记为 $R_g(f)$，它由下面的迭代过程定义：

(1) 初始化为标记图像 f；

(2) 创建结构元素：$B=\text{ones}(3)$；

(3) 重复 $h_{k+1}=(h_k\oplus B)\cap g$。

直到 $h_{k+1}=h_k$，标记 f 必须是 g 的一个子集，即 $f\subseteq g$。

选择不同的标记和掩模可以实现不同的功能。这里要对深度图像进行填充补洞，所以需要选择一幅标记图像，也就是深度图像，记为 f_m，该图像边缘部分的值为 $1-f$，其余部分的值为 0：

$$f_m(x,y)=\begin{cases}1-f(x,y), & \text{若}(x,y)\text{在}f\text{的边界上}\\ 0, & \text{其他}\end{cases} \tag{11-1}$$

$g=[R_{f^c}(f_m)]^c$ 的作用是填充图像 f 中的孔洞。图 11-5 为对在实验室拍摄的图像进行填充补洞处理后的结果，从图中可以看出，该方法能很好地修复深度数据缺失的部分。

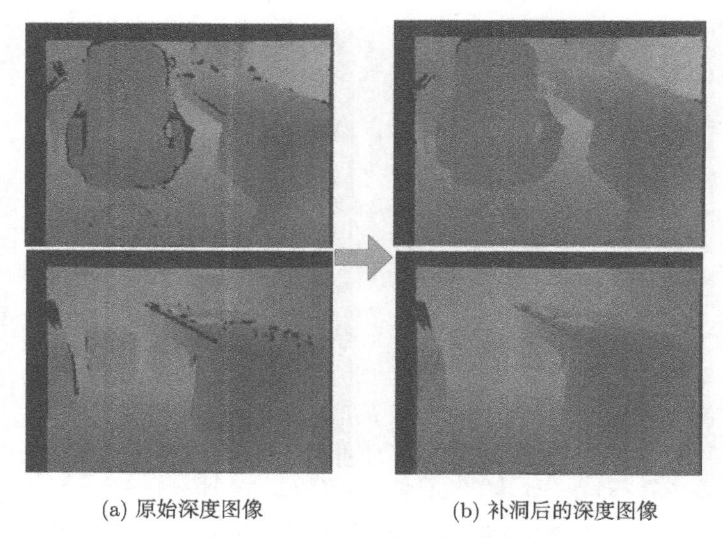

(a) 原始深度图像　　(b) 补洞后的深度图像

图 11-5　深度图像填充补洞处理

11.2　基于边缘检测的 RGBD 图像过分割

在对图像进行降噪补洞之后，接着对图像进行过分割，其目的是为了实现对场景图像的感知组织，将可能有着相同标签的区域进行一次聚合，为接下来的场景理解做准备。

在此阶段，所要实现的是一种能够提取轮廓并且能从轮廓中获得自底而上的阶层式分割的算法。大致思想是，用学习的方法，产生一个分类器，其能够利用 RGBD 图像中的彩色信息和深度信息的变化从而分辨图像中哪些部分属于轮廓。为了实现这个功能，基于 gpb-ucm 的算法[136] 进行改进，其中 gpb-ucm 算法是在单幅图像分割上运用较多的一种分割算法。

几何轮廓特征

不同于彩色图像，我们所处理的 RGBD 图像中可以知道每个像素在场景中的空间位置，并且还能知道此像素所在场景表面上的法向。用这样的几何信息来计算在图像中每个像素点上三个有朝向的轮廓信号，这三个信号分别是深度的梯度 DG，这里 DG 能够反映在深度图像中是否有区域深度存在不连续的情况；凸面法向梯度 NG+，这个梯度反映了在给定方向所选的表面位置的凸起情况；凹面法向梯度 NG−，类似于 NG+，反映了表面的凹陷情况。

将颜色和几何梯度进行综合，存在以下几点困难：

(1) 存在非线性的噪声，其噪声大致满足 $[\delta Z] \propto Z^2|\delta d|$。其中，$\delta Z$ 为深度误差，而 Z 为实际深度，δd 为观测差异上的误差，这导致了深度不对称。

(2) Kinect 相机的彩色信道和深度信道存在不同步的情况，这导致彩色图和深度图不能对齐。

(3) 深度传感器发射红外线的特性存在着深度缺失的情况。

为了解决以上问题，设计了一些有着明确物理意义的特征，并且采用了多尺度分析，不仅简单地对缺失深度进行内插补齐，还通过最小二乘拟合出点云表面的法向量，并且对 DG、NG−、NG+ 用二次拟合进行平滑。

为了计算 DG、NG−、NG+，考虑在所给定点处做一个圆盘[137]，在预先定义好的几个方向将圆盘分成两份，并且分别计算两个半圆盘的几何性质，在本实验中采用 4 个不同大小的圆盘 (从半径为 5 个像素至 20 个像素) 并且采用 8 个主方向。通过观察 2 个有向半圆来计算局部特征 DG、NG− 和 NG+。首先用平面来拟合两个半圆所覆盖的点云表面，然后用两个拟合面的中心距离来确定 DG，并且通过计算两个拟合面的法向夹角来确定 NG− 和 NG+，其计算示意图如图 11-6 所示。

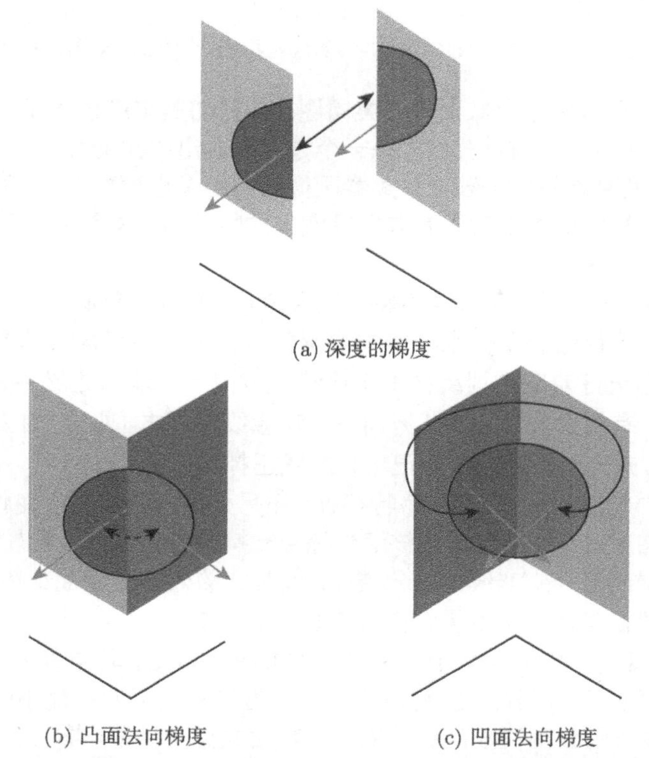
(a) 深度的梯度

(b) 凸面法向梯度　　(c) 凹面法向梯度

图 11-6 用拟合半圆面估计点云表面的凹凸性和连续性 (阅读彩图请扫封底二维码)

其计算结果如图 11-7 所示。

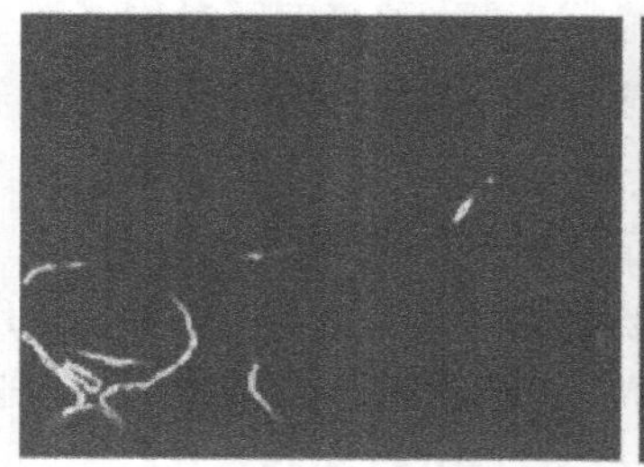

(a) 深度梯度图

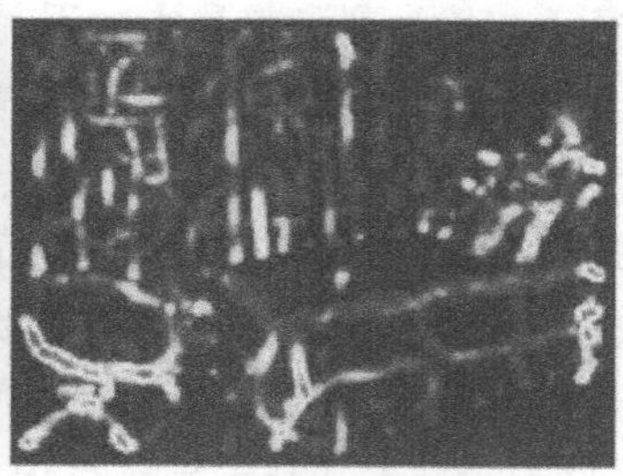

(b) 凸面梯度图

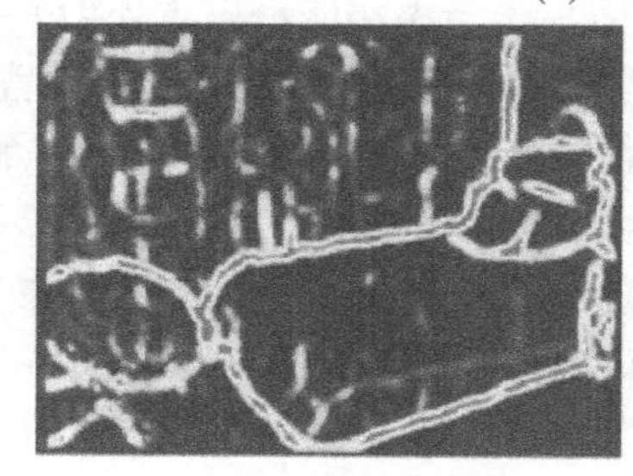

(c) 凹面梯度图

图 11-7　从深度图提取出来的 DG、NG−、NG+ 特征[197](阅读彩图请扫封底二维码)

将轮廓探测问题转化为像素的分类问题，其目的是将应该属于轮廓线的像素从非轮廓像素分离开来。通过分别对每一个方向提取出的梯度特征进行训练，学习出一个分类器，并且将每一个独立分类器所得到的结果进行整合，从而得到最终的轮廓分类结果，其效果优于对所有方向提取出的特征信号只训练学习出一个分类器进行轮廓分类的情况。

首先对于每一个方向，平均所有特征的梯度值，其次计算此方向平均梯度的分水岭变换，并且将那些处于分水岭线的像素归为此方向下可能的边界。再次从训练集合中实现标记好轮廓的训练样本中将给定方向下可能为边界并且离被标记为轮廓点很近的所有像素点记为在此方向下的轮廓线正样本 (即为 “在此方向下的轮廓”)。将 8 个方向分别用此方法标记出轮廓线正样本。

除了上述 DG、NG−、NG+3 个特征外，还另外加入了其亮度变化梯度以及颜色梯度和纹理梯度。并采用自适应核函数综合支持向量机作为检测轮廓的分类器，因为此种分类器能够产生非线性的分类面，并且它的效率和线性支持向量机接近，将分类器输出的概率作为所给像素作为轮廓点的可能性。

最后，采用算法 [136] 优化上一步产生的概率分布图。其实现手段：从最初的过分割结果不断融合，其融合准则是将其中作为轮廓线可能性最小的边先进行融合，通过指定最终的分割块数从而产生一个阶层式分割结果，图 11-8 阐述了此分割流程。

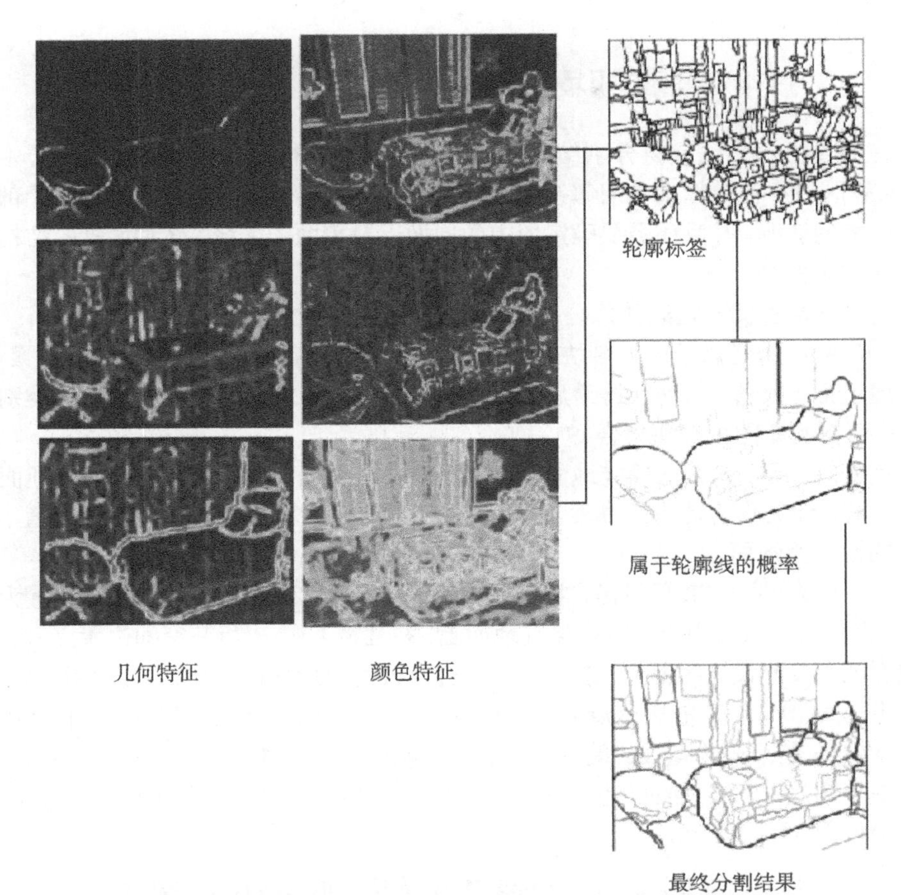

图 11-8 分割流程图[197] (阅读彩图请扫封底二维码)

在实验中，统一设定分割数为 30。对实验场景进行测试，得到如图 11-9 所示的过分割结果。

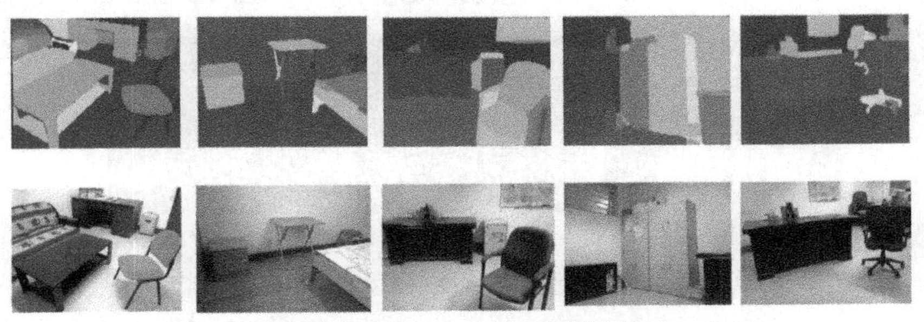

图 11-9 场景过分割结果 (阅读彩图请扫封底二维码)

11.3　地面和墙的测定及对分割结果的处理

在通过上述方法获得分割结果后，还需要对其进行进一步处理，在实验中发现，某些区域存在着像素之间邻接但是空间上不连续的情况，这对后面的匹配部分有着很大的影响，并且还需要确定图中的地面以及墙面的区域，这对场景的结构理解有着很大的帮助。

为了分离空间不连续的部分，将前面部分获得的过分割结果记为 $S=\{s_1,\cdots,s_{50}\}$，其中 s_i 为任意一个分割块，对于任意的 s_i，用其三维坐标进行阶层式聚类，并且通过指定阈值，自动获得最后的聚类数目，将聚类之后含有像素太少的类别舍去，从而得到新的分割块集合 $S^*=\{s_1,\cdots,s_n\}$。

用文献 [138] 的方法确定地面，当地面确定好之后，计算其中每个点到地面的垂直距离，使其作为此点的高度，将所有高度值归一化，并将归一化后高度值小于 0.04 的设定为地面。

为了确定墙面，其思路是，将场景中水平方向离 Kinect 最远的区域设置为墙面，故而将场景点云中所有点投影到地面上，并且将 Kinect 所在空间位置点 (0,0,0) 在地面上的投影设置为原点。接下来将所有点云的投影坐标转化为极坐标形式，对于位于区间 $(\theta,\delta+\theta)$ 的所有点 (θ 为极角)，将其极径归一化到区间 [0,1]，将其中极径大于 0.95 的点归为墙面。最后对于之前每幅图的分割块集合 $S^*=\{s_1,\cdots,s_n\}$，若其中分割块 s_i 中，有 50%以上的点属于墙面，那么就将这个分割块标记为墙面，其结果如图 11-10 所示。

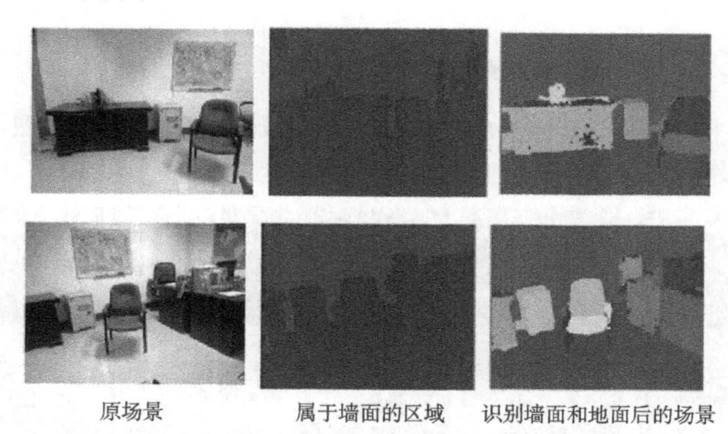

图 11-10　场景图片的预处理结果 (阅读彩图请扫封底二维码)

在将场景中的墙面和地面分离出来后，下面将剩下的有效分割块分别识别其类别。

11.4 基于随机回归森林的场景区域识别

在完成分割步骤后，最重要的是将提取的分割物体子块与数据库中的模型进行匹配，将相似模型放置在重建场景中的合适位置，完成单幅图像重建。虽然存在一种暴力搜索方法，就是将物体的深度数据与数据库中渲染得到的三维物体深度图进行像素级别的比较，得出最优匹配模型。但是，这种方法需要巨大的计算成本，很容易受深度图像的噪声影响。而且，它不能很好地解决场景中因自遮挡而产生的深度数据缺失问题。

本书将模型匹配问题转化成一个模型实例识别问题。使用随机森林来解决，是因为即使对于大规模数据它也能快速地进行训练和测试。它避免了单一决策树产生的过拟合问题且具有较高的泛化能力。也就是说，对于每一个分割物体子块，使用辨别性随机回归分类[139] 来学习一个映射，可以将采样得到的物体子块映射到条件概率 $p(\mathrm{m}|\widetilde{P})$，其中 m 是模型实例标签，也就是它在数据库中的索引，$\widetilde{P}$ 表示来自于物体深度数据的子块。概率最高的模型被认为是与分割物体最相似的。同时，我们也学习了分割物体在场景中的方位与变换的映射，这样有助于完成后续三维模型的放置。因为这些映射是建立在采样子块上，所以训练得到的随机回归森林能很好地处理局部数据缺失的情况，这些情况经常出现在获取的深度图像中。

11.4.1 随机回归森林

决策树[140] 能够将一个困难的问题分解成一些简单的、可用预测因子求解的小问题，从而实现高度非线性映射功能。决策树原理是在一个树的每个节点执行测试，从而引导一个数据样本朝向某个子节点传递。节点上的测试要保证对训练数据进行聚类，使用简单的模型以达到很好的预测。在训练阶段，带有标签的数据集群到达叶子节点，根据这些信息计算并存储这些训练的简单模型。

随机森林[141] 顾名思义，是用随机的方式建立一个森林，森林由很多的决策树组成，随机森林的每一棵决策树之间是没有关联的。在得到森林之后，当有一个新的输入样本进入时，就让森林中的每一棵决策树分别进行判断，看样本应该属于哪一类 (对于分类算法)，然后看哪一类被选择得最多，就预测这个样本为哪一类。

相比单独采取决策树，随机训练有素的树木森林推广性更好，而且对过度拟合问题不太敏感。随机性被引入训练过程中，表现在训练集样本随机地提供给每个树，或是在测试集中随机优化每个节点，或者两个方面都有。

在建立每一棵决策树的过程中，有两点需要注意：采样与完全分裂。首先是两个随机采样的过程，随机森林对输入的数据要进行行、列的采样。对于行采样，采用有放回的方式，也就是在采样得到的样本集合中，可能有重复的样本。假设输入样本为 N 个，那么采样的样本也为 N 个。这样在训练的时候，每一棵树的输入样本都不是全部的样本，使得相对不容易出现过拟合现象。然后进行列采样，从 M 个特征中，选择 m 个 ($m \ll M$)。之后就是对采样得到的数据使用完全分裂的方式建立出决策树，这样决策树的某一个叶子节点要么是无法继续分裂的，要么里面的所有样本都是指向同一个类。

当任务涉及聚类和回归问题时，就将决策树组称为辨别性随机回归森林 (discriminative rondom reggression forest, DRRF)，它允许同时分离测试数据而不管它们是不是代表感兴趣对象的一部分，并且仅在有效情况下，对期望的实数值变量进行投票。一个简单的辨别性随机回归森林如图 11-11 所示：节点处的测试引导样本至叶子节点处，也就是对样本进行分类。仅当分类有效时，这个样本能获得一个高斯分布，这个分布是在测试阶段计算并存储在叶子节点处，用来在多维连续空间进行投票。而没有到达最大深度的叶子节点样本，忽略其对投票结果的影响。

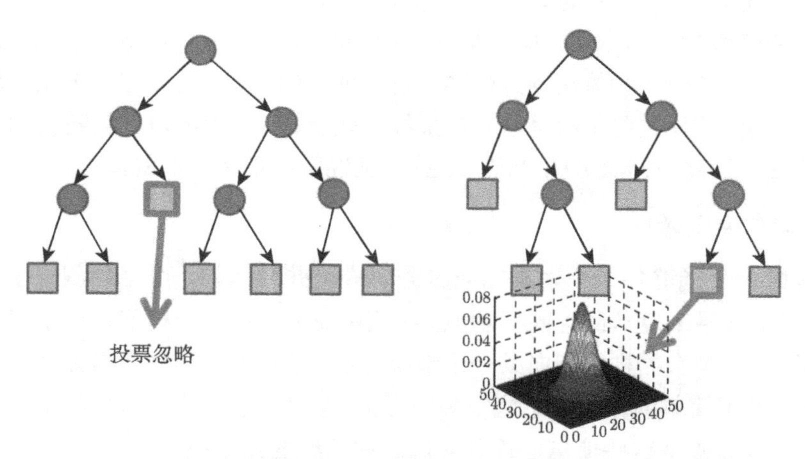

图 11-11　简单的辨别性回归森林示例 (阅读彩图请扫封底二维码)

11.4.2　随机回归森林的训练

考虑到当场景中某些物体移动后，其捕捉的图片和原场景特征的一致性，为了语义分割移动过后的场景，将原场景的 RGBD 图像以及其语义分割结果作为训练集合，其中训练集合场景中所有的像素都被分为 10 类，分别为沙发、椅子、显示器、墙面、桌子、地面、床、柜子、天花板和背景。图 11-12 为训练样本。

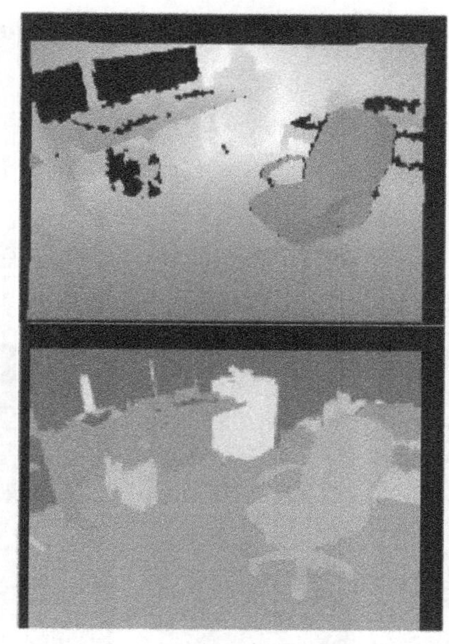
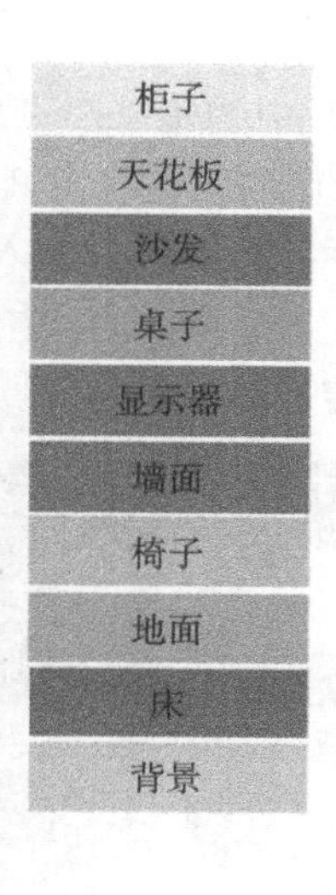

图 11-12 训练样本[135](阅读彩图请扫封底二维码)

假设存在 n 幅训练样本图 $G=(G_1,G_2,\cdots,G_n)$ 以及它们的分割标签。对于其中任意一幅 RGBD 图 G_i，先对图片进行预处理，并最后得到 k_i 个分割块。对于其中每一个分割块，通过对其所有像素标签的投票决定此分割块所属的类别。对所有训练样本进行上述处理后，得到训练集合 $P=\{P_{i,1},\cdots,P_{i,k_i}\}$ 和它们的标签 $L=\{l_{i,1},\cdots,l_{i,k_i}\}$，对于图片 G_i 其中的一个分割块 $P_{i,j}$ 和它的标签 $l_{i,j}$，随机均匀地对其提取出 50 个子块，其中的子块是指 10×10 的矩形框。对所有的分割块提取其子块，并将这些子块和其标签组成集合 G_s。

类似的，对于那些待语义分割的，场景中某些物体被移动过后所捕捉的场景图片 $T_1,T_2,\cdots,T_m$，同样用上述方法提取出子块集合 T_s，其中 T_s 的所有子块不含标签，下面需要确定这些标签。

为了确定 T_s 中所有子块的标签，考虑到庞杂的数据量和时间代价以及过拟合问题，采用泛化能力较高的随机回归森林算法。

对于每一个训练样本子块，计算其如下的几何和颜色特征：

(1) 子块中所有像素的平均 HSV 值以及其直方图 (33 维)。

(2) 输入子块的梯度直方图 (hog，8 维)。

(3) 几何特征：①平均高度；②拟合面面积；③拟合面法向量和地面垂直法向的夹角 (共 3 维)。

(4) 子块中所有像素其归一化过后的相对深度 (1 维)。

这些训练集合中子块的特征和其特征组成二元组 (X_i,L_i)，用这些二元组集合训练出随机森林，其森林中每一颗树都是由对二元组集合随机采样出的子集构造的。

对于集合 T 中的每一个子块，将其特征输入到随机回归森林中，其从根节点输入，根据每一层的阈值确定其下一层的传递方向，直到传递到叶节点位置，此时叶节点对应的标签即为此时输入子块的标签。

对于带语义分割图片 T_i 中的每一个分割块，统计其所有下属子块的标签，用投票的策略决定分割块的标签，其语义分割结果如图 11-13 所示。

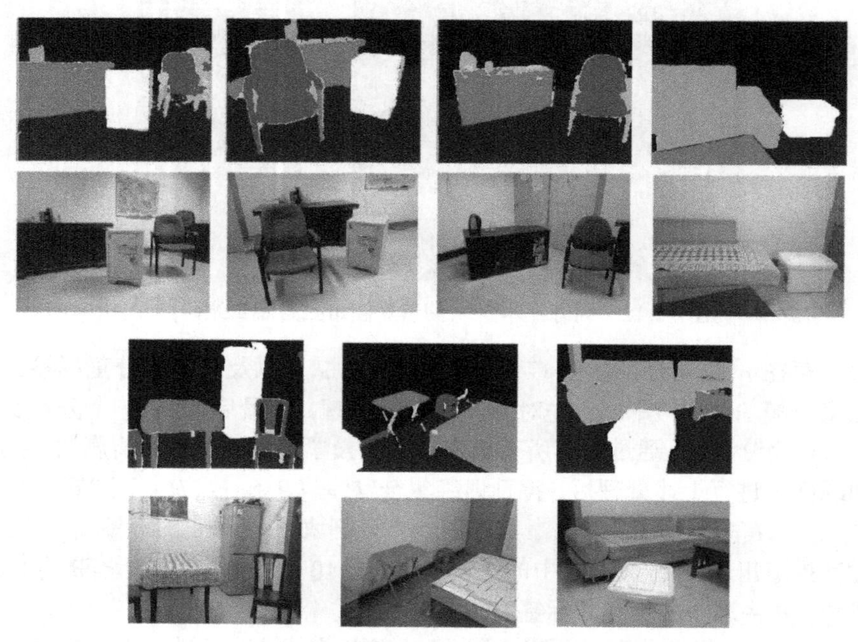

图 11-13　语义分割结果 (阅读彩图请扫封底二维码)

11.5　目 标 提 取

经过分割算法后，图像中每个像素都有一个类别标签，但是我们需要识别匹配每个独立物体，因此必须对属于相同类的像素进行聚合，得到一个有意义的目标部分，也就是将分割图像像素水平的表示转换到物体水平的表示。通过检查图像区域和几何区域的连通域完成物体块的提取。

首先，从分割结果中提取相连的且具有相同类标的像素集合。但是，三维空间中分离的两个物体投影到二维图像后也有可能是连接的，因此直接从图像中抽取相连区域的结果就不可靠。通常场景中的物体都是放在地面上或者平行于地面的平面上，将从二维图像中提取的连接区域依据它们的深度信息投影到地面上，并在这个维度上检测独立连通区域。空间上独立的物体虽然其在图像上有可能是连接的，但是它们投影到地面上就不可能相连。进行这样的操作后，场景中大部分物体都能被正确检测。

经过上步操作，得到一些连通区域，可以认为是场景中的物体在图像上的投影区域。但是这些区域里，会存在一些不可靠的物体或者是噪声误差引起的错误判断，这些区域是不适合进行重建的，所以选择忽略它们。为此，去除掉区域范围小于 3000 个像素点的。图 11-14 展示了经过处理后提取的物体块。图 11-14(a) 是经过我们分割方法得到的分割图像；图 11-14(b) 是剔除不满足要求的区域后得到的有效分割物体。从对比图中可以看出，场景中比较明显的物体被正确保留，而噪声和无效区域被消除了。

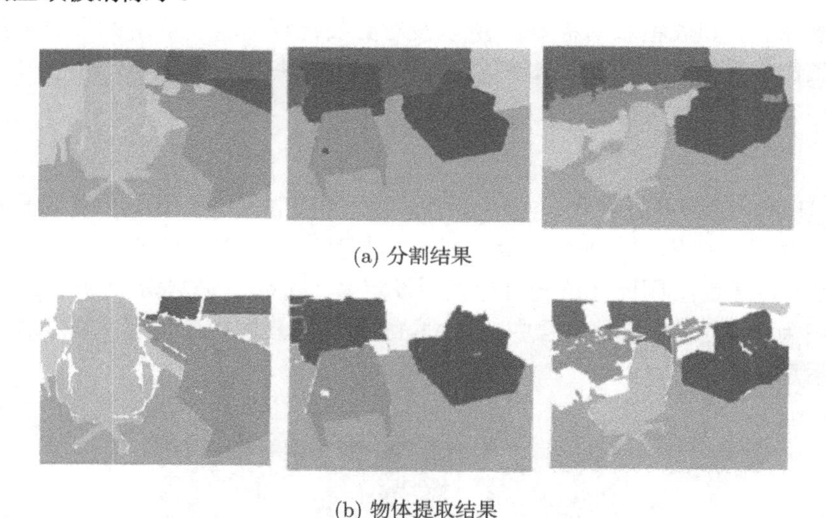

(a) 分割结果

(b) 物体提取结果

图 11-14 对我们拍摄图像分割后的物体提取结果 (阅读彩图请扫封底二维码)

11.6 场景更新

我们可以从方法 [135] 中获得原始场景的重建结果。在他们的工作中，首先对室内场景捕捉了一些 RGBD 图片，然后在用户的交互下实现了对场景图的语义分割，分割完成后，他们采用随机回归森林算法回归出图中有效的语义区域在模型库中最为匹配的三个模型以及此模型在场景中的摆放参数，如果回归出来的摆放参数不满足要求，那么用户可以手动调整其模型和位置，直到获得令人满意的重建结果为止。最后他们将每一幅图片的重建结果整合，形成对室内场景完整的重建结果。

而在我们的工作中，运用在事先重建过程中所获得的某些信息，也就是所有模型的摆放参数 $\Psi = [\theta_x, \theta_y, \theta_z, T_x, T_y, T_z, S]$，其中前 3 个参数为模型的欧拉角，接下来 3 个参数为平移量，最后 1 个参数为尺寸。

在 11.5 节中获得了目标以及目标可能的类别后，剩下的任务则是找到目标在原场景中对应的模型以及它在更新后场景中的摆放参数 $\Psi^* = [\theta_x, \theta_y, \theta_z, T_x, T_y, T_z, S]$，在我们的工作中，同时解决这两个问题。考虑到在原始场景中，所有的模型都是平放在地面上，并且在移动其中某些物体时，其尺寸不变，因此参数 $[\theta_x, \theta_y, T_z, S]$ 可以被事先确定好。

11.6.1 固定的物体

我们应当注意到在一般情况下，场景中不是所有的物体都被移动了 (尤其是那些笨重的家具，如衣柜和书柜等)。所以没有必要计算所有物体新的摆放参数。在我们的工作中，通过如下准则来寻找没有移动的物体：

$$\sum_i \mathrm{e}^{d(p_i, p_{\mathrm{obj}})} < \epsilon \tag{11-2}$$

这里 p_i 是给定目标点云中的点；而 p_{obj} 是在实现构造好场景中所有模型上最接近 p_i 的点。如果目标模型没有被移动，那么它上面的点离原来场景模型应该是非常近的 (考虑到误差)，因此把这些目标模型设定为 “固定” 的物体，而剩下的目标物体将被归为 “移动的” 物体集合中。图 11-15 为在场景发生变化后，未移动和移动的物体示意图。

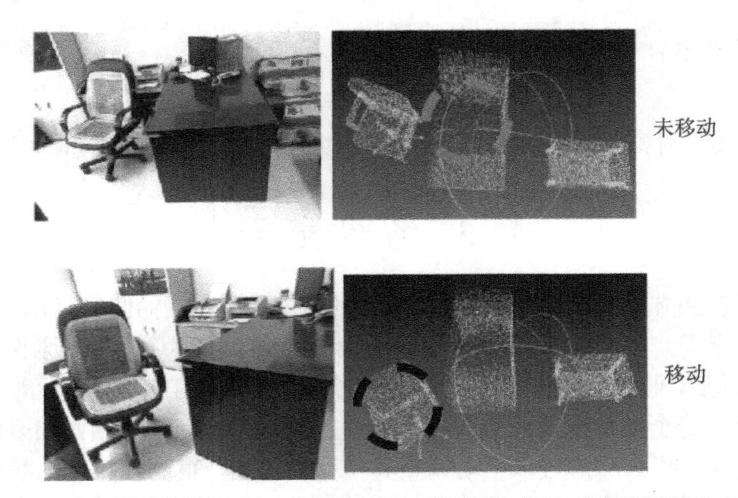

图 11-15 在场景发生变化后，未移动和移动的物体 (阅读彩图请扫封底二维码)

11.6.2 移动的物体

为了计算所有被移动的目标物体的摆放参数 $[\theta_z, T_x, T_y]$，应该同时确定目标物体在原场景中对应的是哪一个模型，为了实现这一目的，对于任意移动的目标物体 P，定义它和原场景中任意模型 i 的不相似指标函数 $D(i)$：

$$D(i,P) = \alpha \times Z(i,P) + \beta \times C(i,P) + \gamma \times E(i,P) \tag{11-3}$$

其中，$D(i,P)$ 由 3 部分组成，其中这 3 部分分别描述了目标物体和输入模型之间的形状、大小和颜色上的差异。$Z(i,P)$ 描述了目标物体和输入模型其投影轮廓图之间的关系，这个想法由 LFD 描述符启发得到。为了计算 $Z(i,P)$，首先需要使目标物体和输入模型有着相同的投影参数，故而在我们的工作中采用了正投影，因为它不受焦距和相机离拍摄目标拍摄方向距离的影响。

为了获得目标物体的正投影轮廓图，首先用滚球法将目标物体重建为目标物体点云所对应的三角网格表面，接下来将三角网格正投影到 Kinect 所在的投影面，并且将投影平移至图片中心。

而对于输入模型，随机采样 1000 个投影观测点，其中这些点散布在一物体包围球上，并且它们的俯仰角都处于区间 $[-45°, 45°]$，因此获得了 1000 张对于输入模型在不同观测点下的正投影图。

本书采用 Zernike 矩[142] 来比较目标物体和输入模型投影图之间的区别。Zernike 矩描述了离参考点的一些数字特征，其产生如下，有着旋转不变性的结果：

$$Z_{km} = \frac{2(k+1)}{\pi(N-1)^2} \sum_{x=0}^{N-1} \sum_{y=0}^{N-1} R_k^m (r_{x,y} \mathrm{e}^{-\mathrm{j}m\theta_{xy}}) f(x,y) \tag{11-4}$$

其中，$R_k^m(r)$ 为 Zernike 多项式：

$$R_k^m(r) = \sum_{s=0}^{\frac{k-|m|}{2}} \frac{(-1)^s (k-s)!}{s! \left(\dfrac{(k+|m|)}{2} - s \right)! \left(\dfrac{(k-|m|)}{2} - s \right)!} r^{k-2s} \tag{11-5}$$

式中，N 为轮廓图的分辨率；k 和 m 分别为 Zernike 矩的阶，其中满足约束：$0 < m < |k|$ 并且 $k - |m|$ 为偶数。考虑到计算代价，将轮廓图压缩至 64×64 的分辨率，其中 $f(x,y)$ 表示目标物体或输入模型的正投影轮廓图。定义计算给定投影参数的目标物体 j 的轮廓图和在观察点 k 下输入模型 i 的正投影轮廓图的差异为

$$\mathrm{Dis}(i_k, j) = \sum_{p}^{k=0} \sum_{q}^{m=0} \left| Z_{km}^{\mathrm{model}} - Z_{km}^{\mathrm{patch}} \right| \tag{11-6}$$

考虑到大量的采样观察点，选取其中差异最小的 100 个观察点，并且定义 $Z(i,P)$ 如下：

$$Z(i,p)=\sum_{w=1}^{100}\frac{\mathrm{Dis}(i_k,j)}{\log_2 w} \tag{11-7}$$

在我们的工作中，并未对输入模型进行尺寸归一化，因为在之前的重建中已经得知所有模型的实际尺寸，如果再进行尺寸归一化，会丢失它们的大小信息。图 11-16 为 $Z(i,p)$ 的计算流程。

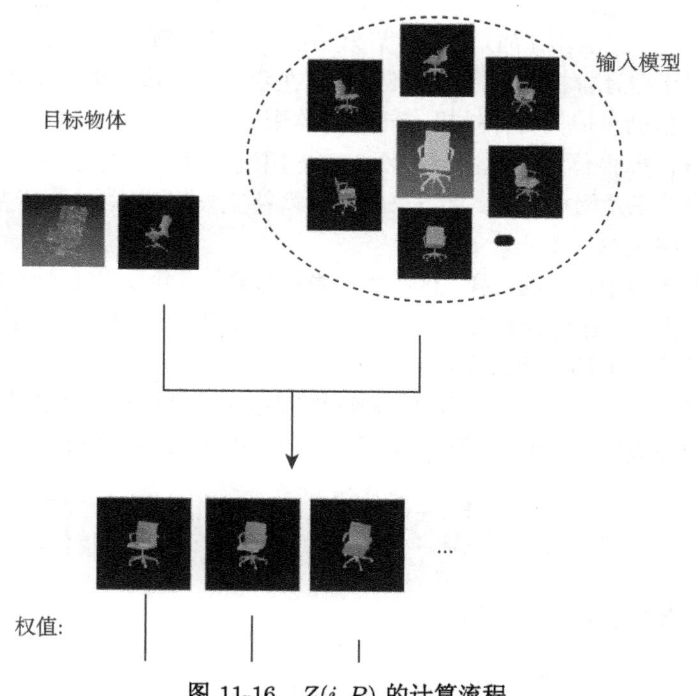

图 11-16　$Z(i,P)$ 的计算流程

对于 $C(i,P)$，由于本书的情况和文献 [135] 不同，在我们的工作中，原始场景中目标物体和模型之间的对应关系可以为我们寻找当物体移动之后的对应关系给出一些提示，因此定义颜色相似性如下：

$$C(i,P)=\mathrm{EMD}(H_i,H_p) \tag{11-8}$$

这里 EMD 为 earth mover's distance，并且对于输入模型 i，H_i 为对应图像区域在 HSV 颜色空间下的颜色直方图，而 H_p 为目标物体图像区域在 HSV 颜色空间下的颜色直方图，用两者颜色分布的 EMD 距离来衡量它们在颜色上的差异。

第三项 $E(i,P)$ 为目标物体点云的所有点和输入模型最近点之间的平均距离。为了计算 $E(i,P)$，首先需要将目标物体和输入模型对齐，在这里使用 ICP 算法来实现两者之间的对齐，但由于 ICP 算法中初值对对齐结果的影响，应该使得两者之间的初始相对位置尽量接近，因此，计算了输入模型和目标物体两者的包围盒，并且把输入模型水平移动，直到两者包围盒中心重合，接下来，分别将输入模型绕垂直于地面的 Z 轴转动 $i\times\frac{1}{16}\pi(i=1,\cdots,8)$，并且将这 8 个角度所对应的朝向及位置分别作为初始位置输入 ICP 算法中，得到 8 个对齐结果，然后对这 8 个对齐结果分别计算下列误差：

$$E(i,P)=\text{mean}\left(\sum_i \mathrm{e}^{d(p_i,\text{obj})}\right) \tag{11-9}$$

其中，p_i 为目标物体点云中的任意点；obj 为当输入模型经过 ICP 算法得到新的姿态位置后，此时模型上所找的距 P_i 空间距离最近的对应点。计算这两点之间的平均距离，以此作为 ICP 算法对齐结果的误差，最后采用误差最小的对齐结果作为此输入模型的对齐结果，并且将 $E(i,P)$ 代入式中，得到输入模型和目标物体之间的不相似指标函数值，最后选出函数值最小的模型，同时，被选出模型的摆放参数即计算 $E(i,P)$ 步骤中由 ICP 得到的输出姿态。

我们只对存在物体移动的场景位置拍摄 RGBD 图像，并且对此时拍摄的范围之中的所有目标物体用上述方法获得新的摆放位置和新的模型对应关系，对于此时未拍摄到的范围，不做任何假设和处理。

11.7 实验结果

我们的工作基于文献 [135]，从他们的工作中可以获得原始场景的重建结果，并且我们对改变后的场景进行重新拍摄，并且经由我们的算法，获得了新的场景重建结果如图 11-17、图 11-18 所示。

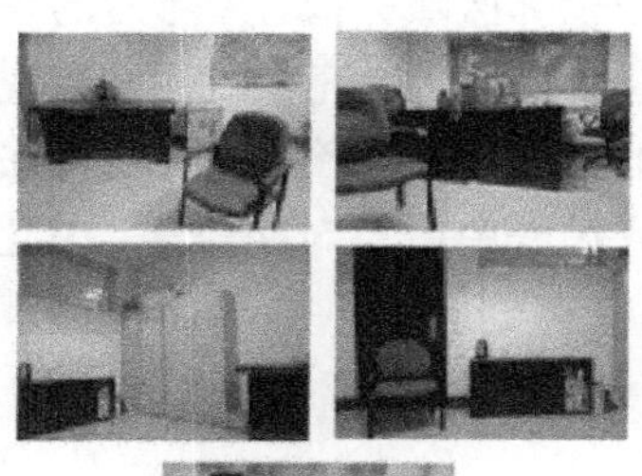

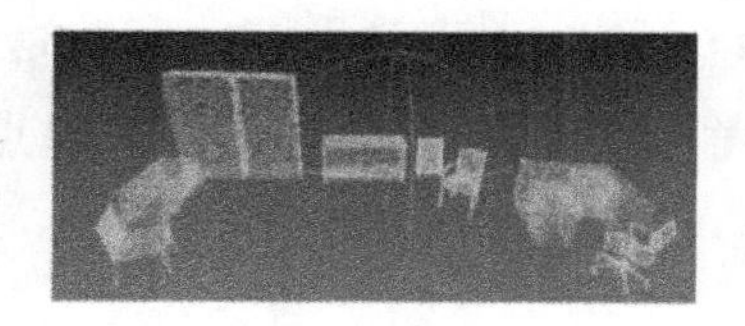

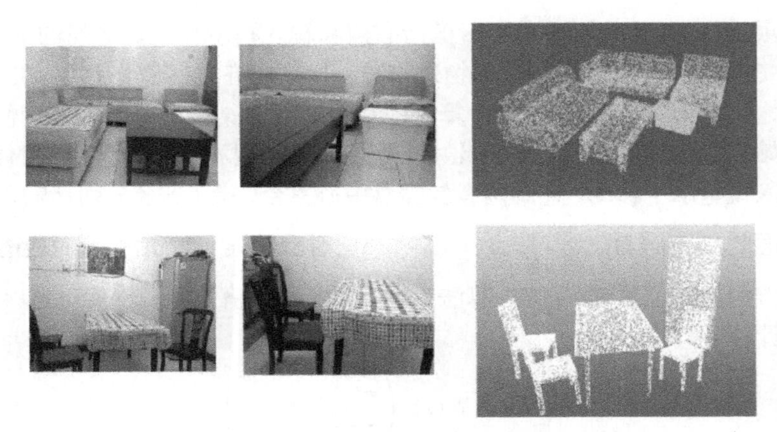

图 11-17　原始的场景重建结果

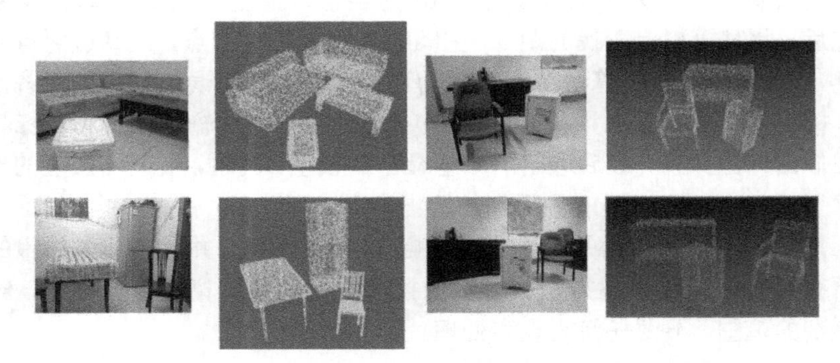

图 11-18　在某些物体移动后，其自动更新的重建场景

11.8　小　　结

本章主要讲述我们提出的根据分割深度图像重建三维场景的方法。通过对深度图像和彩色图像的边缘探测，将潜在的各个物体区域分离，为随后的识别做好准备，从实验结果来看，其分离的效果非常理想，并且通过充分利用，实现了重建结果中的信息，有效地保证了后续全自动重建的精度和正确率，但是本方法存在的不足点是匹配部分计算复杂度过大，在校准对齐过程中所耗时间较多，因此在随后的研究中将考虑采用 GPU 并行计算及对点云噪声更加鲁棒的 EM-ICP 算法来解决这一问题。

第五部分　三维模型功能性分析

目前三维模型的应用和一次使用的数目越来越多，一些传统的由人们手动处理三维模型的方法显得越发费时费力，比如根据判断未知模型的功能生成合适的适用该模型的人体姿态。这些问题分为两个部分，首先是要判断三维模型的功能并找到功能位置，然后要根据找到的功能部分生成合适的人体姿态。由人手动完成这两项任务并不难，但如果等待处理的模型非常多，就会非常麻烦，而且获得的结果因人而异，若设计一种方法使这两个过程可以自动完成，可以节约大量的成本。

在本部分中，将介绍一种较新颖的三维模型理解方法 —— 功能性分析。本书将以基于人体骨架的三维模型功能性分析为主，对该类方法进行详细的论述。通过将特定的模型与待检测的物体模型互相交互来判断某物体是否具有某项功能，进而找到该物体的功能位置；同时，采用基于舒适性的姿态调整方法生成人体模型，通过舒适程度的大小来判断当前人体模型的姿态合理性。

第12章　功能性分析相关理论

12.1　功能性分析的引入

无论是点云模型还是面模型，所包含的信息都较为抽象，难以直接使用，因此，如果要使用三维模型，需要从三维模型中提取一些具体的信息，即特征，来进行使用。三维模型的特征是从三维模型中获得的具有一定语义信息的特征，其表现形式可以是一个数据或者向量，也可以是一个有特定结构的数据组。特征的提取是使用三维模型的关键步骤，所提取的特征是如何获得的，是否稳定，描述三维模型的能力如何都决定了接下来的诸如模型检索、模型分类等任务能否进行，效果如何。

研究人员试图通过基于内容的形状分析技术来解决三维模型的匹配、检索、分割以及显著性检测等方面的问题，目前这些方法都主要依赖三维形状的几何特征。例如，显著的部分通常被认为拥有较高的曲率、明显突起或者是明确过渡的局部区域。三维模型的几何特征提取和应用在过去的几年内为多媒体技术的发展做出了重大贡献，其自身也在这个过程中不断地完善，几种常用的特征已经达到了相当完美的程度，可以满足绝大多数现有任务的需求。

然而，随着新技术的发展和新需求的出现，产生了一种新任务：给予一个未知模型，需要计算机自动识别出该模型具备什么功能，就是说判断出这物体有什么用，并且能够正确地判断出应该怎样使用这个模型。对于螺丝钉之类的同类模型之间外形非常接近的物体，基于几何特征的算法没什么问题，储备很少的数据库模型就可以较为轻松地判断出未知模型是不是同类。但是，对于一些人们生活中非常常见的物体，传统的基于几何特征的匹配算法就遇到了相当大的困难。举个例子，假如给了人一把椅子，人可以轻易地判断出该物体是用来坐的，并且能轻松地坐到正确的位置上而不会倒着坐在上面或者坐在椅子的靠背上；但是基于几何特征进行计算的计算机难以做到这一点，椅子的外形千差万别，用来坐的面的形状和大小就已经千差万别，除了这个面之外的靠背和其余部分更是各不相同，除非计算机储存足够多的椅子模型，才能用几何描述符进行比对，否则计算机将难以判断出这个模型是不是把椅子。但是储存过多的椅子模型不仅会给计算带来沉重的负担，还极大地降低了这种方法的实用性；另外，即使识别出了这个物体是把椅子，如何让人的坐姿模型正确的坐在椅子上又是一个大难题，现有的三维模型分割技术没有办法进行功能性分割，根本无法识别出椅子上能让人“坐”的部分，更别说把人的模型正确的摆到椅子的模型上了。除此之外，如何将人体姿态以最合适的姿态放置到椅子上同样是个问题，如果找到了正确的功能位置和合适的放置人体模型的方向，仅是将固定姿态的人体模型放上去显然显得过于生硬。

同时，这些纯粹的基于几何特征的描述符对三维模型的表面噪声、重复的特征和不完整的部分非常敏感，因为它们仅获得了低级别的特征信息，一旦使用的三维模型有噪声或者缺失，基于几何特征的三维模型描述方式将受到很大的影响甚至失效，这些问题限制了基于几何特征的三维模型描述符的应用范围与进一步的应用开发。

我们认为可以从以人为中心的角度出发，判断三维模型可以为人提供何种功能，目标部分应该提供何种功能信息。在本书中，将要介绍一种基于人体模型的功能性检测的概念，进而提出一种描述三维模型的局部高级别特征，并给出计算该特征的方法以及基于该特征的一些应用扩展。通过特定姿态的人体模型判断一个给定的三维模型的可用功能。在这里，用一个特定姿势的人体模型作为介质，例如，坐着或者躺着的人体模型，通过计算物体模型与人体模型之间的相对位置和角度关系，可以判断物体模型的功能性特征。在具体如何对于给定的三维模型自动地放置在人体模型的方法上，提出如下思路，通过计算寻找人体模型在物体模型上相对合理的安置位置，首先计算人体模型库中的每个人体模型相对于所检测的三维模型之间的契合程度，用数值表示出来。再将所有人体模型对应的数值组成特征向量，其维数等于使用的人体模型的数量，这些特征向量就是包含有关人体模型的语义特征的高级别特征。我们设计了姿态合适的人体模型来检测未知模型的功能性部分，获得的特征为功能性特征，同时为了提高功能性部分检测的准确度，还拓展了作为介质的人体模型，将姿态与人体模型相同的人体骨架模型引入了测试过程，将两种模型的特点结合使用，提高了功能性检测的准确度。

功能性特征是最近几年新被提出来的一类三维模型的特征，该特征不同于传统的基于几何特征的三维模型特征。特征提取的目的是从三维模型中提取一定的包含某些使用者需要信息的数值或者数据组，传统几何特征的关注点大多集中在通过分析组成三维模型的点和面之间的相对位置关系或是面与面之间的几何拓扑结构获得局部的特征信息，又或者是通过某些途径获得模型整体上的一些特征信息。功能性特征则是根据提取到的特征来判断其对应的模型具备何种可以供人使用的功能，包含一定的语义信息，严格说来算是一种局部特征，是通过分析模型上某个部分包含的所有面的总体分布状况来获取特征的，类似于统计特征，但不完全相同。我们提出的方法因为不需要分析三维网格的拓扑结构，因此对三维模型的质量要求较低，即使使用的三维模型是由几个部分拼接起来的，没有拓扑结构上的链接也没有关系，只要使用的三维模型没有失去其代表的物体所具备的功能，我们的方法就能获得可用的功能性特征。

另外我们提到过，提取特征的目的是为了能够较方便地使用三维模型进行接下来的任务。例如，显著部分检测、模型检索、模型分类等。

显著部分广义上是指三维模型上在某种定义下比较重要的部分，该定义可以是视觉上的，也可以是其他方面的；所谓视觉显著性是指当人们看到一个物体时，最先吸引人们注意力的地方，大量的实验包括视线跟踪仪的使用证明物体上曲率较大或者与周边相差较大的区域最容易吸引人们的视线，基于这项结论，人们提出了大量鲁棒性极高的视觉显著性检测方法。在本书中，我们定义的显著性是功能上的显著性，指三维模型上实现人们设计其所具备的功能的地方，这种显著部分对功能性物体极为重要，一旦这些部分在处理三维模型的过程中被破坏，三维模型将失去其具备的功能。这些部分或许不是第一时间吸引到人们视觉注意力的地方，但是当人们审视功能性物体时，一旦理解该物体的功能，这些显著性部分必然是人们重点关注的。

所谓模型检索，学术上的定义是"三维模型检索就是确定在大型三维模型数据库中三维形状的相似性"，通俗地说就是在一大堆没有标签的三维模型中寻找其中符合规定要求的三维模型，这一任务对于人类的视觉感知系统较为容易，对于计算机来说需要借助三维模型特征来实现。模型分类与模型检索很相似，一般情况下只需要将检索过程中需要遵循的要求设定为分类要求即可，不过该方法只适用于已经知道未知模型库有多少类模型的情况。如果数据集中模型类别未知，则目前较好的分类方法有人工神经网络、判别分析和支持向量机等方法，这些方法同样不能直接对三维模型进行分类计算，使用这些方法所需要的相似性计算和分类器训练等核心步骤也需要通过利用三维模型的特征来进行。本书提出的功能显著性的定义由于包含明确的语义特征，两个模型的显著部分之间可以直接进行比较，于是以功能显著部分为基础，提出了一种新的三维模型检索方法 —— 基于功能显著性部分的三维模型检索。

12.2 基于舒适性的人体骨架模型姿态设计

所谓舒适性，是近年来随着人体工程学和人机工程学两门学科的发展逐渐进入人们视线的一个名词。人体工程学 (human engineering)，也称人类工程学、人体工学等，是第二次世界大战之后出现的一门新兴学科，主要通过探知人体的工作能力从而使人们所进行的行为更加适应人体生理学、解剖学、心理学的特征，包含环境生理学、人体测量学、生物力学、工程心理学等 6 门分支学科。人机工程学[143]同样是一门新兴的边缘科学，其分支学科与人体工程学类似，目的是运用生理学、解剖学、心理学和其他有关的知识，研究人类、机器、环境之间的关系，分析人在劳动时的能量转化、疲劳机理和生理变化，根据人类和机器的特点进行任务分配，创造舒适良好的工作环境，使工作效率达到最高的同时减少使用者产生疲劳的可能性[144]。

随着人们生活水平的提高，对于所使用的物品或者是所处的环境，人们已经无法满足于它们仅能够满足人们的直接需求，还希望它们能够提供给人们更好的使用体验。通俗地来说，之前我们设计一个物体或者空间时只是希望它们能够完成被赋予的任务，但现在随着人体工学和人机工学的发展和完善，基于这些新的设计理念所设计的成果不仅可以实现其被赋予的任务，还能使其对使用者来说更加舒适易用，让使用者付出比之前更少的力气就能完成任务，同时减少设计成果在使用的过程中对使用者的身体带来各种损害的可能性。

在我们的实验中，作为介质的人体模型是固定的，而且我们的检测方法也无法使用活动的人体模型，因此无法直接在功能性检索的过程中根据舒适性调整人体姿态。我们的检测方法虽然能够较为准确地获得三维模型的功能位置以及大体上如何安置人体模型，但是获得的交互结果总归有些生硬，同时直接调整具有复杂拓扑结构的人体模型的计算量太过惊人，需要专门的软件进行优化计算，否则无法接受，直接进行姿态调整对于本来就已经较为复杂的功能性检测来说显然不妥。在上一节中提到过，在拓展作为介质的人体模型时使用了骨架模型，骨架模型在姿态调整方面简便易用，根据调整好的骨架模型生成人体模型比直接调整人体模型简便得多，最终我们决定保持功能性检测的方法流程不变，在获得功能性位置及其对应的人体模型与骨架模型后，按照舒适性的原则，在物体模型的约束下调整模型的姿态，使其达到在约束下最舒适的姿态，最后再根据调整好姿态的骨架模型生成对应的人体面模型。

在如何判断舒适性上，我们实验中使用的物体都具有可供人体使用的功能，以静态使用为主。目的是判断如何更好地使用一个物体，不牵扯多物体情况或者操作物体，因此不需要进行人机工学中的环境分析或者操作界面分析，在计算舒适性的时候主要是用人体工学中的生物力学分析[143] 来进行计算，判断人体姿态在该模型的约束下是否合理。

12.3 研究现状

功能性检测是最近几年才被提出来的三维模型特征，国内外同类或者相似的工作比较少，在我们之前或者与我们同步进行的有另外两种思路，一种是由普林斯顿大学 VG. Kim[145] 团队提出的基于空间特定特征分布的功能性检测，该方法利用几何特征在三维模型上寻找所有可抓握、可支撑的部分，训练过程中建立这些部分的空间分布模型，测试过程中通过将获得的空间分布与训练数据进行比对分析，确定可能的功能；然后由反向动力学 (此时人体的一些关键部位如两只手、两只脚和屁股的位置已知) 构建人体姿态；最后将该姿态与训练姿态进行比对验证结果。另一种是 S. Manolis[146] 等提出的基于空间分割和机器学习的功能性特征检测，该方法通过对三维场景模型进行语义分割，在分割结果中利用一定的方法特征寻找特定的物体，将这些物体的空间分布描述出来，训练过程中通过一定的学习方法处理分布数据，获得分类器；测试过程中利用训练所得的分类器处理获得的这些物体分布，确定可能的功能位置及其对应的功能，但不能像我们的方法和上一种方法那样生成对应的人体模型。这两种方法都是通过收集或者学习大量的训练数据来进行后续任务的，均没有采用交互的思路，因此训练过程工作量非常大，对训练集的依赖性很高，测试过程也非常复杂难懂，操作难度很大。相比较而言，由于交互方法的引入，我们的方法训练和测试过程都较为简便，方法改进之后对训练集的依赖大大降低，精确度也非常高。

显著性方面，最早的显著性应用源自于对二维图像的分析，近年来二维图形的显著性发展得很不错，已经扩展到了工业应用领域。在二维图像中显著性通常是指图像中的一个物体或者是一块某种意义上很重要的区域，如何设计一种快速准确地找到这些区域的检测方法对于一些后续的任务，如物体分割辨识或者图像检索等任务很重要。Liu[147] 等通过学习一个条件随机场来综合分析局部特征、区域特征和全局特征，将显著的物体从背景中分离出来，进而检测图像中的显著性物体。Guo[148] 等则利用傅里叶变换的谱相图在要分析的图像中寻找显著区域的位置。Hou[149] 等通过分析图像的光谱对数获得图像在光谱方面的谱残差，再通过分析谱残差获得空间映射中的显著性部分。Goferman[150] 等提出了基于情景感知的图像显著性分析方法，不仅分析图像中较为明显的区域，也分析图像的背景以获取情景信息，这个方法的依据是显著性区域无论在局部范围还是全局范围和周边的差别都应该是很明显的。Li[151] 等利用一系列的超图将图像转化为包含像素或者区域的情景信息的超图，将寻找显著部分的问题转化为在超图中寻找显著点和超边的问题。Sun[152] 等提出了一种通过分析显著性探测和马尔可夫吸收概率之间的关系，自下往上寻找图像中显著部分的方法。受到文献 [153] 中这些图像显著性工作的启发，研究者使用三维模型上顶点的描述符来描述其区别于周边环境的显著特征。通常情况下模型上较为突出的部分和区域之间过渡的部分有较大的特征数值，即有较为明显的视觉显著性，平坦光滑区域的特征数值较小，视觉显著性不明显。这些区域的显著性计算要通过局部几何特征的计算来进行分析。局部描述符最早的任务便是量化局部区域的显著性[154]。Guy 和 Medinoi[155] 等及 Yee[156] 等利用三维模型的投影图来计算显著性。Pauly[157] 等通过局部协方差矩阵的特征值和曲面变分的方法提取不同尺寸的三维模型的显著性。Lee[158] 等通过计算高斯差分空间中三维模型顶点的高斯曲率和该顶点周边的平均高斯权重曲率来计算显著性。Gal[159] 等通过聚类相对于周边曲率较高或者曲率值方差较高的部分来描述三维模型的显著性。Shilane[160] 等通过一种基于外形的检索方式在一个数据库中检索三维模型上不同的区域，同类模型之间有一些区域应该是一致的，不同类模型之间对应的区域应该不同，挑选能够区分模型类别的区域作为显著性部分。Castellani[161] 等通过在高斯差分空间中生成三维模型的多尺寸重现图判断显著部分，该方法可以将三维模型表面较为稀疏的显著点较为准确地找出来。Feixas[162] 等通过分析视角和对应的三维模型之间的信息频道来选择最合理的视角，进而寻找显著性部分。Kim[163] 等则进行了一项比较计算所得的显著性部分和人眼活动情况的调查，证明了文献 [164] 计算所得的视觉显著性部分大致上是合理的。Chen[165] 等则让被调查人员在模型上选择他们认为显著的点或者部分，通过分析这些人为选择的部分，研究者发现曲率不是唯一可能影响视觉显著性的因素，对称性和语义信息也同样重要。Song[166] 等提出了一种基于感知的三维模型显著性部分的检测方法，该方法通过光谱信息进行全局分析，分析不同空间尺度下显著部分的变化。据我们所知，之前并没有前人提出过功能显著性的概念。

由于我们的工作涉及三维模型检索，在三维模型检索方面，较早的文献 [167] 和最近的文献 [168] 两篇文章对三维模型的检索方法进行了翔实的归纳总结。目前常见的三维模型特征提取方法可以分为 4 个类型：①局部点特征；②拓扑结构；③非刚性形状特征；④基于视角图像。代表性的局部特征包括全局点特征[169]、基于局部流形的 Laplace-Beltrami 运算符[170]、尺度不变的热核描述符[171] 和一些基于学习的高层特征[169,172-176]。基于拓扑结构的三维模型检索方法假定三维模型是一个拓扑网状结构，由节点和棱边连接而成，三维模型之间的对比问题可以转化为从拓扑结构中获得的低维特征的对比问题，可用的特征有弧线骨架[177]、Reeb 图标[178] 以及两偶图[179] 等。另外，文献 [180] 利用一些距离值的等距不变的特性解决非刚性三维模型的检索问题，一个很著名的距离计算方法是测地线距离，文献 [181] 通过对三维模型的测地线距离进行频谱分析来比较两个模型之间的相似程度。基于视角图像的三维模型检索方法[182-187] 的原理是基于如下假设，如果两个三维模型在几何结构上相似，那么它们看起来应该很相似，这些方法中有的方法通过生成全景视角[188] 获得三维模型的特征，有的方法从多个视角计算三维模型的多个投影来获得三维模型的特征，这些视角要覆盖三维模型上尽可能多的部分，在文献 [189] 中，96 个视角均匀分布在一个单位球体的表面上，然后通过分析获得的投影图像，比较三维模型之间的相似程度。我们的模型检索方法的思路与这些方法都不相同，直接使用功能显著部分比较三维模型之间的相似度。

最后基于舒适性生成姿态合理的人体模型方面，人体工学[143] 和人机工学[144]

的出现和发展是为了设计出更好、更适合人使用的东西。我们的目的与之相反，是在现有的功能模型上调整人体姿态，因此只是借用了这两门科学中的人体生物力学分析的部分，通过计算不考虑环境因素的人体舒适性来调整人体姿态，以期获得较为合理的人体姿态。

第 13 章　基于人体骨架的三维模型功能性分析

13.1　三维模型功能性检测及应用

为了进行三维模型的功能性检测，设计了 6 种不同姿态的人体模型，每一个对应一类人们生活中的常用物品，包括床、沙发、桌子、柜子、椅子和茶几。在实验部分中展示了这些人体模型以及它们与对应的物体模型之间的角度和位置关系，这些人体模型的姿态都是根据人们日常使用这类室内物体时的动作设计的。

这些人体模型是由同一个人体三维模型通过专门的软件旋转变形，形成了不同的姿势，这些模型均使用三角面片网格表示。人体模型的姿态和相对于物体模型的位置以及角度决定了该姿态的人体模型与物体模型之间的契合程度，利用特定的描述方法计算该程度，再和训练数据进行比对，通过改变人体模型的位置和角度可以在未知模型上寻找与训练数据最契合的局部部分，而这个部分对应的人体模型的位置由人体模型通过刚性旋转平移变换到达，这样，人体模型的放置问题被转换成寻找对准其与三维物体模型之间的位置问题，即人体模型的刚性旋转平移矩阵的计算问题。

在使用三维物体模型方面，起初我们收集三维模型建立了一个数据库，该数据库由训练集和测试集组成，功能性检测方法的测试和改进都在该数据库的基础上进行。后来为了测试我们方法的适用性，又添加了一个测试用的大数据库，这两个数据库的细节将在实验部分详细介绍。

13.1.1　基本检测流程

如图 13-1 所示，检测过程由训练和测试两个基本环节组成。训练过程即为构建测试过程所需要的数据库，该数据库中的数据表示在正常情况下人体模型和对应的物体模型之间的相互关系，如果没有这些数据，计算机将无法理解测试中获得的数据。该过程目前采用人工方式进行，首先对训练用的物体模型进行一些预处理工作，然后采用手动的方式将对应姿势的人体模型放到正确的交互位置，调用特定的描述方式对两者进行组合计算，获得一组训练数据。关于正确的交互位置，规定放置的结果必须遵守一些常用法则：首先，人体模型和物体模型之间的相对方向应符合日常使用的习惯，例如人体模型坐在椅子上，应该双脚伸在前面，背部靠在椅背，所以图 13-2 中的第二幅图不正确。其次是关于放置位置的要求，人体模型应在物体模型实现其功能中心区域附近，例如躺着的人体模型应该躺在床的中心附近进行交互。最后，人体模型不能碰撞模型，例如图 13-2 中的第五幅图，人体模型的一部分进入了物体模型，这是不正确的。对于其余训练用的模型采用同样的方式进行组合计算，最后将获得的各组训练数据组成该类模型的训练数据库。训练数据库包含的物体模型不要求数目越大越好，而是要求其所包含的每个三维模型有明确的代表性，即每一个三维模型要能够代表这类功能的功能面的一种形态，模型之间尽量不要发生描述能力的重复，否则会造成大量的不必要的计算负担，甚至还有可能降低检测方法的可靠性。

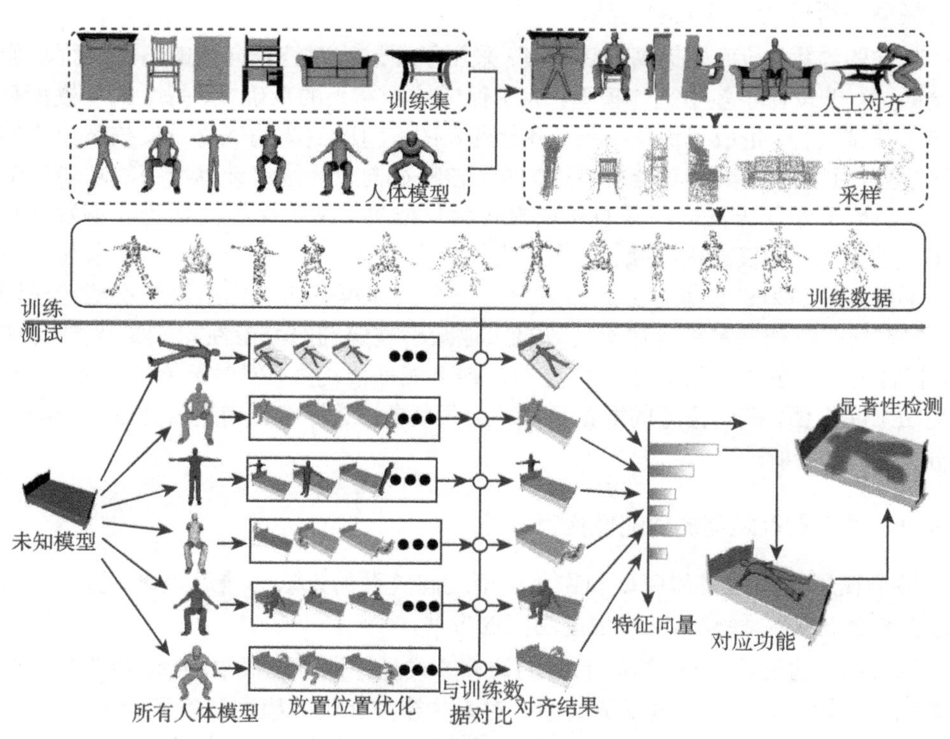

图 13-1 整个工作的基本流程图 (阅读彩图请扫封底二维码)

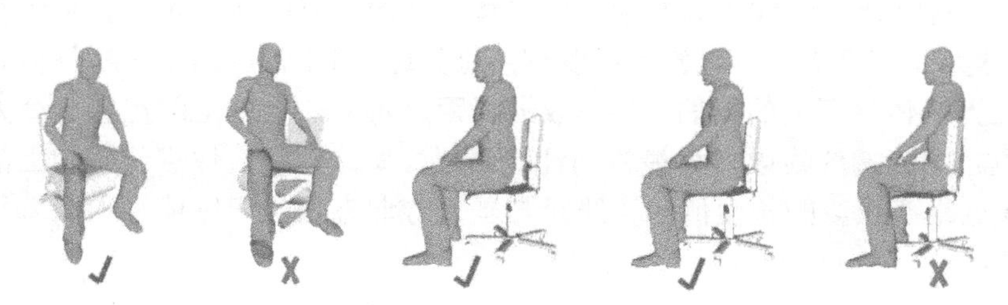

图 13-2 摆放人体模型的一些规则示例

在测试过程中，首先取人体数据库中的某个人体模型，计算待检测模型和人体模型之间的契合程度，关于契合程度的计算采用优化一个特定的算式形式进行，该算式的基本思路是比对测试数据与训练数据之间的相似程度，通过相似程度的大小来寻找未知模型上与训练数据最相似的部分，最优结果对应的位置即该物体模型上最有可能实现这个人体模型对应的功能位置。优化算式的具体形式由描述人体模型与物体模型之间契合程度的方法确定，这个描述方式非常重要，其描述力的好坏直接决定检测的结果是否可靠。然后通过分析获得的契合程度数据确定待检测的模型是否可能具备某项功能。

在实验过程中，为了提高辨识精度，采用了通过比对特征向量的方法进行功能性判断。由于设计了多个人体模型，为了保证检测结果的准确性，每个人体模型都参与了测试过程，生成了优化结果，将所有人体模型所生成的优化结果按照一定的顺序排列，生成用于判断功能的特征向量，该特征向量为最终计算所得的功能性特征。之所以采用该方法而不是直接取最优优化结果对应的标签是因为我们发现有些模型比如床，不仅能提供躺的位置，也能提供坐的位置；而椅子只能提供坐的位置，不可能提供躺的位置，因此如果只用一个人体模型的优化结果很可能造成误判，如果使用特征向量进行比对可以极大地减小被误判的可能性。例如，对于床来说，特征向量中躺的位置和坐的位置的数据可能都很优秀，但对于椅子来说，由于人无法躺在上面，躺的位置的数据显然不会很优秀，这样特征向量就把这两类模型区分开了。

13.1.2　基于最近距离的功能性检测

最早使用的描述人体模型和物体模型之间关系的方法为最近距离，基于这种描述方法提出了一种检测三维模型功能的方法。

这种描述方法比较好理解。具体的计算方式是在训练过程中，手动调整好人体模型和物体模型之间的位置关系之后，对人体模型和物体模型进行蒙特卡罗采样，获得对应的点云模型，人体模型的采样点数固定，物体模型的采样点数由物体模型上所有面的面积之和决定。之所以进行采样这个步骤，是因为物体模型上有些三角面非常大，直接计算人体模型的顶点到物体模型的顶点的最近距离会导致获得的信息没有意义，对两者进行采样后可以有效避免这类情况的发生。依次计算人体模型上的点到物体模型上的点的距离，取最近距离对应的物体上的点和这个人体模型上的点之间连接的线段作为最终的计算结果，如此计算人体点云模型上的所有点，将最近距离线段的长度值和该线段与垂直方向夹角的角度值存入训练数据集(图 13-3)。

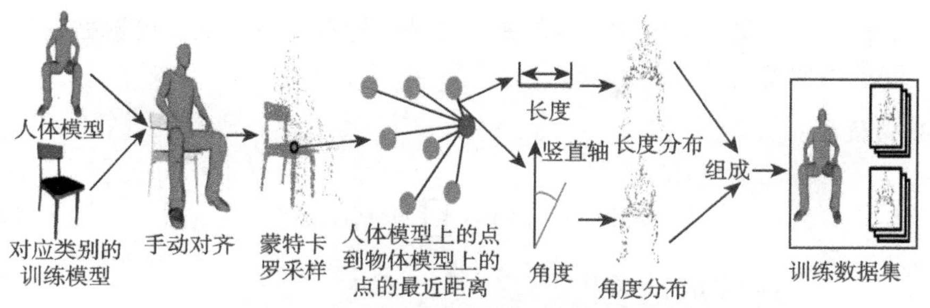

图 13-3 最近距离相关数据的计算流程

训练过程也采用这种先将人体模型和物体模型采样为点云模型，然后计算最近距离的计算方式。对人体数据库中的人体模型依次进行测试，每个人体模型与测试模型每进行一次组合计算可以获得一组数目与人体模型点数相同的距离数据和角度数据，将该组数据与使用的人体模型对应的训练集中储存的数据进行比较，在比较方法上设计了 3 个优化项，分别为：

1. 距离项

$$P_d(T(A),M)=\prod_{i=1}^{N}p_d(v_i',m_i) \tag{13-1}$$

$$p_d(v_i',m_i)=\frac{1}{S\sqrt{2\pi\sigma_d^2}}\sum_{s=1}^{S}\exp\left\{-\frac{(d(v_i',m_i)-\mu_{is})^2}{2\sigma_d^2}\right\} \tag{13-2}$$

其中，N 代表训练集中包含的三维模型个数；S 代表人体模型的采样点数；d 代表测试过程中计算的距离数据；μ 代表训练集中第 s 个物体模型对应数据组中对应的距离数据；σ_d 为设定的数据。式 (13-2) 用来详细描述如何计算式 (13-1) 的结果，第一个公式的结果为这个优化项的最终结果。这一项主要是用来对比测试过程中获得的距离数据组与训练数据之间的相似度。

2. 角度项

$$P_o(T(A),M)=\prod_{i=1}^{N}p_o(v_i',m_i) \tag{13-3}$$

$$p_o(v_i',m_i)=\frac{1}{S\sqrt{2\pi\sigma_o^2}}\sum_{s=1}^{S}\exp\left\{-\frac{(d(v_i',m_i)-\eta_{is})^2}{2\sigma_o^2}\right\} \tag{13-4}$$

这两个公式中的大部分符号代表的含义与式 (13-1) 和式 (13-2) 相同，其中式 (13-1) 对应式 (13-3)，式 (13-2) 对应式 (13-4)，主要的区别仅是将式 (13-4) 中 exp 指数部分中的分子数据变为测试过程中计算的方向数据组和训练集中对应的方向数据组。设置这一优化项的主要目的是对比测试过程中获得的角度数据组与训练数据之间的相似度。

3. 阈值项

$$P_b(T(A), M) = \prod_{i=1}^{N} p_b(v_i', m_i) \tag{13-5}$$

$$p_b(v_i', m_i) = Q^{I(d(v_i', m_i) < \tau)}(1 - Q)^{\{1 - I(d(v_i', m_i) < \tau)\}} \tag{13-6}$$

其中，式 (13-6) 中的符号 τ 为设定的距离阈值，当测试数据中的某个点的距离值小于 τ 时，将其计入 Q 项，否则计入 $(1-Q)$ 项，Q 为使用对应的人体模型的训练数据在同样的阈值条件下计算的伯努利数据，这一优化项的目的是分析距离数据组之间数据分布的相似度。

最终的优化结果由这 3 个优化项中的式 (13-1)、式 (13-3) 和式 (13-5) 的结果连乘决定，取最大的优化结果作为特征向量中这个人体模型对应位数的数值，所有的数值联合起来组成特征向量。通过特征向量的比对，最终可以判断该物体的功能，而对应的人体模型的位置数据则为该模型实现该功能的具体位置，对应的人体模型的姿态为正确的实现该功能的姿态。

通过这种方法获得的描述符计算简便，描述力也很好。不过无论我们如何改进描述方法，改动权重因子，这个方法由于没有使用物体模型的面信息，同时受制于采样点数的限制 (因为物体模型采样点数的增加会大幅度增加测试过程的运算时间，有可能达到令人无法容忍的地步) 和一些其他因素，始终会出现一些很奇怪的问题，有一些测试模型尽管获得了正确的功能标签，但可视化后发现获得了一个莫名其妙的交互位置，如图 13-4 所示。尽管增加人体模型的采样点数能够减少这些

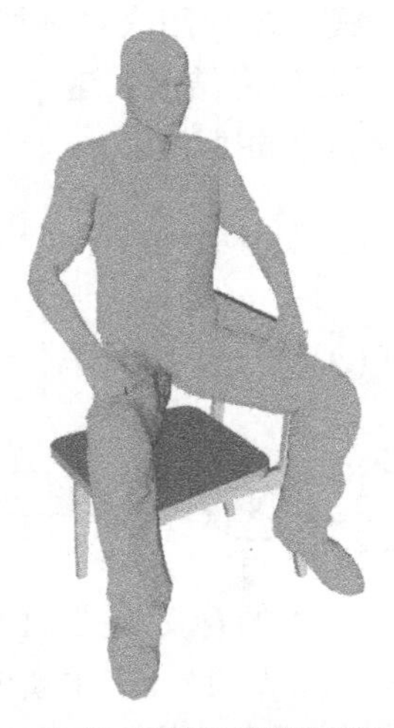

图 13-4 一个基于最近距离检测的错误结果

问题出现的概率，但是这些问题始终难以根本解决。在开发功能性特征的应用过程中，将一些新的模型预处理方法的投入使用，同时受到了一些对比实验方法的启发，提出了第二种描述人体模型和物体模型之间关系的方法，新的描述方法在各项实验中的优异表现使我们最终放弃了最近距离这种描述方法。

13.1.3 基于轴向距离的功能检测

由于我们使用的模型全都是人工设计制造的物体模型，为了简化测试过程的计算，在对测试模型进行预处理时，使用了一种新的预处理方法[190]，该方法可以确保测试模型进入测试时是正向朝上的，这样不仅可以大幅度减少测试过程的计算量，也能大幅度提高我们方法的辨识能力，也正是由于该方法的引入，我们获得了一种新的描述能力更强的描述方法。

模型预处理完毕后，受一种作为对比实验的外形描述符，全景描述符[188](PAN)计算方法的启发，提出了一种新的描述方法。

全景描述符的特征计算形式如图 13-5 所示，简单来说是将物体模型等比缩放至最长轴的长度为单位长度，将其置于底面直径和高度为 3 倍单位长度的圆柱体中，计算未知模型的 3 个主成分分析 (PCA) 轴，将其依次与 Z 轴对齐，每对齐一次，按照特定的规则计算一次距离值。计算距离值时，从圆柱体的底面沿着圆柱体的中心轴向上均匀取采样，共计 128 点，每个采样点对应的平行于圆柱体底面方向的截面都为圆形，在该圆形上绕着圆柱体的中心轴均匀取 72 个方向，不同的采样点对应截面的采样方向相同，计算从各个圆形面的圆心即采样点出发沿着各个采样方向到达物体表面时的距离和离开物体时的距离，这些距离值组成了全景描述符的基本内容。

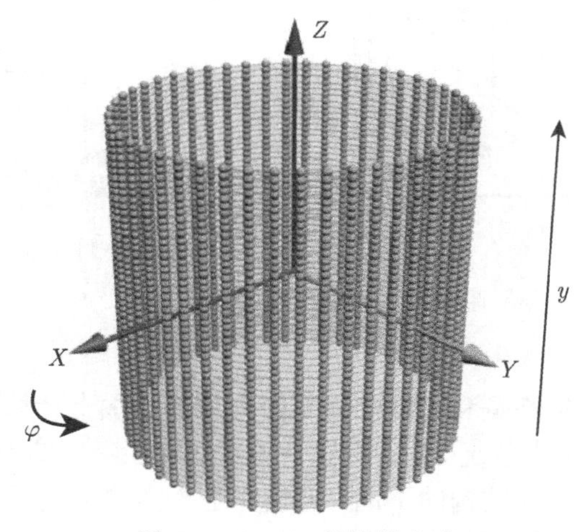

图 13-5 PAN 的计算方式

全景描述符是用来分析三维模型的整体特征，功能性分析则着眼于局部特征，两者看似不相关，但是全景描述符对三维模型表面特征的描述能力很好，甚至可以进行细节上的对比，通过分析我们觉得将其进行改进之后可以用来描述三维模型的局部特征。如图 13-6 所示，经过分析和设计，提出如下的描述人体模型和物体模型之间关系的方法：物体模型不再进行蒙特卡罗采样以保留面信息，人体模型仍然通过采样转化为点云模型。保证人体模型是在正面向我们的条件下，计算人体模型上的点沿着空间几何坐标系的 x、y、z 轴 (y 轴为竖直轴，x 轴为左右轴，z 轴为垂直于 x、y 平面指向观察者的轴向) 中的 y 轴到达物体模型表面的最短距离以及沿着垂直于 y 轴的平面到达物体模型表面的最近距离，距离线段的方向由人体模型上的点出发指向碰撞点，沿着垂直方向的距离线段的方向如果和竖直轴的正方向一致，距离值的符号为正，否则为负；沿着垂直于 y 轴的平面的距离值则按照直角分解原理分为沿着 x 轴和 z 轴的两条线段，距离值正负的定义与上一个距离值正负的定义相同；如果某个点沿着其中一个方向无法到达物体模型，对应的距离值记为 0 (这么设置是为了计算数据组之间的距离值时方便)。采用这种方法，最终获得的计算结果中人体模型的每个点都拥有 3 个带符号的距离值，同时由于固定了人体模型的方向和位置，要计算的旋转平移矩阵变为计算物体模型的旋转平移矩阵。这种描述方法称为轴向距离。

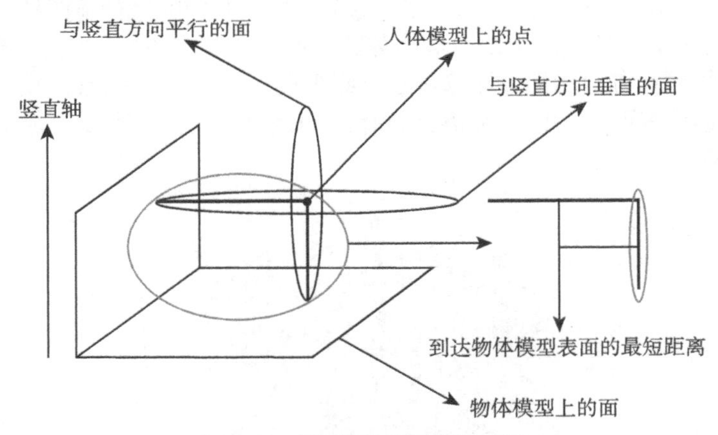

图 13-6　轴向距离的计算方式

这个方法的基本思路是利用特定姿态的人体模型加上计算出的距离结果来描述人体模型周围面的分布状况。由于距离值直接包含了特定的方向含义，可以避免物体模型上三维网格拓扑结构的不同 (形状完全一样的某个区域可能只有一个大的三角面片，也可能由多个较小的三角面片拼合而成) 对结果可能造成的影响，再加上该方法没有通过采样的方法将物体模型转变为点云模型，保留了物体模型的面信息，不再让各种采样方法中的随机性影响计算结果，使得该方法能够更加精确的描述物体模型上特定的局部部分。我们知道每个功能性物体都具备实现其功能的部分，在现实中人不可能进入物体的实体部分，这个部分必然主要是依靠其外形实现其功能，具有同样功能的三维模型局部之间应该有非常大的相似性。在训练过程中已经将该部分相对于人体模型的数据进行计算并存储了起来，如果待检测模型上拥有这个局部部分，那么当这个部分和对应姿态的人体模型处于正确的位置关系时，用轴向距离方法计算出的距离分布和对应人体模型训练集中的数据分布是非常相近的。因此可以使用这个描述方法通过与训练数据的比对来寻找物体模型的功能性部分，计算物体模型的功能性特征。

之所以要对三维模型使用预处理方法之后才能使用轴向距离的方法进行计算，是因为在实验中发现，使用的人体模型的方向是固定正向朝上的，当在被检测的物体模型也是正向朝上的情况下，沿着空间坐标系的坐标轴方向的距离值描述力才能达到最强。如果被测试模型的方向完全不确定，则需要计算大量的沿着各个方向的距离数据，这样不仅计算量过于庞大，同时各个方向之间的对应关系也会极其复杂，导致方向之间的对应关系不够明显，进而导致数据组之间进行对比的可靠性非常低。全景描述符 (PAN) 因为没有进行这方面的预处理，只使用了主成分分析 (PCA) 等大致确定了物体模型的方向，导致计算的数据量至少是我们的 10 倍，数据组之间的对比方法也异常晦涩难懂，可靠性没有我们的高。经过预处理[190] 之后的模型，其空间位置已经得到了充分的确认，此时再进行距离计算，由于距离值的方向含义和对应关系已经明确，不仅可以大幅度减少所需要的计算量和数据量，简化了最终数据组之间距离值的计算方法，还极大地提高了描述符的描述能力。

在计算两组距离值数据之间的相似度时发现，对三维模型功能部分描述能力最强的距离是沿着垂直轴方向的距离，因为其数值较小，无形中减少了其在最终结果中占有的权重，降低了轴向距离的描述方式对物体功能面的描述能力。为了弥补这个距离值较小的问题，在计算两组实验数据之间的距离值时对 y 轴的距离差值赋予较大的额外权重，以提高其在最终输出的距离值中占有的比例。采用这种方法后，辨识精度获得了大幅度提高，最终的比对公式如下：

$$P=\min_{j=1}^{N}\left(\sum_{i=1}^{S}\lambda_x\times(x_i-dx_i^j)^2+\sum_{i=1}^{S}\lambda_y\times(y_i-dy_i^j)^2+\sum_{i=1}^{S}\lambda_z\times(z_i-dz_i^j)^2\right) \tag{13-7}$$

该公式中，λ 为权重值；i 代表介质模型中第 i 个采样点；j 表示训练集中第 j 个模型；x、y、z 表示测试过程中获得的沿着 3 个轴的距离；dx、dy、dz 表示训练集中的距离数据；S 为人体模型的采样点数目；N 为使用的人体模型对应在训练集中的模型数目。获得的结果 P 越小，说明测试数据集与对应的训练数据集越相似，即测试过程中找到的局部部分与训练集对应的功能局部部分越相似，测试过程中最小的结果对应的三维模型的局部位置为与使用的人体模型对应的最有可能的功能位置。该数值作为最终的特征向量中对应位置的数值计入特征向量。在此处之所以仍然使用特征向量作为功能判断的依据，是由于一个模型提供多种功能位置的情况依旧存在，因此仍然使用按照特定顺序排列的向量作为判定功能的功能性特征。

轴向距离可以较为完美地描述出人体模型周边物体模型的面的分布情况，对于物体局部部分有极强的描述能力，由于数据的方向含义明确，与训练数据进行对比也非常准确可靠。不过由于之前所有实验都没有加入人体模型和物体模型之间的碰撞检测，加上有些三维模型的内部结构非常复杂，导致有时候会在三维模型内部找到一些与训练数据相似的部分，在现实生活中这显然是不可能的，为了解决这个问题，在接下来的工作中基于该描述方法对我们使用的人体模型和检测方法进行了改进。

13.1.4 功能性特征检测方法改进

在之前的实验中，虽然理论上限定人体模型不能与物体模型发生碰撞，但是计算两个复杂的模型之间是否有碰撞非常繁琐，需要消耗大量的时间和机器资源，因此在最初的工作中搁置了这部分内容。后来我们意识到，即使完成了这部分内容，在后续实验中也必须舍弃掉该部分程序，因为后续实验之一是根据物体模型生成合适的人体姿态，在这个过程中人体姿态需要进行大量的调整，直接使用完整的人体模型进行姿态调整需要特定的软件参与，计算量无法接受，操作难度也非常高，基本不可能由程序自动完成。同时，在调整人体姿态的过程中意识到，为了更好地使用物体模型，一些轻微的碰撞是必须的。因为人不是刚体，这些碰撞相当于人在使用物体时发生了变形，只要人体模型和物体模型之间没有一些无法容忍的碰撞就说明该姿态没有问题。通过上述分析，我们认为最好的办法是通过某种方法直接获得最终人体模型的姿态数据和相对于物体模型的位置数据，然后根据这个姿态生成人体模型，而完成这个任务最好的媒介就是人体骨架模型。

人体骨架模型如图 13-7 所示。

该模型由 21 个节点和 18 段骨节组成，只重现了最简单的人体骨架构成。记录方式为坐标式，即记录每个节点的坐标，骨节由对应点连接而成。记录骨架的方式之所以采用坐标式而不是三维动画中常用的记录骨架的 BVH 格式，是因为我们的目标是根据计算获得的人体骨架的形态生成最终的人体姿态，在计算各种距离时直接使用节点的坐标值比通过 BVH 格式解析各个节点坐标节省时间，下一步的调节也更方便。

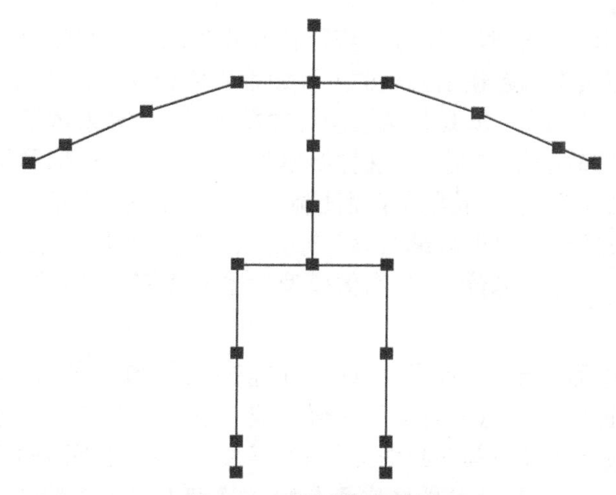

图 13-7 骨架模型示例

设计好骨架后，对训练和测试过程做了改动，除了将作为介质使用的人体模型变为姿态相同并进行了均匀采样的骨架模型 (图 13-8) 之外，其余步骤均保持不变，采用的描述方式为轴向描述符。受限于描述方法，在测试过程中依然要保证人体骨架模型的姿态不变，姿态调整我们专门设计了一个方法进行。直接用骨架模型替换人体模型是基于如下考虑，在我们的方法中，人体模型起的是一个介质的作用，只要介质模型能够通过特定的方法描述其周边物体模型的形状分布，就能用来进行功能性检测，特定姿态的人体模型和人体骨架模型都满足这一要求；之所以采用轴向描述符，是因为通过分析，我们认为轴向描述符对于介质的要求相对较低，即使介质较为简单也可以全面的记录介质周围物体模型形态的分布情况，而随后的实验证明了我们的猜想。

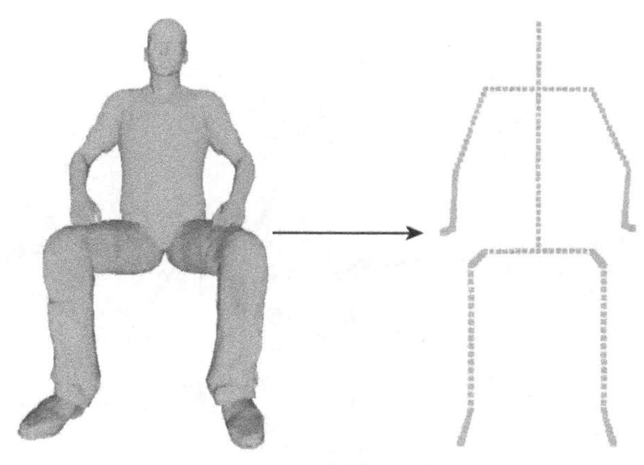

图 13-8 介质模型的转换

虽然单独使用骨架模型一样可以获得较好的功能性检测效果，但是骨架模型毕竟过于简单，精度上比起使用完整的人体模型作为介质还是略有差距；不过采用骨架模型还有另一个好处，就是骨架模型比较简单，在计算人体模型与物体模型之间是否有一些碰撞时非常方便，而且骨架模型一旦与物体模型发生碰撞，则一定是无法容忍的碰撞。因为人体虽然不是刚体，但骨架却是，在正常使用物体的过程中，皮肤肌肉部位的碰撞可以理解为该部分发生了挤压变形，但是骨架部位的碰撞显然不可能发生，一旦骨架模型与物体模型发生了碰撞，说明该位置一定是不合理的。

针对骨架模型的特点，设计了一种较为简便的碰撞检测方法，具体计算方法如下：我们使用的物体模型由三角面片拼合而成，如果一条骨节穿过了模型的某个面，则把离该面较远的节点与三角面片的三个顶点连线，与平面构成了一个四面椎体，计算 3 个侧面指向锥体外的法向量与物体模型上这个面的法向量，如果三个侧面的法向量与物体面片的法向量的夹角都为锐角，或者都为钝角，或者有一个是直角，则说明该骨节所在的直线穿过了该面片，则该骨节有可能与物体模型之间发生了碰撞，否则，该骨节不可能穿过该面片 (图 13-9(a))；如果该骨节有可能穿过面片，取该骨节的两个顶点与物体面片的一个顶点连接，组成两个方向向量，计算物体面片的法向量与这两个方向向量之间的夹角，如果夹角都是锐角或者钝角，则说明该骨节所在的直线虽然穿过了面片，但是由于骨节的位置和长度限制，该骨节并没有与该面片相交 (图 13-9(b))，反之则证明代表该骨节的线段穿过了物体模型上的这个面片，即人体模型与物体模型发生了碰撞 (图 13-9(c))。使用每一段骨节依次与物体模型上所有的面进行比对，并依次计算 18 段骨节，一旦发生碰撞，则该碰撞检测过程立即终止，否则断定人体模型没有与物体模型之间发生碰撞，可以进行功能性检测。

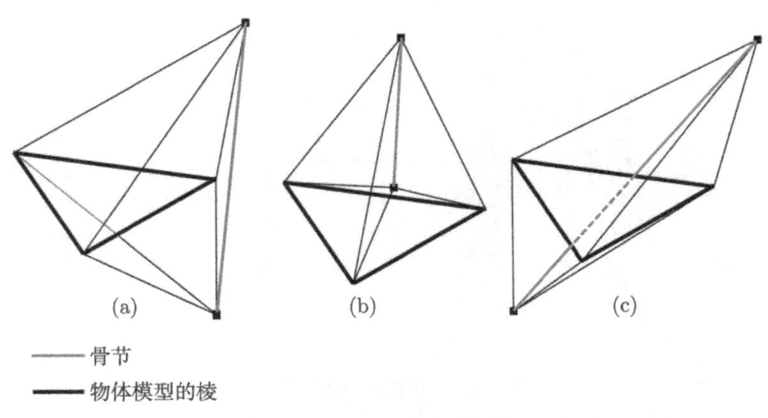

图 13-9　碰撞检测中的几种情况 (阅读彩图请扫封底二维码)

在加入了碰撞检测这一过程之后，介质模型进入物体模型的情况基本不会再出现，利用功能检测方法找到的功能位置的合理性有了极大地提高，这在我们的整个工作中是一个重要的突破，不过只使用人体骨架模型带来的功能检测正确率的降低是不可忽视的问题。

经过比较和组合实验，我们决定在随后的实验过程中结合使用完整的人体模型和骨架模型，两者之间的位置关系为重合联动关系，即如果人体模型在实验中进行了位移，骨架模型要进行同样的位移，保证两者是重合关系。在测试过程中，先通过骨架模型判断其是否与物体模型有碰撞，若没有碰撞发生再进行接下来的测试过程。人体模型和骨架模型都生成轴向距离数据，然后和各自的训练数据集进行比对，联合生成优化结果。这种组合实验取得了超乎我们想象的功能性辨识精度和功能性位置判断准确度，为进行功能性特征的应用拓展实验奠定了良好的基础。

13.1.5 功能显著性

显著性是指某个东西在某些方面与周边或同类的差异较大使其变得与众不同的性质。通常情况下人们所说的显著性部分是指物体上那些容易吸引人们注意的部分，即视觉显著性[191]，目前大部分三维模型的显著性计算方法计算的都是视觉显著性，这些方法基本上都默认将在人们观察物体的瞬间就会吸引人们注意的曲率变化较大的部分或包含一些特定语义信息的部分，定义为视觉显著部分。显著部分在三维模型的分析应用中有着极为广泛的应用，观察三维模型视角角度的选取，在保证三维模型某些细节的前提下进行简化以及一些将扫描模型的各个部分融合为一个整体的方法都与三维模型的显著性部分有重要的关联。

显著性部分在三维模型的各种应用中有着非常重要的地位，但是视觉显著性部分对于三维模型本身的要求比对齐进行基于几何特征的功能性检测要求还高，一点轻微的噪声都有可能导致找到的显著部分完全不同；另外，视觉显著性在计算某些包含语义信息显著部分时的依据不够充分，还有很多方法无法计算包含语义信息的显著部分，导致了这些方法的应用受到了限制。到目前为止，我们所有的工作都是为了检测未知三维模型的功能特征，即语义特征，如果我们的方法可以寻找三维模型的显著部分，那么毫无疑问找到的是包含语义信息的显著性。因此在功能性检测方法的基础上，我们提出一种不同于视觉显著性的显著性定义 —— 功能显著性。

通过检查功能性物体模型上的某一部分在正常使用该模型时是否与人体模型之间有接触的可能来判断这个部分的显著性。功能性检测完成后，我们已经获得了正确的功能位置以及对应姿态的人体模型，然后计算了物体模型上的顶点到人体模型的最近距离，通过这个距离值的大小来判断顶点附近区域的功能显著性。对功能显著性的定义基于以下认知，如果物体模型的功能是被设计用来供人们使用的，那么该功能通常情况下是通过人接触物体来实现的 (此处不考虑电视或者收音机之类可以通过一定的距离传递信息的物体)，如果当人正常使用物体时物体上的某个区域离人太远，在大多数情况下，该部分是没有功能显著性的。由于我们定义功能性显著的部分应位于物体模型上，有可能和人体模型有接触的部分，因此物体模型上某个区域的功能显著程度与该区域所对应顶点的最近距离成反比。

显著性检测的流程如图 13-10 所示。对于要检测显著性的物体模型，在通过功能性检测获得了正确的功能位置以及人体模型后，首先计算物体模型上的顶点到人体模型上的顶点的最短欧氏距离，然后根据观察设定一个特定的阈值 (暂时无法自动设定)，以区分物体模型上的显著部分与不显著的部分。如果某个顶点对应的距离值在阈值内，那么该顶点附近区域的着色为红色，红色的鲜艳程度由对应距离值的大小决定，距离值越大颜色越浅。注意，在过渡部分的颜色逐渐变浅，颜色越浅，显著性程度越低。如果距离超过阈值，则不予着色，这意味着这个部分不具有任何功能显著性。

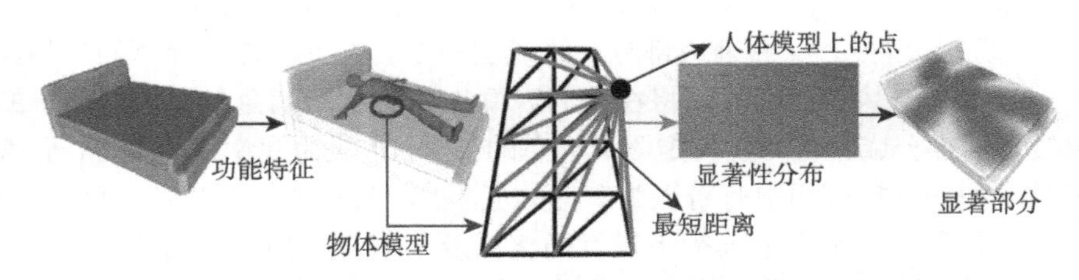

图 13-10 检测显著部分的基本流程 (阅读彩图请扫封底二维码)

通过这种算法获得显著部分是功能性物体实现其具备的功能必须具备的部分，包含了非常明确的语义含义。因此显著部分所包含的显著性含义比视觉显著性更加明确，这些显著部分不仅可以完成视觉显著性可以完成的任务，还可以基于其包含的语义信息完成一些其他任务。

13.1.6 显著性应用拓展

在前文中提到过，三维模型显著部分可以用来进行视角选择、模型简化等许多任务，这些任务用我们所提出的功能显著性部分也可以完成，而且在某些任务上还能完成得更好，与此同时我们认为功能显著性由于其特殊性，能够完成一些视觉显著性难以完成的任务。

我们检测了所获得的显著性是否能被用于高级别识别任务，即根据获得的功能显著性部分来比较两个物体模型之间的相似度。提出这个思路是基于以下的认知，同类功能的物体之间，其整体外形可能差别很大，但实现其功能的部分应该相似，简单地说，就是拥有相同语义信息的功能显著部分之间应该在某种程度上拥有相似度。因此可以通过比较功能显著部分之间的相似度来获得两个三维模型之间的相似度，而不是使用三维模型的整个外形进行对比。

最初设计这个方法的目的是因为检查功能性检测的结果中人体模型的摆放是否合理太过耗时，需要人工将文件逐个可视化后进行判断，因此将测试计算所得的显著性部分与已知正确的显著性部分进行对比，如果相似，说明使用的人体模型类型以及摆放的位置是正确的，因为人体模型的姿态和摆放的位置只要有一个不正确就无法获得正确的显著部分。一开始并没有意识到这个比较的方法可以进行三维模型检索，只是为了在检查功能性检测的结果时能够更加方便一点。后来意识到这个比较方法已经计算了两个三维模型之间在某个方面上的相似度，这是进行三维模型检索的基础，利用这个数据，就可以构建进行模型检索必备的相似性矩阵，完成检索任务。理想的检索结果是在同一类别中的所有模型都被检索到。

我们设计的比较方法如下：为了量化两个模型的显著性部分之间的相似程度，采用 Hausdorff 距离来比较两个模型的显著部分。在我们的检索方法中，输入两个物体模型的功能性显著部分，输出的结果为这两个部分之间的相似度。具体过程如下：首先，对物体模型使用蒙特卡罗采样，确保两个物体模型的采样点数为一个固定的数值，避免了匹配过程中需要对来自不同模型的点给予不同的权重；然后，进行一定的位置调整，将两个物体模型的包络框的三个对称轴对齐；最后，在欧氏空间使用 Hausdorff 距离计算两组点云之间的距离，最终所得的数值结果作为两个模型之间的相似度，该过程示于图 13-11。

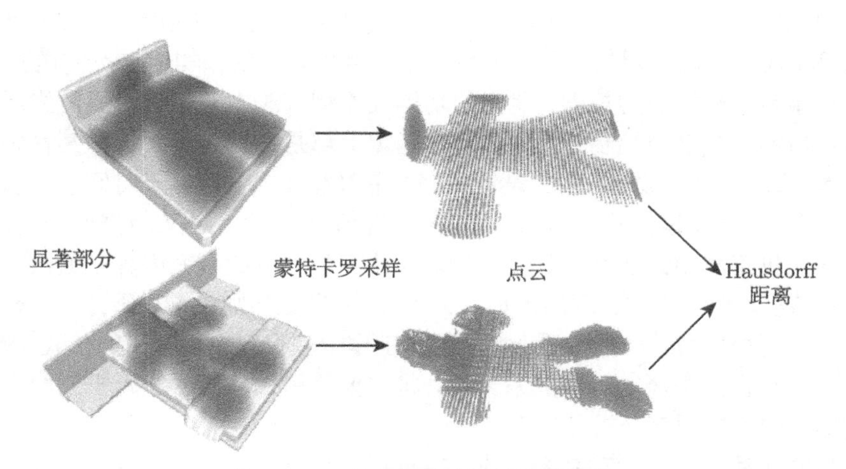

图 13-11 显著部分进行对比的流程

经过实验验证，我们的检索方法取得了傲人的检索结果，不仅在我们构建的数据库上表现良好，在公开的可信度极高的大型数据库上也获得了非常高的检索评价参数。

13.2　基于舒适性的人体模型生成

本节主要讨论针对特定的物体模型，如何能够生成较为完美的人体姿态来使用它。

在之前的工作中，我们已经能够非常精确地判断出未知物体模型的功能，找到实现其功能的位置，以及将测试过程中作为介质的人体模型以正确的方向放置在正确的位置上。不过我们使用的人体模型姿态是固定的，如果姿态不固定，不同的数据组之间将无法进行比对，因为人体姿态发生改变，距离数据组对应位置的数据所表达的含义会发生变化，使数据组之间失去对应关系，无法再进行比对。因此，虽然我们的功能性检索方法获得了非常好的检索结果，却难以将使用的介质拓展到活动的人体模型。与此同时，直接在检测过程中使用拓扑结构复杂的人体模型进行姿态变换需要专门设计的人体模型加上配套的软件才能获得较好的结果，这样不仅费时费力，操作的难度也非常大，这类软件与编程软件不同，通常没有与外部对接的接口，难以直接使用。

我们的功能性检索方法已经可以使用人体骨架模型作为介质进行实验了，人体骨架模型在调整姿态方面比直接调整人体模型更方便，可操作性更高，获得的结果也更好，另外根据人体骨架模型也能较为轻松的反向生成对应的人体模型。基于这些认知，确定了这一任务的基本流程，在功能性检测方法的基础上，按照一定的规则调整功能性检测获得的人体骨架模型来获得最终使用该物体的人体模型。

关于调整骨架模型的规则，我们的功能性检测方法主要是针对日常生活中人们经常使用的几类功能性物体，这些物体基本上都是人们要长时间以某种姿态静态使用的，如坐、躺、放等，因此设计的姿态最好能让人们可以长时间使用该物体而不会产生疲惫感，这样获得的人体姿态在实际生活中才有意义，这样就涉及了人体工学与人机工学中舒适性的计算问题。人体工学主要的研究内容是通过研究人体自身的特征，设计更加合理的人体行为[143]；人机工学则更侧重于分析人与可操作系统以及所处环境之间的关系，使人们在工作中获得更轻松舒适的体验[144]。我们的任务不涉及人机环之间的关系分析，将主要使用人体工学和人机工学中的生物力学等方面的知识来分析舒适性。

人体的活动由人体运动系统完成，在进行活动时人体会产生生理以及心理上的变化，心理上的变化不在分析范围之内，我们主要分析在进行活动时生理上的变化。人体的运动系统主要由骨骼、关节和肌肉 3 大部分组成，以关节为支撑点，通过附着在骨骼上面的肌肉收缩，牵动骨骼运动；肌肉是人体运动的动力来源，是将生物化学能转化为动能或者其他能量的部位，其能量来源为其中储存的各种能源物质，如三磷酸腺苷、磷酸肌酸和糖原等；作为直接能量来源的三磷酸腺苷和磷酸肌酸虽然能在短时间内为肌肉提供能量，但储存量极少，可能只能维持几秒钟；接下来肌肉需要通过分解肌糖原等物质获得能量，该能量不能被肌肉直接利用，只能用于三磷酸腺苷的重新合成；肌糖原分解有两种形式：在氧气供应充足的情况下糖原完全分解为二氧化碳和水，并释放大量能量用以合成三磷酸腺苷，这种分解虽然供能较慢，但是不会产生疲劳感，分解产物也能被快速排出体外；在氧气不充足的情况下，糖原通过无氧糖酵解的方式被分解为乳酸，同时释放出少量的能量用以合成三磷酸腺苷；这种无氧分解的速度比有氧分解快得多，可以在短时间内保证肌肉的运动能力，但是这种分解方式需要消耗大量糖原，非常不经济，分解产生的乳酸还会导致肌肉酸痛，产生疲劳感，消除乳酸所需的周期也非常长，因此要尽量避免这类分解方式的发生[143]。

无氧分解通常会在以下几种情况下发生，长时间的高负荷运动或者由于某些外部因素导致收缩中的肌肉无法获得充足的供氧。我们的实验中不存在高负荷的运动，但是第二种情况非常有可能发生。另外，根据人体工学，在运动状态下，人体摄氧量比静止状态多得多，血液循环速度也更快，与之相比，人在静止状态下如果某块肌肉长时间收缩，就有可能难以获得充足的氧气，因此更容易产生疲劳感，换句话说，就是人在静止状态下用力更容易产生疲劳感。我们要设计的是静态的人体模型，按照上述原理要尽量避免人要为保持该姿态而用力，舒适性的分析转化为基于生物力学的人体受力分析问题。

人体四肢部分的受力分析较为简单，如果不是自然下垂状态，只要有支撑点就可保证四肢肌肉处于自然状态，即不用力，但脊柱却不然。脊柱作为人体的中轴骨骼，是身体的支柱，由 33 块椎骨借由韧带和椎间盘等连接而成，具有支撑躯干，保护内脏和脊髓以及进行运动等功能，上肢下肢的各种活动都要通过脊柱进行调节，4 个生理弯曲不仅增强了脊柱保护人体的能力，也可以使脊柱灵活地做出各类动作，是形成人体姿态的核心部分，也是静止状态下人为了保持姿态的主要施力部位[143]。为了分析脊柱的受力状况，建立如下的数学模型，按照脊柱的 4 个生理弯曲的运动能力将脊柱简化为 4 段骨节，胸椎和骶椎运动能力最低，骶椎并入代表髋骨的骨节中，胸椎占据第 2 节骨节，代表颈椎的骨节位于代表肩胛骨和锁骨的骨节之上，最灵活的腰椎为重点分析部位，占据胸椎之下的两节骨节。在整体形态上，按照人体工学原理，脊柱保持其自然形态时与其有关的大部分肌肉保持为自然状态，因此限定在姿态调整的过程中脊柱保持自然状态，即为直的。受力分析图如图 13-12 所示。

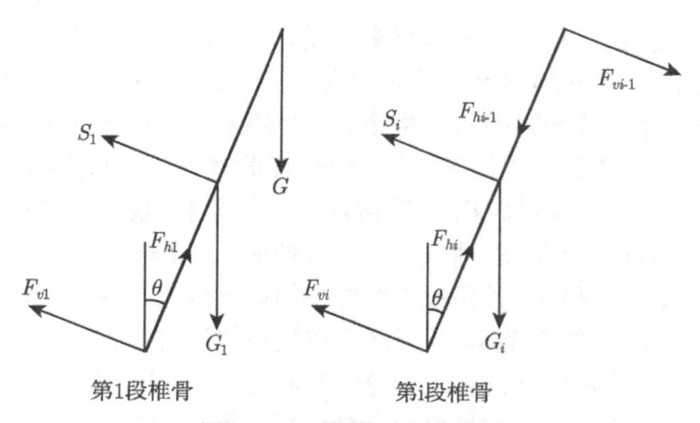

图 13-12　脊椎受力分析图

其中，F_h 和 F_v 分别代表骨节之间的应切力和剪切力，两者矢量相加为骨节之间的应力；S 代表脊柱为了维持自身状态而施加的肌肉力，如果有外部支撑的话该力由外部支撑提供；G_i 代表椎骨的自重；G 代表头颈部分的重力，我们需要计算的是脊柱的肌肉力以及骨节之间的应力和。根据受力平衡和力矩平衡原理，综合分析之后，脊柱的总体受力公式如下：

(1) 当脊柱上没有支撑点时

$$\begin{aligned}F_1 = &|6 \times G \times \sin\theta + 3 \times G_1 \times \sin\theta| + \sqrt{[(G_1 + G) \times \sin\theta]^2 + (G \times \sin\theta)^2} \\ &+ \sqrt{[(2 \times G_1 + G) \times \cos\theta]^2 + (G \times \cos\theta)^2} \\ &+ \sqrt{[(3 \times G_1 + G) \times \sin\theta]^2 + (G \times \sin\theta)^2}\end{aligned} \tag{13-8}$$

(2) 当脊柱上有一个支撑点时

$$\begin{aligned}F_2 = &|4 \times G \times \sin\theta + 2 \times G_1 \times \sin\theta| + \sqrt{[(G_1 + G) \times \sin\theta]^2 + (G \times \sin\theta)^2} \\ &+ \sqrt{[(2 \times G_1 + G) \times \cos\theta]^2 + (G \times \cos\theta)^2} \\ &+ \sqrt{[(3 \times G_1 + G) \times \sin\theta]^2 + (G \times \sin\theta)^2}\end{aligned} \tag{13-9}$$

(3) 当脊柱上有两个支撑点时

$$\begin{aligned}F_3 = &|2 \times G \times \sin\theta + G_1 \times \sin\theta| + \sqrt{[(G_1 + G) \times \sin\theta]^2 + (G \times \sin\theta)^2} \\ &+ \sqrt{[(2 \times G_1 + G) \times \cos\theta]^2 + (G \times \cos\theta)^2} \\ &+ \sqrt{[(3 \times G_1 + G) \times \sin\theta]^2 + (G \times \sin\theta)^2}\end{aligned} \tag{13-10}$$

(4) 当脊柱上获得全面支撑时

$$F_4 = \sqrt{((G_1 + G) \times \sin\theta)^2 + (G \times \sin\theta)^2} + \sqrt{[(2 \times G_1 + G) \times \cos\theta]^2 + (G \times \cos\theta)^2}$$

$$+\sqrt{[(3\times G_1+G)\times\sin\theta]^2+(G\times\sin\theta)^2} \tag{13-11}$$

这些公式直观上较为抽象，通过可视化的方式研究脊柱受力的变化情况，横轴为脊柱的倾角，从 0° 到 90°，纵轴为脊柱要施加的力，越大越不舒适，变化趋势如图 13-13 所示。

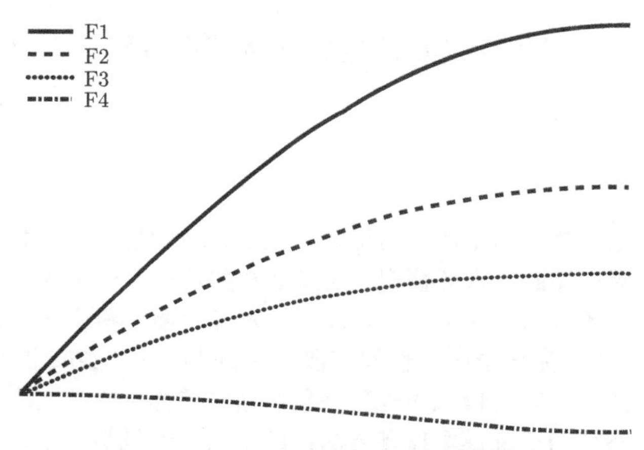

图 13-13 $F_1 \sim F_4$ 随角度 θ 的变化趋势

可以看出，如果脊柱得不到合理的支撑，那么后仰或者前倾的角度越大，为了维持该姿态所要付出的静态肌肉力就越大，越容易产生疲劳感，同时对连接椎骨之间的椎间盘造成的伤害就越大，舒适性就越低。这一计算结果符合我们日常生活中的经验，即如果没有靠背，坐的时候腰板要挺直；设计靠背部分的时候支撑腰的部分一定不能是空的，否则人在使用该靠背的时候会伤害腰椎，同时，如果对颈椎也能给予适当的支撑，可以极大地减轻脊柱承受的压力，减少脊柱受损伤的风险。

基于以上知识，人体姿态舒适性问题转换为寻找支撑点的问题，这个时候轴向距离法的潜在优势体现了出来，轴向距离的计算方式，可以轻易地判断某个点是否可能与物体模型相碰，如果不可能相碰，那么这个点沿着对应坐标轴的距离是 0；根据人体上特定部分的点对应的距离值，可以设计对应的程序判断功能面的形态，进而进行姿态调整。于是，设计了如下的调整过程：定义支撑的情况为骨节两个端点沿着某个轴向的距离值都小于某个特定值，同时符号的正负一致。对于桌子和茶几来说，由于真正使用该物体时需要其他物体参与才行，所以只优化正常使用情况下要和它们发生交互的手的部分，只要调整骨架的胳膊部分，将手放在其表面即可。对于床来说，由于脊柱与垂直方向的夹角已经达到了直角，脊柱、肩膀和髋骨上所有的点都要调整到有支撑才行，在调整过程中要保证脊柱不变形。对于椅子和沙发，先调整髋骨部分，使人体获得沿着 y 轴的支撑，再调整脊柱部分，如果腰椎附近的点沿着垂直脊柱向后的方向没有距离值，说明该模型无法对腰椎提供支撑，不再对脊柱姿态进行调整，人直着坐最舒适，如果该模型可以对腰椎提供支撑，在保证支撑和脊柱不变形的情况下，最大化脊柱的后仰角，获得的人体姿态为满足舒适性要求的姿态。通过姿态调整后获得骨架模型，导入特定的软件可以获得对应的人体模型，完成该部分对应的任务。

13.3 功能性分析实验验证

13.3.1 数据库

1. 人体模型

针对 6 类人们日常生活中常用的物体，包括床、沙发、桌子、柜子、椅子和茶几，设计了 6 个对应姿态的人体模型。选择这 6 类物体是因为这些物体在人们的日常生产生活中有着极其广泛的应用，大部分人每天都要和这些物体中的一类或者数类打交道，大部分室内场景中也都包含这些物体中的一类或者数类，另外，这些物体中同类模型之间有着较大的外形差异和结构差异，检测这些物体的任务对常见的基于几何特征的三维模型检测方法提出了极大的挑战，因此使用这些物体的三维模型来检测我们的功能性检测方法。这些人体模型的姿态都是根据人们日常使用这类室内物体时的动作设计的 (图 13-14)，由同一个人体三维模型通过专门的软件旋转变形，形成了不同的姿势，这些模型均使用三角面片网格表示。

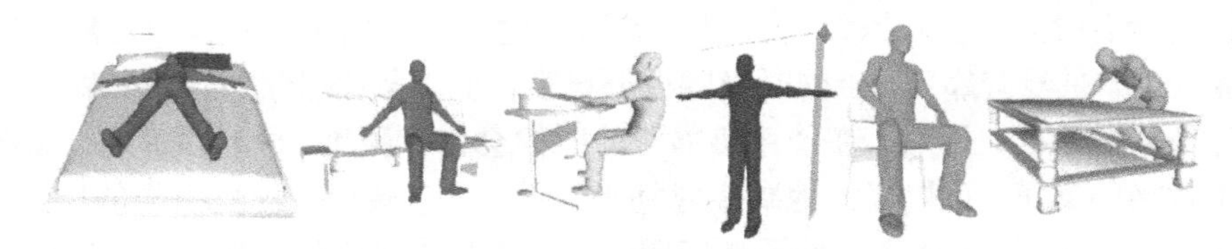

图 13-14 人体模型的姿态以及使用物体的方法

2. 物体模型

由于没有现成的和符合要求的三维模型数据库，我们收集了大量的三维模型组建了一个数据库，收集的模型皆来自于互联网。我们设计的这个数据库在同类模型之间有特殊的要求，要求同类模型之间的外形和结构差异越大越好，这么做的目的是为了验证我们功能性检测方法的可靠性，为了做到这一点，寻找了多个著名的公开三维模型网站，包括 Google 3D model warehouse 以及 The aim-at-shape repository，从中收集了大量的关于这 6 类物体的三维模型。

经过筛选，总共选择了其中 300 个模型来构建我们的数据库，每类物体的模型数相同，为 50 个。这些模型在存入数据库之前均转换为 object file format(.off)

格式，该格式由明尼苏达大学几何信息中心提出，可以简便有效地记录构建三维模型所需要的点坐标信息和面信息，也能添加一些颜色、贴图等附加信息，附加信息与点坐标信息和面信息分开储存，使用起来非常方便。由于我们的方法用不到原模型可能包含的颜色、纹理以及材质信息，在进行格式转换的过程中忽略了这些信息，只保留最基本的点坐标信息和面信息。数据库中的部分模型在图 13-15 中展示，可见每类物体模型包含了极大的外形和结构差异，因此这个数据库对基于外形的三维模型描述符挑战很大。这个数据库中的每类模型分为训练集和测试集两部分，包含的数目依照所使用的方法而定。在使用之前，先用前文中提到的预处理方法[190] 处理所有的物体模型，确保其正向朝上，同时采用人工手动的方式缩放模型的尺寸，将物体模型的大小调整到与人体模型的尺寸相比合理的程度，具体过程见图 13-16，调整尺寸这个过程非常重要，后面的实验中会提到如果尺寸不合理会造成多大的影响。在调整尺寸的方法上，目前只能采用人工手动的方法进行。

图 13-15 部分模型展示

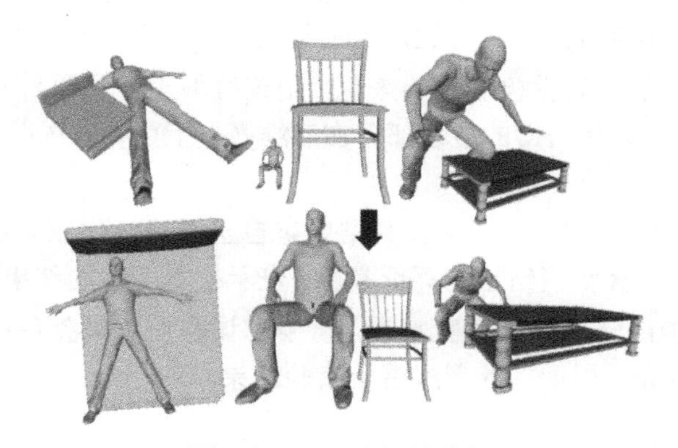

图 13-16 尺寸调整过程

由于这个数据库是从众多的备选三维模型中挑选出来组合而成的，说服力不够。有人提出，在挑选过程中有可能只挑选了我们的方法可以辨识的模型，抛弃了其余的不能被辨识的三维模型，表面上看得到了非常好的实验结果，实际上结果非常差。

为了证明我们方法的适用性，挑选了一个最近公开的可信度非常高的公共三维模型数据库 —— SHREC 2014[192] 模型库，作为新的三维模型来源。该数据库是目前最大的公共三维模型数据库，包含了普林斯顿大学模型库、McGill 模型库以及 2013 年之前所有的 SHREC 模型库等在内的数个著名的可信度较高的三维模型数据库，共计包含 147 类三维模型，模型的总数超过 8900 个。该数据库公开之后，与三维模型相关的实验方法必须要有使用该数据库获得的结果才具有足够的说服力。经过观察，该数据库包含大约 2000 个功能与我们设计的人体模型功能对应的三维模型，将这些模型拿出来，用文献 [190] 的方法预处理并进行尺寸调整之后，作为新的测试集使用。

3. *实验描述方式*

我们的功能性检测方法的主要目的是通过找到合适的人体模型，将其以合适的方向放到合适的位置上，来获得人体模型的位置和三维模型的功能。

为了描述实验结果，我们使用匹配比例和交互比例两个百分比数值来具体地表示实验结果，匹配比例是指正确的找到了对应人体模型的未知模型在测试集中所占的百分比，即功能标签判断成功的比例；交互比例是指在找到了正确人体模型的情况下，将人体模型正确地摆放到物体上的百分比，即正确使用物体的百分比。提出第二个百分比是因为在进行后续实验时发现，某些情况下即使我们的方法能够正确地判断测试模型的功能，却不能正确地摆放人体模型，例如将坐着的人体模型摆在了扶手椅的扶手上，该百分比对于后续实验是否可靠意义重大。

对于三维模型的显著性检测实验来说，用正确率表示显著部分的检测结果显然不够合理，因此将计算所得的显著部分在三维模型上用特殊的颜色标定出来，用图片展示检测结果。

对于三维模型的检索实验来说，其结果有自己的评价体系 —— PSB 评价参数，使用这个体系计算我们结果的评价参数，表示检索实验的结果。

对于人体模型的姿态调整实验来说，将姿态调整前和调整后的人体模型与物体模型组合可视化后，用图片的形式展示实验结果。

13.3.2 功能性检测

1. 基于最近距离的功能检测

基于最近距离的功能检测是我们最早提出的一种描述人体模型和物体模型之间契合程度的一种方法，早期的实验都是基于该方法进行的。在使用该方法时，由于计算公式需要的数据量较大，从每类模型的数据库中随机挑选 30 个模型作为训练数据集，其余的作为测试数据集进行实验。该实验结果为我们最早获得的较为满意的功能性检测结果，如表 13-1 所示。

表 13-1 基于最近距离的功能检测的结果

	床	柜子	椅子	桌子	沙发	茶几
匹配比例/%	75	100	85	100	70	85
交互比例/%	73	65	41	60	50	71

进行三维模型功能性检测的研究之初，在检查实验结果时我们只关注了输出的标签数据是否与正确的标签一致，即匹配比例，想当然的认为只要匹配比例正确，交互的结果必然是正确的，没有太在意交互比例这个判断依据，因此没有人工检查交互比例。在进行后续实验时才发现通过此方法获得的检测结果，虽然匹配比例结果比较令人满意，交互比例却无法满足后续实验的需求，导致功能显著性检测实验在刚开始时陷入了极大地困境，迫使我们对描述介质和待检测模型之间关系的方法进行改进。

2. 基于最近距离的功能检测 (噪声模型)

在实际中使用三维模型时，三维模型数据的质量在很多时候不像人工合成模型的质量那样高，很可能掺杂了各种类型的程度不一样的噪声，因此必须检测我们的功能检测方法对于掺杂了各类噪声的三维模型是否依然适用。在这项实验中对测试集中的三维模型添加了一定程度的随机、孔洞和毛刺 3 种类型的噪声，以检测我们的功能检测方法对于添加了噪声的三维模型是否依然适用。

(1) 随机噪声。该噪声的原理是将三维模型上的所有顶点沿着随机的某个方向进行一定的位移使三维模型发生形变，在我们的实验中，该位移值设为物体模型包络框对角线长度的 1%，功能性检测的结果如表 13-2 所示。

表 13-2 基于最近距离的功能检测，随机噪声的结果

	床	柜子	椅子	桌子	沙发	茶几
匹配比例/%	75	100	8	100	70	75
交互比例/%	73	65	63	55	50	60

(2) 孔洞噪声。该噪声的原理是随机的移除三维模型表面的一部分三角面片使

三维模型的拓扑结构发生一定的变化，在我们的实验中，移除了数目为三维模型面片总数的 10%的面片，功能性检测的结果如表 13-3 所示。

表 13-3　基于最近距离的功能检测，空洞噪声的结果

	床	柜子	椅子	桌子	沙发	茶几
匹配比例/%	75	100	85	100	75	85
交互比例/%	73	65	41	60	50	71

(3) 毛刺噪声。该噪声的原理是将三维模型上一定数量的点沿着某个方向移动一定的距离，在三维模型上形成一定数目的锥状凸起。在我们的实验中，随机取三维模型总点数的 1%的顶点，移动的距离设为物体模型包络框对角线长度的 6.25%，功能性检测的结果如表 13-4 所示。

表 13-4　基于最近距离的功能检测，毛刺噪声的结果

	床	柜子	椅子	桌子	沙发	茶几
匹配比例/%	70	90	75	90	70	80
交互比例/%	64	56	41	50	50	63

可见即使是我们较早提出的功能性检测方法，对各类噪声还是有相当的鲁棒性，后续的实验中我们的新方法依然保持了较高的噪声鲁棒性。虽然在后续实验中抛弃了基于最近距离的功能检测方法，但是该实验证明该方法对于噪声的鲁棒性非常好，如果我们的新方法无法保证对噪声鲁棒，需要重新考虑这个最早的方法，因此保留了这部分实验。

3. 采用人体模型的基于轴向距离的功能检测

受到对比方法的启发，我们提出了全新的描述人体模型与物体模型之间关系的方法 —— 基于轴向距离的功能检测方法，最初采用该方法时，我们采用的实验流程与之前完全相同，训练集与测试集也没有改变，分别包含 30 个和 20 个模型，使用的介质为采样后的人体模型，功能性检测的结果如表 13-5 所示。

表 13-5　基于轴向距离的功能检测，介质为人体模型的结果

	床	柜子	椅子	桌子	沙发	茶几
匹配比例/%	95	100	90	100	90	85
交互比例/%	100	100	61	90	67	88

与 13.3.2 节中 1. 的结果对比，虽然其中有几类模型的交互比例仍然不够好，最终输出的人体模型经常和物体模型之间发生无法容忍的碰撞，但是匹配比例和交互比例都有了较大的提升，尤其是匹配比例已经接近全对，该实验证明了我们新设计的方法的可用性。

4. 改变训练集数目

由于轴向距离法所包含的数据含义明确，对介质周边物体模型的局部形状描述较为精确，我们认为无需再设置数目庞大的训练集，只需要将几个有代表性的保留即可。通过筛选，将每类物体模型仅保留 3 个作为训练模型，其余 47 个均归入测试集，之所以使用 3 个，是因为通过观察发现，同类模型之间外形变化虽然多样，但是功能部分及其周边部分的形状总体上不超过 3 类情况，训练集能覆盖到这几类情况即可。使用的介质保持为采样后的人体点云模型，功能性检测的结果如表 13-6 所示。

表 13-6 基于轴向距离的功能检测，减小训练集数目的结果

	床	柜子	椅子	桌子	沙发	茶几
匹配比例/%	96	100	90	98	90	87
交互比例/%	95	100	62	92	62	85

可见我们的新方法轴向距离法对训练集的要求非常低，不需要体量庞大的训练集来保证功能性检测的精确度，也从侧面印证了通过交互的方法进行功能检测的可靠性。

5. 采用骨架模型的基于轴向距离的功能检测

由于直接采用人体模型难以进行姿态调整，再加上使用完整的人体模型判断人体模型与物体模型之间是否有碰撞非常复杂，实用性也不高。为了后续工作的展开，设计了一个较为简单明了的人体骨架模型代替人体模型，采样后作为介质使用，同时将物体模型与人体骨架模型之间的碰撞检测加入测试过程，训练集的数目保持为 13.3.2 节中 4. 进行缩减之后的 3 个，描述方法为轴向距离法，功能性检测的结果如表 13-7 所示。

表 13-7 基于轴向距离的功能检测，介质为骨架模型的结果

	床	柜子	椅子	桌子	沙发	茶几
匹配比例/%	96	100	85	90	83	87
交互比例/%	100	100	74	100	77	100

可以看出，由于使用人体骨架模型可以加入碰撞检测，实验结果中的交互比例获得了较高的提升，一些奇怪的功能位置已经不会再出现了，但是匹配比例却有所降低，经分析我们认为这是由于骨架模型过于简单，对三维模型一些细节部位的描述能力有所降低所导致的。和 13.3.2 节中 4. 的实验结果对比，可以发现这两种介质模型各有所长，我们自然而然地想到可以将它们混合使用，各取所长以获取更好的结果。

6. 混合使用人体模型和骨架模型的功能检测

从 13.3.2 节中 5. 的结果可以看出，虽然使用骨架模型可以取得较好的效果，但是与采用人体模型的结果相比提升不够明显，通过分析我们认为这是由于骨架模型过于简单造成的，为了结合使用人体模型与骨架模型的优点，我们将两者结合使用。两者之间的位置关系为联动重合关系，先通过骨架模型判断其是否与物体模型有碰撞，若没有再进行接下来的测试过程，功能性检测的结果如表 13-8 所示。

表 13-8　基于轴向距离的功能检测，混合使用介质模型的结果

	床	柜子	椅子	桌子	沙发	茶几
匹配比例/%	100	100	94	100	94	87
交互比例/%	100	100	82	94	100	100

可见混合使用人体模型与骨架模型之后，无论是交互比例还是匹配比例都获得了极大的提高，达到了相当完美的程度，该实验的成功为接下来扩展功能性检测的应用奠定了基础。

7. 基于轴向距离的功能检测 (噪声模型)

在这项实验中生成噪声模型的方法与 13.3.2 节中 2. 部分的使用方法相同，添加的噪声类型和噪声大小也相同，检测方法为 13.3.2 节中 6. 提出的混合使用人体模型与骨架模型的算法，检测结果如表 13-9、表 13-10、表 13-11 所示。

1) 随机噪声

表 13-9　基于轴向距离的功能检测，随机噪声的结果

	床	柜子	椅子	桌子	沙发	茶几
匹配比例/%	100	100	85	98	94	87
交互比例/%	100	100	70	96	91	100

2) 孔洞噪声

表 13-10　基于轴向距离的功能检测，孔洞噪声的结果

	床	柜子	椅子	桌子	沙发	茶几
匹配比例/%	100	100	94	100	94	87
交互比例/%	100	100	82	94	100	100

3) 毛刺噪声

表 13-11　基于轴向距离的功能检测，毛刺噪声的结果

	床	柜子	椅子	桌子	沙发	茶几
匹配比例/%	100	100	87	96	94	87
交互比例/%	100	100	73	91	93	100

可见，我们新设计的轴向距离法在有噪声的情况下效果依然良好，其中随机噪声和毛刺噪声对辨识结果有一定的影响，孔洞噪声几乎没有产生影响。产生该结果的原因，我们会在后面的章节中进行讨论分析。

8. SHREC 2014 模型库的检测结果

为了验证我们的功能检测方法对一些随机收集的大型公共数据库是否依然有效，同时也为了证明我们构建的数据库并不是故意挑选我们的方法可以检测的模型而单独构建的数据库，因此在此项实验中使用了 SHREC 2014[192] 模型库，该数据库包含众多各类模型，在三维模型领域的认可度非常高，也是检测三维模型检索方法的性能所必须使用的数据库，如果某个实验方法在该数据库上可以获得较好的实验结果，则可以证明该方法对大多数三维模型都适用。训练数据集保持为 13.3.2 节中 4. 筛选后的 3 个模型，不将新数据库中的模型加入训练集以保证实验的可靠性，功能性检测的结果如表 13-12 所示。

表 13-12 基于轴向距离的功能检测，SHREC 2014 数据库的结果

	床	柜子	椅子	桌子	沙发	茶几
匹配比例/%	93	93	99	98	99	90
交互比例/%	93	98	91	96	96	96

可见对于随机收集的大型数据库，我们的方法保持了极高的匹配比例和交互比例，而且效果甚至比我们自己创建的数据库还好，究其原因，我们在构建数据库时着力强调了同类模型之间外形的差异性，同类模型之间相似的情况几乎没有，而随机收集的数据库是没有这个特性的，因此在同样的训练集下，检测效果是有可能变得更好的。

13.3.3 显著性检测

由于我们是在进行三维模型功能显著性的计算工作中发现最近距离法存在的问题的，因此在显著性检测这部分实验中，我们采用的实验方法均为 13.3.2 节中 6. 提出的将人体模型与骨架模型结合使用的基于轴向距离的功能检测法，使用的训练集为进行过数目缩减之后的训练集。由于显著性部分需要通过图像来展示，把测试集全部进行展示显然不太可能，因此从测试集中随机选取一部分进行结果展示。

1. 构建数据库的显著性检测结果

图 13-17 中展示了我们构建的数据库中部分模型的显著性检测结果，从图中可见尽管三维模型的形状和结构差异较大，但是仍然较为准确地找到了实现模型功能的部分。

图 13-17　我们的数据库的显著性检测结果

2. 阈值变动对结果的影响

在我们的显著性检测方法中，一个很重要的参数就是显著性部分阈值的设定，在图 13-17 中可以看到，显著部分比较合理，图 13-18 展示了阈值的变化对显著性检测结果的影响。可见如果阈值设置的过大，那么会有大量的无用部分被划入功能显著部分，如果太小，则会导致很多提供了功能的部分没被划入功能显著部分，目前该阈值的设定只能通过实验人工设定，如何进行自动设定是一个很难的问题。

3. 噪声模型的显著性检测结果

在下面的几幅图中，展示了添加了噪声的模型以及我们的功能显著性检测结果，可以看出，随机噪声和毛刺噪声对功能显著性的检测结果有一定的影响，孔洞噪声对检测结果几乎没有造成影响。如图 13-19、图 13-20、图 13-21 所示。

图 13-18 阈值不同对显著性检测结果的影响

1) 随机噪声

图 13-19 随机噪声模型的显著性检测结果

2) 孔洞噪声

图 13-20 孔洞噪声模型的显著性检测结果

3) 毛刺噪声

图 13-21 毛刺噪声模型的显著性检测结果

4. 部分缺失模型的显著性检测结果

在实际中使用模型时，模型有可能会发生部分缺失的情况，该情况与孔洞噪声有所不同，孔洞噪声大多是在通过点云模型生成面模型时有可能在模型表面随机离散地留下一些孔洞。部分缺失则是模型发生了大规模的结构性缺失，这种情况是由于在将几个扫描部分进行融合时未能校准而造成的，会造成模型连续缺失一个区域的全部面片。手动随机地从模型上切除一部分，生成部分缺失的三维模型，显著性检测结果如图 13-22 所示，对比部分缺失模型的结果 (蓝色) 和原始模型的结果 (红色)，可见我们的方法几乎没有受到影响。

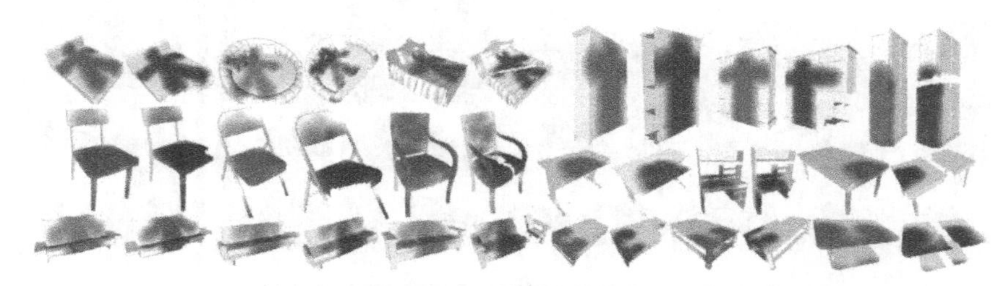

图 13-22 部分缺失模型的显著性检测结果 (阅读彩图请扫封底二维码)

不过如果模型缺失的部分太多，导致物体模型的功能面特征被完全破坏，还是会导致我们的方法失效。如图 13-23 所示，沙发被从中间整个移去了 1/3，剩余的两个部分过于狭窄，无法构成沙发的功能特征，因此被判定为椅子模型。

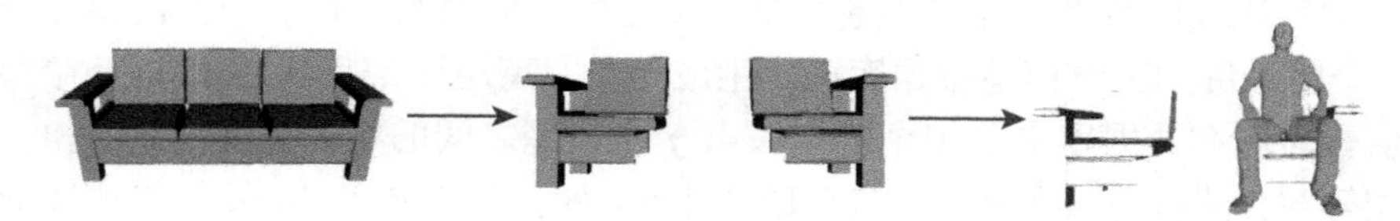

图 13-23 缺失部分较多的模型的检测结果

5. SHREC 2014 模型库的显著性检测结果

由于在功能性检测的实验中加入了 SHREC 2014 数据库，我们也检测了该数据库中模型的功能显著性，部分结果如图 13-24 所示，可见我们的显著性检测方法对于随机收集的三维模型依然有效。

图 13-24 SHREC 2014 数据库的显著性检测结果

13.3.4 基于功能显著部分的模型检索

我们最早提出基于功能显著部分的三维模型检索的原型方法是因为在引入包含模型非常多的数据库 SHREC 2014 之后，人工检查功能性检测的结果变得非常耗时且经常出错，因此通过将检测获得的显著性部分与已经人工判断正确的显著性部分进行对比来判断功能显著性检测结果的对错。后来以这个对比方法为基础将其扩展为三维模型的检索方法，使用检索结果的评价参数来判断功能性检测实验的结果。这么设计的原因是基于以下认知，同类模型的功能部分之间较为相似，如果某个模型的功能性检测的结果正确，在基于显著部分的检索结果中，一般情况下会被归为正确的类别，即检索精度较高。因此模型检索的精度越高，说明功能性检测的结果越好。

1. 检测结果的评价参数

三维模型检索领域最常用的、公认可信度较高的对检索结果进行评价的方法为普林斯顿大学提出的 PSB 方法，该方法包含数个用于评价检索结果优劣的参数。计算这些参数需要先基于检索方法进行如下计算：该检索结果的评价方法假定检索方法采用距离值度量两个三维模型之间的相似度，距离值要求为非负，距离值越小说明进行比较的两个三维模型越相似，反之则差异越大。对于一种检索方法来说，一个带标签的三维模型数据库可以生成一个距离矩阵，矩阵上第 (i,j) 个节点的数值代表着在数据库中第 i 个模型和第 j 个模型之间的相似程度，当 i 和 j 的数值相等时，说明是三维模型与自身进行比对，距离值应该是 0，否则说明距离值的计算方式有误。该距离矩阵被称为相似性矩阵，在三维模型检索中有重要的作用。该矩阵的第 i 行数据包含了数据库中第 i 个三维模型与数据库中所有的三维模型 (包括自己) 的相似度，将这些距离值按照从低到高的顺序重新排列，基于该重新排列的数据排列，对检索结果进行评价，综合矩阵中所有行的评价结果即表示不同的检索方法在该三维模型库的检索表现[193]。

评价方法中常用的几类评价参数在第 4 章已经进行了较为详细的叙述。

2. 与常见的三维模型检索方法的结果对比

我们提出了基于功能显著性部分的三维模型检索方法，此处进行了检索性能的对比实验，参与测试的模型为进行了功能显著性检测的 285 个测试模型，对比方法为以下几种在三维模型检索领域极具代表性的方法，包括全景描述符 (PAN)[188]、光场描述符 (LFD)[189] 和球谐描述符 (SHD)[194]，另外我们也使用了近来较为热门的基于深度学习 (DL)[195] 技术提出的三维模型检索方法，回归精度曲线和 5 个评价参数如表 13-13 所示。

表 13-13　原始检索实验及其对比实验的评价参数

	NN	FT	ST	E	DCG
PAN	0.68	0.47	0.64	0.45	0.77
DL	0.65	0.48	0.36	0.41	0.82
LFD	0.64	0.40	0.62	0.42	0.73
SHD	0.51	0.36	0.58	0.38	0.68
OUR	0.86	0.67	0.86	0.61	0.87

可见我们的检测方法在 5 个评价参数中全都位列第一名，回归精度曲线也高居其他方法的回归精度曲线之上，印证了我们的检索方法在三维模型检索上拥有较好的表现，结合在 13.3.2 节中 6. 的三维模型功能检测的精度表现，也印证了使用基于功能显著部分进行的检索实验评价参数确实可以反映三维模型功能性检测的精确度。图 13-25 为原始检索实验及其对比实验的回归精度曲线。

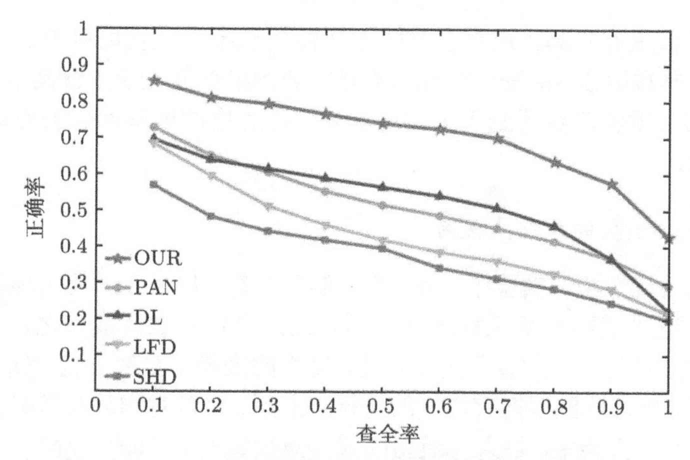

图 13-25 原始检索实验及其对比实验的回归精度曲线

3. 改变训练数据集

我们尝试改变训练集所包含的模型，将之前作为训练集使用的三维模型并入测试集中，再随机从测试集中挑选新模型组成训练集进行实验，以验证我们的功能性检测方法对训练数据的依赖程度。在此处进行的各组实验中，训练数据集的数目保持为三个不变。

我们进行了多组类似的实验，每组实验的 5 个评价参数如表 13-14 所示，其中第一组实验为原始实验。

表 13-14 改变训练集的检索实验的评价参数

	NN	FT	ST	E	DCG
第一组	0.85	0.66	0.86	0.61	0.87
第二组	0.86	0.67	0.86	0.61	0.87
第三组	0.88	0.69	0.88	0.63	0.89
第四组	0.88	0.72	0.91	0.66	0.90
第五组	0.87	0.71	0.89	0.64	0.89

可见即使随机挑选一些模型作为训练数据集使用，获得的功能性检测结果受到的影响也并不大，表面上可以基本确定我们设计的功能性检测方法对于训练数据的依赖比较低。

这个结果看似优秀，却不符合我们的预期，由于缩减过训练数据集的数目，随机挑选的训练数据应该会对结果会造成一定的影响。经过仔细地分析发现，这是由于组建的三维模型数据库中虽然同类模型之间外形和结构的差异非常大，但是功能部分的差异不够大。例如，大部分椅子都是有靠背的。因此基于这些局部特征的三维模型检索精度非常高，这也在某些方面得益于模型在获取渠道进行原始分类的时候就已经非常细致，将没有靠背的板凳之类的模型从椅子中分离了出来，我们在获取模型的时候就已经受到了一定的影响，在后边的展望部分会对这些影响做进一步的讨论。

4. 改变人体模型的采样点数目

在我们的功能性检测实验中，为了方便实验计算，作为介质的人体模型以及人体骨架模型均通过蒙特卡罗采样转换为具有固定点数的点云模型之后，才能被用于训练和测试的过程中。在该项实验之前，使用的采样点数统一为 300 个点 (N1)。从直观上分析，当人体模型拥有较多的采样点之后，可以对物体模型提供更精确的描述，因此在此次实验中，将人体模型的采样点数提升为 500 个 (N2)，训练集、测试集以及采用的检测方法与本章中 13.3.2 节中 6. 的原始实验相同，5 个评价参数如表 13-15 所示。

表 13-15　改变采样点数目的检索实验的评价参数

	NN	FT	ST	E	DCG
N1	0.86	0.67	0.86	0.61	0.87
N2	0.89	0.69	0.87	0.62	0.89

回归精度曲线 (图 13-26) 如下：

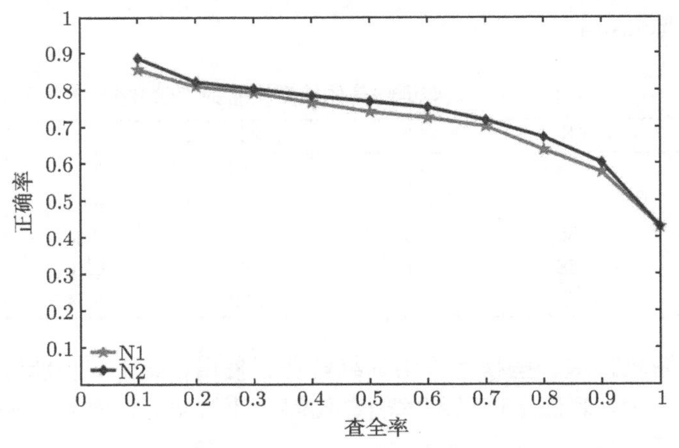

图 13-26　改变采样点数目的检索实验的回归精度曲线

我们统计了检测一个模型所消耗的平均时间，当将人体模型的采样点数设置为 300 时，整个过程需要大约 30s，采样点数设置为 500 时，整个过程需要大约 60s，可见随着人体模型的采样点数的增加，测试过程需要消耗的时间会大幅度增加。

可见提高了采样点数之后，虽然获得的检测结果有了一定的提高，但是提高的非常有限，近乎可以忽略，同时消耗的时间也增加了非常多，提高采样点数带来的优势无法抵消其带来的影响，因此保持 300 个采样点数不变。

5. SHREC 2014 模型库的检索结果

为了确定我们检索方法的适用性，我们对 SHREC 2014 模型库也进行了检索实验，该实验中，对比方法为在 13.1.3 节中检索效果仅次于我们的方法的全景描述符 (PAN)，回归精度曲线和 5 个评价参数如图 13-27 和表 13-16 所示。

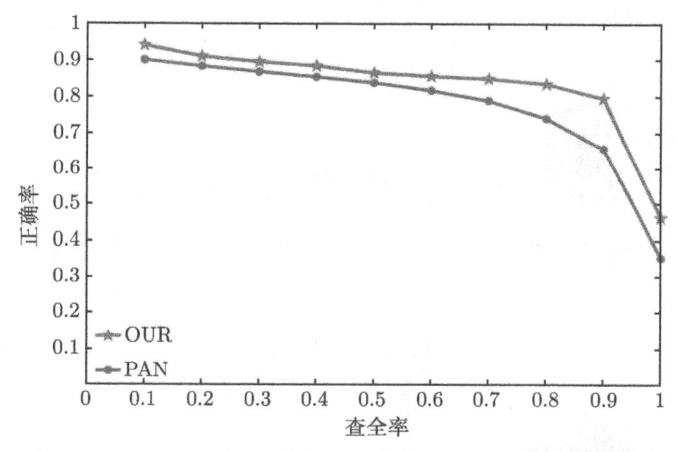

图 13-27 SHREC 2014 数据库的检索实验的回归精度曲线

表 13-16 SHREC 2014 数据库的检索实验的评价参数

	NN	FT	ST	E	DCG
OUR	0.98	0.82	0.92	0.14	0.96
PAN	0.95	0.76	0.88	0.13	0.94

可见我们的检索方法对于这种随机收集的大型数据库的检索结果非常优秀，证明了我们设计的检索方法的适用性。

13.3.5 基于舒适性的人体模型生成

在此处展示姿态调整的结果。我们的实验方法调整的是骨架的姿态，如果仅展示骨架效果很不明显，因此借助一款在调整人体姿态方面非常优秀的软件 —— DAZ 3D (我们的功能性检测使用的人体模型也由这款软件生成) 将骨架模型还原为姿态一致的人体模型进行结果展示。

对于床的模型来说，由于各种因素的限制，通过功能检测生成的功能位置有时会稍微漂浮在床面上方，有时进入床的部分有点多，如图 13-28 所示。而根据我们的计算结果，显然最舒适的位置是人体的大部分位置都跟床面有所接触，即床面对人体提供了全面的支撑，具体的调整结果如图 13-29 所示。

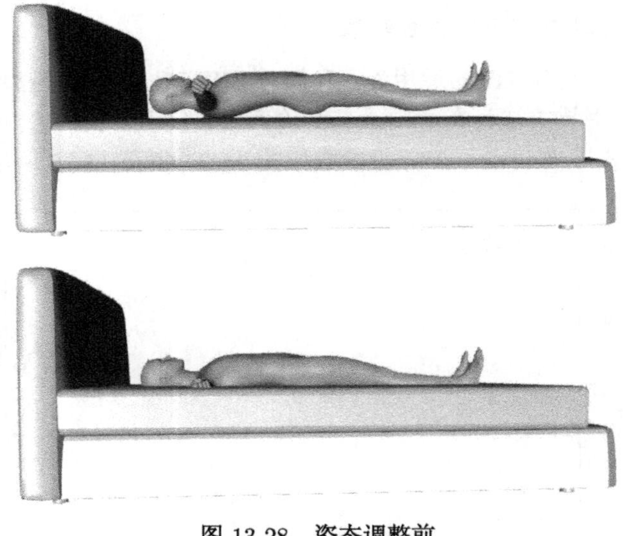

图 13-28　姿态调整前

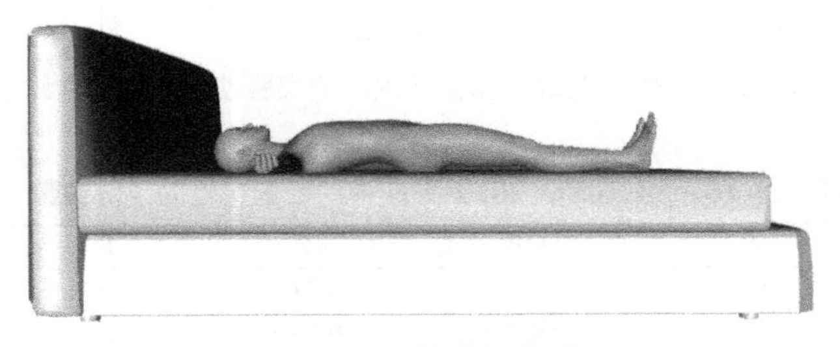

图 13-29　姿态调整后

对于柜子类模型来说，主要是其宽阔平坦的侧面为人提供了一个可以靠的地方，在测试过程中生成的人体模型有时候并不能较好地靠在柜子的侧面上，最舒适的姿态为人靠在了柜子上，结果如图 13-30 所示。

对于椅子和沙发来说，根据我们的计算结果，这两类模型需要对脊柱提供较为完美的支撑才能获得舒适度较高的姿态，如果物体模型的靠背部分设计的不够完善，无法对脊柱提供较好的支撑，那么人就应该直坐着，否则会对靠下的椎间盘部分造成极大的应力，同时还需要脊柱附近的骨骼肌提供额外的静态力来保持脊柱的形状，只有靠背部分可以对脊柱提供较好的支撑时，我们的方法才会对人体模型的姿态进行调整。

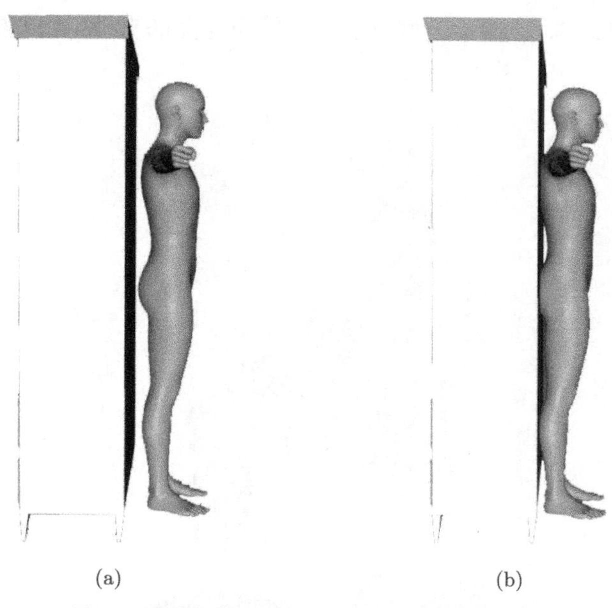

(a) (b)

图 13-30 姿态调整前 (a) 和姿态调整后 (b)

在图 13-31 中，该椅子模型无法对脊柱提供全面的支撑，因此我们的姿态调整方法不对这个人体模型进行姿态调整，使其保持端坐的姿态。

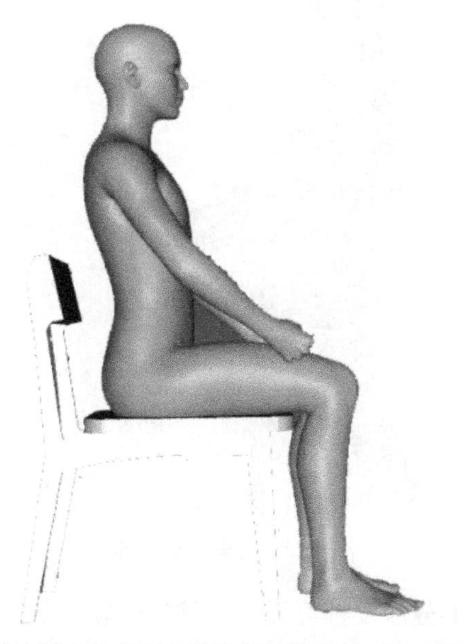

图 13-31 模型无法对脊柱提供全面的支撑，不进行姿态调整

而在图 13-32 中，该椅子模型可以提供较为全面的支撑，调整结果如图 13-33 所示。

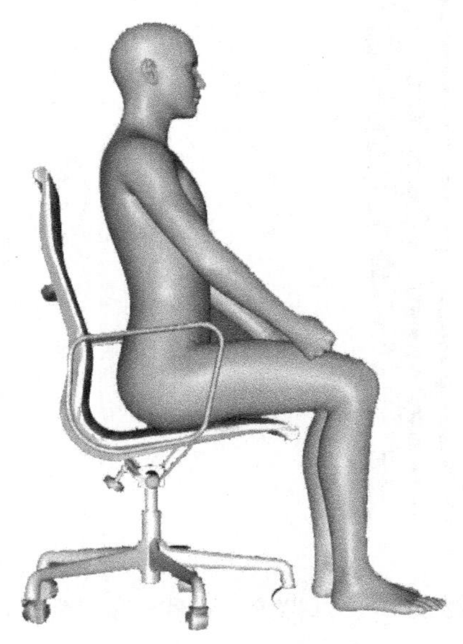

图 13-32　姿态调整前

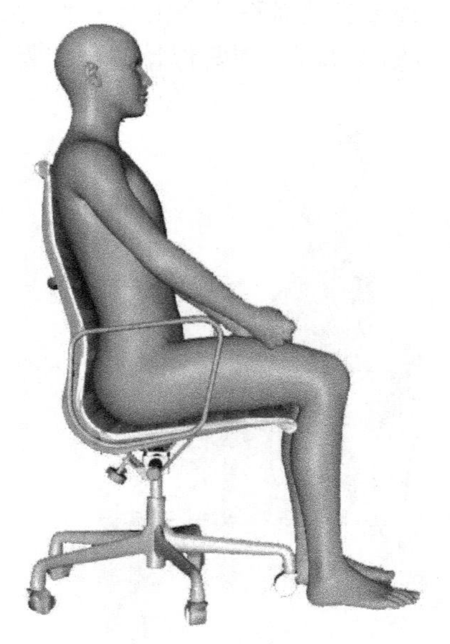

图 13-33　姿态调整后

对于沙发来说，大部分沙发都可以对脊柱提供较好的支撑，在此不讨论这种情况，姿态调整的结果如图 13-34、图 13-35 所示。

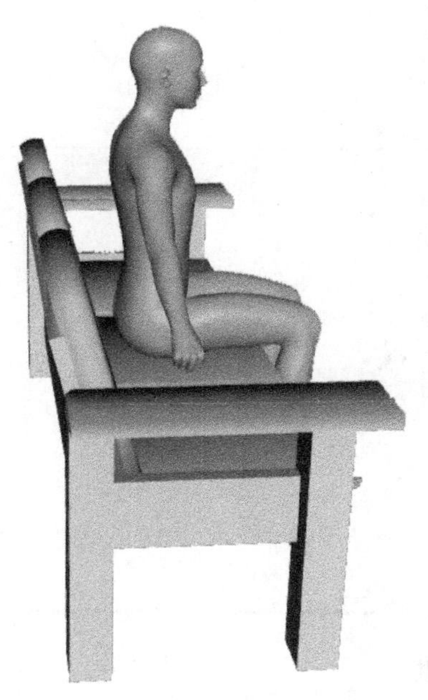

图 13-34 姿态调整前

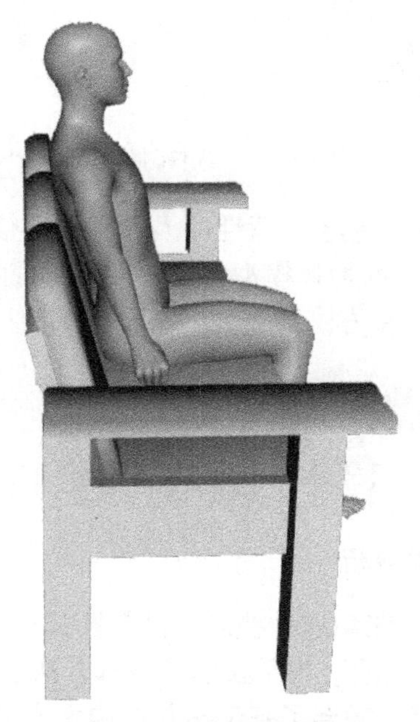

图 13-35 姿态调整后

桌子和茶几能提供的支撑是一样的，都是对手的部分提供支持，此处只展示桌子的调整结果 (图 13-36、图 13-37)。

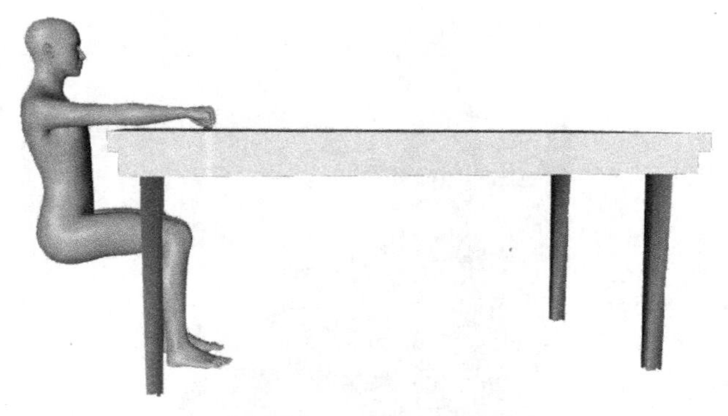

图 13-36　姿态调整前

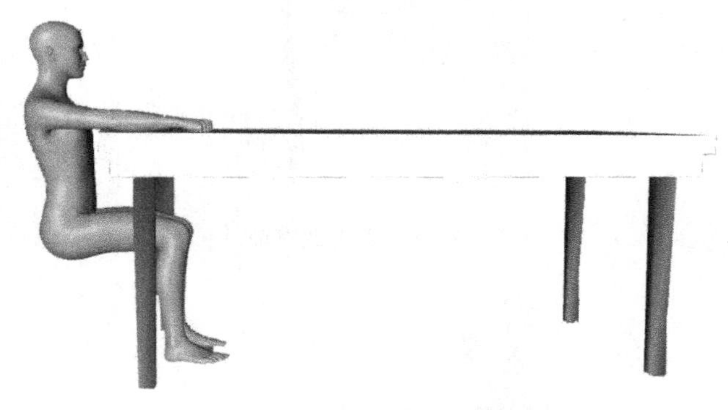

图 13-37　姿态调整后

在本节中通过图片展示了基于舒适性的人体姿态调整，可见经过调整之后，人体模型能够更合理地使用三维物体模型。虽然目前我们的调整依据还不够完善，调整过程也需要改进，但现有方法的良好效果无疑为进一步的工作打下了良好的基础。

13.4　相关讨论

13.4.1　功能性检测的结果分析

本章讨论了我们的方法在功能性检测、显著性分析、模型检索以及对噪声鲁棒性等方面表现优秀的可能原因。由于我们的基本方法，即描述人体模型与物体模型之间契合程度的方法，完全抛弃了基于拓扑结构生成描述三维模型特征的思路，因此极大地降低了对三维模型本身的依赖。不论是有各类噪声的三维模型还是有部分缺失的三维模型，只要其某个部分仍可以在相当程度上完成目标功能，我们的方法就依然有效。不过，如果当三维模型的噪声太大以至于三维模型的表面近乎被完全扭曲时，我们的方法还是有可能会失效的。在此处添加一个较为极端的实验，针对床的模型，将生成随机噪声的过程中点的移动距离扩大为对角线长度的 16%，孔洞噪声移除的面片数目增加为总数的 40%，毛刺噪声中点的位移距离扩大为对角线长度的 1/4，此时三维模型的表面形状已经近乎被完全破坏，有些检索结果的交互情况已经只能靠想象来判断其是否正确。功能性检测的结果如表 13-17 所示。

表 13-17 极大噪声模型的检测结果

	随机噪声	孔洞噪声	毛刺噪声
匹配比例/%	43	100	53
交互比例/%	100	100	80

可见较大的随机噪声和毛刺噪声对功能性检测的精度是有明显影响的，但令人惊讶的是如此程度的孔洞噪声却几乎没有对实验结果造成任何影响，经过分析发现，虽然在生成孔洞噪声的过程中随机移除了大量的面片，但是由于功能部分仅为三维模型表面的一部分，因此对功能部分的形态破坏是有限的，还远比不上部分在缺失的情况下对功能部分的破坏，因此对检测结果影响有限也就不足为奇了。

另外，我们的方法可以忽略三维模型的外形差异和拓扑结构差异，找到功能位置。在收集的数据库以及 SHREC 2014 数据库中，同类模型之间的外形和拓扑结构差异非常大，基于外形的检测法或许可以利用不同类别模型之间的外形差异寻找对部分模型的功能标签，但是能找到正确的功能部分对于外形描述符来说就很难了。由于功能部分的特殊性，我们通过对功能部分的形态进行分析，进而进行后续应用的开发，可以获得很好的效果。

13.4.2 人体模型扩展性分析

我们之前进行的各种实验中，人体模型库没有改变过，均由包含 6 类姿态的完整人体模型组成，但这并不意味着我们的检测方法只能用于检测这 6 类日常生活中常用的模型，也不代表我们的方法只对完整的人体模型所对应的功能有效。只要添加新的设计合理的介质模型，我们的功能检测方法同样可以检测新类别的模型，新的介质模型可以是新人体模型，也可以是人体模型的特定一部分。

在此处我们设计了一组全新的模型数据库，并根据这些全新的物体模型设计了对应的模型，新的模型只有手的部分，因为这些新模型是为了区分手部动作以及该动作可能对应的功能部分。我们选择的物体类别为手枪、螺丝刀和锤子，由于使用这 3 类物体的手部姿态不同，我们设计了对应的人体手部模型 (只有手部)。在新的物体模型库中，每类模型同样为 50 个，3 个作为训练集，其余的作为测试集，描述相互之间的契合程度的方法为轴向距离法。对新的模型数据进行了功能性检测、功能显著性检测等实验。功能性检测的实验结果如表 13-18 所示。

表 13-18 新类别的物体模型的检测结果

	手枪	螺丝刀	锤子
匹配比例/%	94	87	94
交互比例/%	95	93	91

设计的人体手部模型与部分模型的功能显著部分结果如图 13-38 所示。

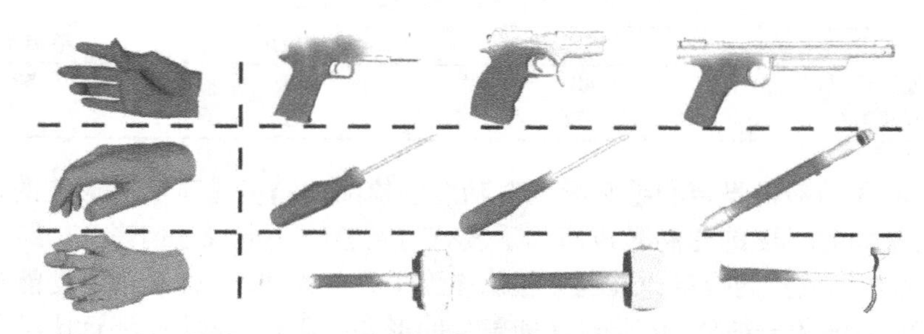

图 13-38 新类别的人体手部模型、物体模型及显著性检测结果展示

可见我们的实验方法是可以进行功能扩展的，而且人体模型扩展后获得的实验效果依然优秀。

不过如果使用的人体模型库变得越来越大，测试过程会变得越来越冗余而且耗时，生成的特征向量也会因为维数太多而变得无法使用，因此还不能说我们方法的扩展性是很优秀的，要怎样做才能真正地实现人体模型自由扩展，需要进行进一步的探讨和研究。

13.4.3 物体模型尺寸分析

在介绍数据库的时候我们特意强调过，在预处理模型的过程中，不仅要调用方法 [190] 确保三维模型是正向向上的，还需要调整三维模型的尺寸使其相对于人体模型的尺寸来说是合理的。这一过程非常重要，一旦进入测试过程的三维模型尺寸过于不合理，我们的方法会彻底失效，曾经针对物体模型的尺寸问题专门进行过实验。

从我们构建的三维模型数据库中分别取出 16 个椅子的模型和 16 个桌子的模型 (已经调整过尺寸) 对其进行尺寸缩放，将每类模型的前 4 个模型的尺寸缩小 10%，第 5 个到第 8 个模型的尺寸放大 10%，第 9 个到第 12 个模型的尺寸缩小 50%，最后 4 个模型放大 50%。然后调用功能性检索方法对这 32 个模型进行检测，检测的精度如表 13-19 所示。

表 13-19 尺寸缩放实验的检测结果

	小比例缩放	大比例缩放
匹配比例/%	94	0
交互比例/%	100	0

部分交互结果如图 13-39 所示。

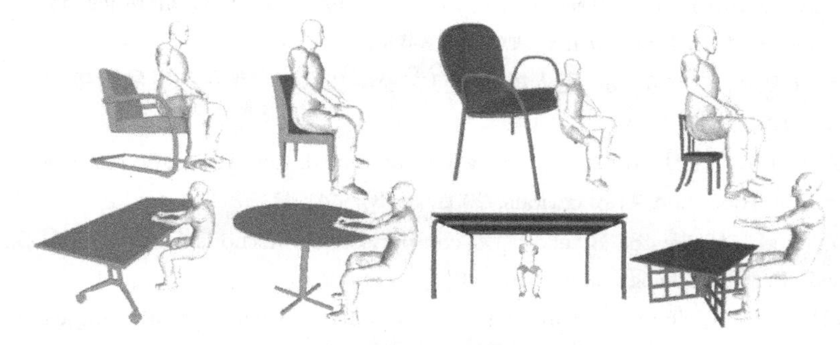

图 13-39 尺寸缩放实验中部分检测结果展示

可见目前我们的功能性检测方法完全无法处理尺寸不合理的待检测模型，究其原因，是我们的方法依赖于我们提出的交互概念，既是交互，就需要参与交互的两个对象之间要有合理的尺寸关系。一旦尺寸关系不合理，即使原则上可以交互的物体也无法交互了，例如人不可能坐在支撑面只有自己屁股一半大小的扶手椅上。

如何自动处理三维物体模型的尺寸使其变得合理是目前我们无法解决的最大难题，眼下只能采用人工的方法进行调整，导致该任务成为我们构建数据库的过程中最耗时费力的步骤。

由于交互的概念，我们的检测方法无法像某些几何特征那样做到旋转不变和缩放不变，同时由于同类物体模型之间外形和结构的多样性，我们无法提出一个通用的合理规则来自动调整物体模型的尺寸，通过一些途径也确认了目前并没有一个现成的方法可以用于解决该问题。实现三维物体模型尺寸的自适应调整或者采用某种方法使我们的功能检测方法达到对缩放的鲁棒是接下来最重要的任务之一。

参 考 文 献

[1] Quattoni A, Torralba A. Recognizing indoor scenes. IEEE Conference on Computer Vision and Pattern Recognition, 2009: 413-420.

[2] 朱华勇, 牛轶峰, 沈林成, 等. 无人机系统自主控制技术研究现状与发展趋势. 国防科技大学学报, 2010, 32(3): 115-120.

[3] Tangelder J W, Veltkamp R C. A survey of content based 3D shape retrieval methods. Multimedia Tools and Applications, 2008, 39(3): 441-471.

[4] Lian Z, Godil A, Bustos B, et al. A comparison of methods for non-rigid 3D shape retrieval. Pattern Recognition, 2013, 46(1): 449-461.

[5] Liu Z B, Bu S H, Zhou K, et al. A survey on partial retrieval of 3D shapes. 计算机科学技术学报 (英文版), 2013, 28(5): 836-851.

[6] Jain V, Zhang H. A spectral approach to shape-basedretrieval of articulated 3D models. Computer-Aided Design, 2007, 39(5): 398-407.

[7] Smeets D, Fabry T, Hermans J, et al. Isometric deformation modelling for object recognition. Lecture Notes in Computer Science, 2009, 5702: 757-765.

[8] Cornea N D, Demirci M F, Silver D, et al. 3D object retrieval using many-to-many matching of curve skeletons. In Proceedings of Shape Modeling and Applications. 1994: 368-373.

[9] Mohamed W, Hamza A B. Reeb graph path dissimilarity for 3D object matching and retrieval. Visual Computer, 2012, 28(3): 305-318.

[10] Gao Y, Tang J, Hong R, et al. Camera constraint-free view-based 3-D object retrieval. Image Processing IEEE Transactions on, 2012, 21(4): 2269-2281.

[11] Johnson A E, Hebert M. Using spin images for efficient object recognition in cluttered 3D scenes. IEEE Transactions on Pattern Analysis & Machine Intelligence, 1999, 21(5): 433-449.

[12] Sipiran I, Bustos B, Schreck T. Data-aware 3D partitioning for generic shape retrieval. Computers & Graphics, 2013, 37(5): 460-472.

[13] Knopp J, Prasad M, Willems G, et al. Hough transform and 3D surf for robust three dimensional classification. In Proc. ECCV. 2010: 589-602.

[14] 朱新懿, 耿国华. 使用形状变化描述三维模型. 计算机应用研究, 2015, 32(3): 922-924.

[15] Lecun Y, Bengio Y, Hinton G. Deep learning. Nature, 2015, 1(7553): 436-444.

[16] 陈超. 基于视觉先验模型的极化 SAR 图像分类研究. 西安电子科技大学, 2014.

[17] Bu S, Liu Z, Han J, et al. Learning high-level feature by deep belief networks for

3-D model retrieval and recognition. IEEE Transactions on Multimedia, 2014, 16(8): 2154-2167.

[18] Karhunen J, Raiko T, Cho K H. Chapter 7-Unsupervised Deep Learning: A Short Review. Advances in Independent Component Analysis and Learning Machines. Elsevier Ltd, 2015.

[19] Lecun Y, Boser B, Denker J S, et al. Backpropagation applied to handwritten zip code recognition. Neural Computation, 1989, 1(4): 541-551.

[20] Cortes C, Vapnik V. Support-vector networks. Machine Learning, 1995, 20(3): 273-297.

[21] 郭丽丽, 丁世飞. 深度学习研究进展. 计算机科学, 2015, 42(5): 28-33.

[22] Hinton G E, Osindero S, Teh YW. A fast learning algorithm for deep belief nets. Neural Computation, 2006, 18(7): 1527-1554.

[23] Schölkopf B, Platt J, Hofmann T. Greedy layer-wise training of deep networks. In NIPS. 2007:153-160.

[24] Salakhutdinov R, Hinton G E. Deep boltzmann machines. In 12th Internationcal Conference on Artificial Intelligence and Statistics (AISTATS), 2009: 1967-2006.

[25] Krizhevsky A, Sutskever I, Hinton G E. ImageNet classification with deep convolutional neural networks. Advances in Neural Information Processing Systems, 2012, 25(2): 2012.

[26] Hinton G E. Training products of experts by minimizing contrastive. Neural Computation, 2003, 14(8): 1771-1800.

[27] Bengio Y. Deep Learning of representations: looking forward. Lecture Notes in Computer Science, 2013, 7978: 1-37.

[28] Ranzato M, Huang F J, Boureau Y L, et al. Unsupervised learning of invariant feature hierarchies with applications to object recognition. Computer Vision and Pattern Recognition, 2007. CVPR '07. IEEE Conference on. IEEE, 2007: 1-8.

[29] 张建明, 詹智财, 成科扬, 等. 深度学习的研究与发展. 江苏大学学报 (自然科学版), 2015, (2): 191-200.

[30] 陈骏, 傅成华, 郭辉. 智能优化算法优化 BP 神经网络的函数逼近能力研究. 软件导刊, 2015(4): 70-72.

[31] Oliva A, Torralba A. Modeling the shape of the scene: a holistic representation of the spatial envelope. International Journal of Computer Vision, 2001, 42(3): 145-175.

[32] Dalal N, Triggs B. Histograms of oriented gradients for human detection. IEEE Conference on Computer Vision & Pattern Recognition, 2005: 886-893.

[33] Lowe D G. Distinctive image features from scale-invariant keypoints. International Journal of Computer Vision, 2004: 91-110.

[34] Bay H, Ess A, Tuytelaars T, et al. Speeded-up robust features (SURF). Computer Vision & Image Understanding, 2008, 110(3): 346-359.

[35] Lafferty J, Mccallum A, Pereira F. Conditional random fields: Probablistic models for segmenting and labeling sequence data. Icml, 2001: 282-289.

[36] Le Q V, Zou W Y, Yeung S Y, et al. Learning hierarchical invariant spatio-temporal features for action recognition with independent subspace analysis. IEEE Conference on Computer Vision & Pattern Recognition. IEEE Computer Society, 2011: 3361-3368.

[37] Lee H, Grosse R, Ranganath R, et al. Convolutional deep belief networks for scalable unsupervised learning of hierarchical representations. In International Conference on Machine Learning, 2009: 609-616.

[38] Donahue J, Jia Y, Vinyals O, et al. DeCAF: a deep convolutional activation feature for generic visual recognition. University of California Berkeley Brigham Young University, 2013: 647-655.

[39] Clément F, Camille C, Laurent N, et al. Learning hierarchical features for scene labeling. IEEE Transactions on Pattern Analysis & Machine Intelligence, 2013, 35(8): 1915-1929.

[40] Kae A, Sohn K, Lee H, et al. Augmenting CRFs with boltzmann machine shape priors for image labeling. IEEE Conference on Computer Vision & Pattern Recognition, 2013: 2019-2026.

[41] Shuhui B, Pengcheng H, Zhengbao L, et al. Scene parsing using inference embedded deep networks. Pattern Recognition, 2016.

[42] Krizhevsky A, Sutskever I, Hinton G E. ImageNet classification with deep convolutional neural networks. Advances in Neural Information Processing Systems, 2012, 25(2): 2012.

[43] Sermanet P, Eigen D, Zhang X, et al. OverFeat: integrated recognition, localization and detection using convolutional Networks. Eprint Arxiv, 2013.

[44] 南阳, 白瑞林, 李新. 卷积神经网络在喷码字符识别中的应用. 光电工程, 2015, (4): 38-43.

[45] 蔡娟, 蔡坚勇, 廖晓东, 等. 基于卷积神经网络的手势识别初探. 计算机系统应用, 2015, (4): 113-117.

[46] Li H, Lin Z, Shen X, et al. A convolutional neural network cascade for face detection. 2015 IEEE Conference on Computer Vision and Pattern Recognition (CVPR). IEEE Computer Society, 2015: 5325-5334.

[47] Hecht-Nielsen R. Theory of the backpropagation neural network. Neural Networks, 1988, 1(1): 65-93.

[48] Bouvrie J. Notes on convolutional neural networks. Neural Nets, 2006.

[49] Krizhevsky A, Sutskever I, Hinton G E. ImageNet classification with deep convolutional neural networks. In NIPS, 2013.

[50] Radhakrishna A, Appu S, Kevin S, et al. SLIC superpixels compared to state-of-the-art superpixel methods. IEEE Transactions on Pattern Analysis & Machine Intelligence, 2012, 34(11): 2274-2282.

[51] Boykov O, Veksler Y, Zabih R. Fast approximate energy minimisation via graph cuts. IEEE, 2001, 1(11): 1222-1239.

[52] Boykov Y, Kolmogorov V. An Experimental comparison of min-cut/max-flow algorithms for energy minimization in vision. Pattern Analysis & Machine Intelligence IEEE Transactions on, 2004, 26(9): 1124-1137.

[53] Liu C, Yuen J, Torralba A. Nonparametric scene parsing via label transfer. Dense Image Correspondences for Computer Vision. Springer International Publishing, 2016: 2368-2382.

[54] Everingham M, Eslami S M A, Gool L V, et al. The pascal visual object classes challenge: a retrospective. International Journal of Computer Vision, 2015, 111(1): 98-136.

[55] Everingham M, Gool L V, Williams C K I, et al. The pascal visual object classes (VOC) challenge. International Journal of Computer Vision, 2010, 88(2): 303-338.

[56] Hilaga M, Shinagawa Y, Kohmura T, et al. Topology matching for fully automatic similarity estimation of 3D shapes. Proceedings of the 28th annual conference on Computer graphics and interactive techniques. ACM, 2001: 203-212.

[57] Bronstein M M, Kokkinos I. Scale-invariant heat kernel signatures for non-rigid shape recognition. Computer Vision and Pattern Recognition (CVPR), 2010 IEEE Conference on. IEEE, 2010: 1704-1711.

[58] Shapira L, Shamir A, Cohen-Or D. Consistent mesh partitioning and skeletonisation using the shape diameter function. Visual Computer, 2008, 24(4): 249-259.

[59] Peyré G, Cohen L D. Geodesic remeshing using front propagation. International Journal of Computer Vision, 2006, 69(1): 145-156.

[60] Bu S, Han P, Liu Z, et al. Shift-invariant ring feature for 3D shape. Visual Computer International Journal of Computer Graphics, 2014, 30(6-8): 867-876.

[61] Bu S, Han P, Liu Z, et al. Local deep feature learning framework for 3D shape. Computers & Graphics, 2015, 46: 117-129.

[62] Lin J, Yang Y, Lu T, et al. Mesh segmentation by local depth. 2010 Second International Conference on Computer Modeling and Simulation, 2010.

[63] Giorgi D, Biasotti S, Paraboschi L. Shape retrieval contest 2007: watertight models track. Shrec Competition, 2007.

[64] Bronstein A M, Bronstein M M, Kimmel R. Numerical geometry of non-rigid shapes. Monographs in Computer Science, 2009.

[65] Rozmus M, Skalba P. SCAPE: shape completion and animation of people. Acm Transactions on Graphics, 2005, 24(3): 408-416.

[66] Siddiqi K, Zhang J, Macrini D, et al. Retrieving articulated 3-D models using medial surfaces. Machine Vision & Applications, 2008, 19(4): 261-275.

[67] Bronstein A M, Bronstein M M, Guibas L J, et al. Shape google: Geometric words and expressions for invariant shape retrieval. Acm Transactions on Graphics, 2011, 30(1):

623-636.

[68] Freund Y, Haussler D. Unsupervised learning of distributions on binary vectors using two layer networks. Advances in Neural Information Processing Systems, 1999, 4: 912-919.

[69] Hinton G E. Training products of experts by minimizing contrastive. Neural Computation, 2003, 14(8): 1771-1800.

[70] 杨春德, 张磊. 基于自适应深度置信网络的图像分类方法. 计算机工程与设计, 2015, (10): 2832-2837.

[71] 赵志勇, 李元香, 喻飞, 等. 基于极限学习的深度学习算法. 计算机工程与设计, 2015, (4): 1022-1026.

[72] Lian Z, Godil A, Sun X. Visual similarity based 3D shape retrieval using bag-of-features. Shape Modeling International Conference. IEEE Computer Society, 2010: 25-36.

[73] Sandler B, Grofova M, Smirnoff P, et al. Rotation invariant spherical harmonic representation of 3D shape descriptors. Proceedings of the 2003 Eurographics/ACM SIGGRAPH symposium on Geometry processing. Eurographics Association, 2003: 156-164.

[74] 林开颜，吴军辉，徐立鸿. 彩色图像分割方法综述. 中国图像图形报, 2005, 10(1): 1-10.

[75] Cheng H D, Jiang X H, Sun Y, et al. Color image segmentation: advances and prospects. Pattern Recognition, 2001, 34(6): 2259-2281.

[76] Faber V. Clustering and the continuous k-means algorithm. Los Alamos Science, 1994, (22): 138-144.

[77] Mangan A，Whitaker R. Partitioning 3D surface meshes using watershed segmentation. IEEE Transactions on Visualization and Computer Graphics, 1999, 5(4): 308-321.

[78] Kalogerakis E, Hertzmann A, Singh K. Learning 3D mesh segmentation and labeling. ACM Transactions on Graphics, 2010, 29(4): 157-166.

[79] Sidi O, van Kaick O, Kleiman Y, et al. Unsupervised co-segmentation of a set of shapes via descriptor-space spectral clustering. ACM Transactions on Graphics, 2015, 30(6): 126: 1-126: 10.

[80] 王广君, 田金文, 柳健. 基于四叉树结构的图像分割技术. 红外与激光工程, 2001, 30(1): 12-15.

[81] 屈彬, 王景熙. 一种基于区域生长规则的快速边缘跟踪算法. 四川大学学报, 2002, 34(2): 10-14.

[82] 季虎, 孙即祥, 邵晓芳, 等. 图像边缘提取方法及展望. 计算机工程与应用, 2004, 40(14): 70-73.

[83] Iyengar S S, Deng W. An efficient edge detection algorithm using relaxing labeling technique. Pattern Recognition, 1995, 28(4): 519-536.

[84] Schalkoff R J. Pattern Recognition: Statistical, Structural and Neural Approaches. New York: John Wiley and Sons, 1992.

[85] Kanungo T, Mount D M, Netanyahu N S, et al. A local search approximation algorithm for k-means clustering. 18th Annual ACM Symposium on Computational Geometry (SoCG'02), Barcelona, Spain. 2002: 10-18.

[86] Dulyyakarn P, Rangsanseri Y. Fuzzy C-means clustering using spatial information with application to remote sensing. 22nd Asian Conference on Remote Sensing. Singapore. 2001: 212-215.

[87] Sander P V, Snyder J, Gorter S J, et al. Texture Mapping Progressive Meshes. Proceedings of SIGGRAPH 20011 NewYork. USA: ACM, 2001: 409-416.

[88] Lévy B, Petitjean S, Ray N, et al. Least squares conformalmaps for automatic texture atlas generation. ACM Transactions on Graphics, 2002, 21 (3): 362-371.

[89] Zhou K, Wang X, Tong Y, et al. TextureMontage: seam less texturing of arbitrary surfaces from multiple images. ACM Transactions on Graphics, 2005, 24 (3): 1148-1155.

[90] Sander P V, Wood Z J, Gortler S J, et al. Multi2chart geometry images. Eurographics Symposium on Geometry Processing.Switzerland: Eurographics Association Aire2la2Ville, 2003: 146-155.

[91] Lee A W F, Sweldens W, Peter S, et al. MAPS: multiresolution adaptive parameterization of surfaces. Proceeding of SIGGRAPH New York. USA: ACM, 1998: 95-104.

[92] Sorkine O, Cohen-Or D, Goldenthal R, et al. Bounded-distortion piecewise mesh parameterization. Proceedings of the conference on Visualization. Washington, USA: IEEE Computer Society, 2002: 355-362.

[93] JamesD L, Twigg C D. Skinning mesh animations. ACM Transactions on Graphics, 2005, 24 (3): 399-407.

[94] Der K G, Sumner R W, Popovié J. Inverse kinematics for reduced deformable models. ACM Transactions on Graphics, 2006, 25 (3): 1174-1179.

[95] Shamir A. A formulation of boundary meshes segmentation. Proceedings of the 2nd Symposium on 3D Data Processing. Visualization and Transmission. Washington, USA: IEEE Computer Society, 2004: 82-89.

[96] Attene M, Katz S, Mortara M, et al. Mesh segmentation-A comparative study. Proceedings of the IEEE International Conference on Shape Modeling and App lications. WashingtonDC, USA: IEEE Computer Society, 2006: 14225.

[97] Sun X P, Li H. A survey of 3D meshes model segmentation and application. Journal of Computer Aided Design & Computer Graphics, 2005, 17 (8): 164721655.

[98] Garland M, Willmott A, Heckbert P. Hierarchical face clustering on polygonal surfaces. Proceedings of ACM Symposium on Interactive 3D Graphics. New York, USA: ACM, 2001: 49-58.

[99] Lee Y, Lee S, Shamir A, et al. Intelligentmesh scissoring using 3D snakes. Proceedings of the 12th Pacific Conference on Computer Graphics and App lications. Washington

DC, USA:IEEE Computer Society, 2004: 279-287.

[100] Katz S, Leifman G, Tal A. Mesh segmentation using feature point and core extraction. The Visual Computer, 2005, 21 (8210): 8652875.

[101] 褚一平. 基于条件随机场模型的视频目标分割算法研究. 杭州：浙江大学，2007.

[102] 陈晴. 基于条件随机场的自动分词技术的研究. 硕士学位论文. 沈阳：东北大学, 2004.

[103] McCallum A, Freitag D, Pereira F C N. Maximum entropy markov models for information extraction and segmentation. ICML. 2000: 591-598.

[104] Eddy S R. Hidden markov models. Current opinion in structural biology, 1996, 6(3): 361-365.

[105] 韩雪冬，周彩根. 条件随机场理论综述. 中国科技论文在线, 2003, 3 (22): 45~56.

[106] Zheng Y, Tai C L, Au K C. Dot scissor: a single-click Interface for mesh segmentation. IEEE Trans. Vis. Comp. Graphics.

[107] Sethian J. Level Set Methods and Fast MarchingMethods Evolving Interfaces in Computational Geometry, Fluid Mechanics, Computer Vision, and Materials Science. Cambridge University Press, London, 1st edition, 1999.

[108] Shapira L, Shamir A, Cohen-Or D. Consistent mesh partitioning and skeletonisation using the shape diameter function. The Visual Computer, 2008, 24(4): 249-259.

[109] Bilmes J A. A gentle tutorial on the em algorithm and its application to parameter estimation for gaussian mixture and hidden markov models. 1997.

[110] Boykov Y, Veksler O, Zabih R. Fast approximate energy minimization via graph cuts. IEEE Transactions on Pattern Analysis and Machine Intelligence, 2001, 23(11): 1222-1239.

[111] Benhabiles H, Vandeborre J P, Lavoué G, et al. A comparative study of existing metrics for 3D-mesh segmentation evaluation. Vis Comput, 2010, 26(12): 1451-1466.

[112] Chen X, Golovinskiy A, Funkhouser T.A benchmark for 3D meshes segmentation. ACM Trans Graph, 2009, 28(3): 341-352.

[113] Huang Q, Dom B. Quantitative methods of evaluating image segmentation. In: Proceedings of IEEE international conference on image processing, 1995: 53-56.

[114] Osada R, Funkhouser T, Chazelle B, et al. Shape distributions. ACM Trans Graph 2002, 21(4): 807-832.

[115] Rand W. Objective criteria for the evaluation of clusteringmethods. Journal of the American Statistical Association 66, 1971: 846-850.

[116] Martin D, Fowlkes C, Tal D, et al. A database of human segmented natural images and its application to evaluating segmentation algorithms and measuring ecological statistics. In in Proc. 8th Intl Conf. Computer Vision, 2001: 416-423.

[117] Ip C Y, Lapadat D, Sieger L, et al. Using shape distributions to compare solid models. ACM Symposium on Solid and Physical Modeling. Proceedings of the seventh ACM

symposium on Solid modeling and applications, Saarbrücken, Germany: ACM, 2002: 273-280.

[118] Hou S, Lou K, Ramani K. Svm-based semantic clustering and retrieval of a 3dmodel database. Computer Aided Design and Application, 2005, 2: 155-164.

[119] Kendall D G, Barden D, Carne T K, Le H. Shape and Shape Theory. Wiley Series in Probability and Statistics, 1999.

[120] Lian Z, Rosin P L, Sun X. Rectilinearity of 3D meshes. International Journal of Computer Vision, 2010b, 89(2-3): 130-151.

[121] Lian Z, Godil A, Sun X. Visual similarity based 3D shape retrieval using bag-of-features. Shape modeling international, 2010a: 25-36.

[122] Elad A, Kimmel R. On bending invariant signatures for surface. IEEE Transactions on Pattern Analysis and Machine Intelligence, 2003, 25(10): 1285-1295.

[123] Lian Z, Godil A, Xiao J. Feature-preserved 3D canonical form. International Journal of Computer Vision, 2013: 221-238.

[124] Cox M A, Cox T F. Multidimensional scaling. London/New York: Chapman and Hall. 1994.

[125] Borg I, Groenen P. Modern Multidimensional Scaling-Theory and Applications. Berlin: Springer, 1997.

[126] Faloutsos C, Lin K D. A fast algorithm for indexing, datamining and visualisation of traditional and multimedia datasets. In Proc. ACM SIGMOD, 1995: 163-174.

[127] Chen D Y, Tian X P, Shen Y T, et al. On visual similarity based 3D model retrieval. In Proc. Eurographics 2003, 2003: 223-232.

[128] Lian Z, Godil A, Sun X, et al. Non-rigid 3D shape retrieval using multidimensional scaling and bag-of-features. In Proc. international conference on image processing (ICIP 2010), 2010b: 3181-3184.

[129] Ohbuchi R, Osada K, Furuya T, et al. Salient local visual features for shape-based 3D model retrieval. Shape Modeling International (SMI08), 2008: 93-102.

[130] Wang X L, Liu Y, Zha H. A subspace decomposition approach to understanding 3D deformable shapes. In Proceedings of the Fifth International Symposium 3D Data Processing, Visualization and Transmission (3DPVT'10), 2010: 17-20.

[131] Ovsjanikov M, Bronstein A M, Guibas L J, et al. Shape google: a computer vision approach to invariant shape retrieval. InProc. NORDIA09, 2009: 320-327.

[132] Johnson A E, Hebert M. Using spin images for efficient object recognition in cluttered 3D scenes. IEEE Transactions on Pattern Analysis and Machine Intelligence, 1999, 21(5): 433-449.

[133] Mmoli F, Sapiro G. A theoretical and computational framework for isometry invariant recognition of point cloud data. Foundations of Computational Mathematics, 2005, 5(3): 313-347.

[134] Reuter M, Wolter F E, Peinecke N. Laplacespectra as fingerprints for shape matching. SPM05, 2005: 101-106.

[135] Shao T J, Xu W W, Zhou K, et al. An interactive approach to semantic modeling of indoor scenes with an RGBD camera. ACM Trans. Graph, 2012, 31(6): 136.

[136] Arbelaez P, Maire M, Fowlkes C, et al. Contour detection and hierarchical image segmentation. TPAMI, 2011.

[137] Martin D, Fowlkes C, Malik J. Learning to detect naturalimage boundaries using local brightness, color and texturecues. TPAMI, 2004.

[138] Silberman N, Fergus R. Indoor scene segmentation using a structured light sensor. In Proceedings of the International Conference on Computer VisionWorkshop on 3D Representation and Recognition, 2011.

[139] Fanelli G, Weise T, Gall J, et al. Real-time head pose estimation from consumer depth cameras. In Proceedingsof the 33rd international conference on Pattern Recognition, Springer-Verlag, Berlin, Heidelberg, DAGM'11, 2011: 101-110.

[140] Breiman L, Friedman J, Olshen R, et al. Classification and regression Trees. Wadsworth and Brooks, Monterey, CA, 1984.

[141] Breiman L. Random forests. Mach. Learn. 2001, 45(1): 5-32.

[142] Zernike F. Beugungstheorie des Schneidenverfahrens und Seiner Verbesserten Form, der Phasenkontrastmethode. Physica 1, 1934, (8): 689-704.

[143] 王鑫. 人体工程学. 北京: 中国青年出版社，2012: 1-73.

[144] 丁玉兰. 人机工程学. 北京：北京理工大学出版社，2011: 84-132.

[145] Kim V G, Chauhuri S, Guibas L, et al. Shape 2Pose: human-centric shape analysis. ACM Trans. Graph., 2014, 33(4): 120: 1-120: 10.

[146] Manolis S, Chang A X, Hanrahan P, et al. Scene grok: inferring action maps in 3D environments. ACM Trans. Graph., 2014, 33(6): 212: 1-212: 10.

[147] Liu T, Yuan Z, Sun J, et al. Learning to detect a salient object. IEEE Trans. Pattern Anal. Mach.Intell., 2011, 33(2): 353-367.

[148] Guo C, Ma Q, Zhang L. Spatio-temporal saliency detection using phase spectrum of quaternion fourier transform. In Proc. IEEE Conf. Comput. Vis. Pattern Recognit. (CVPR), Anchorage, Alaska, USA, Jun. 2008: 1-8.

[149] Hou X, Zhang L. Saliency detection: A spectral residual approach. In Proc. IEEE Conf. Comput. Vis. Pattern Recognit. (CVPR), Minneapolis, Minnesota, USA, Jun. 2007: 1-8.

[150] Goferman S, Zelnik-Manor L, Tal A. Context-aware saliency detection. IEEE Trans. Pattern Anal. Mach. Intell., 2012, 34(10): 1915-1926.

[151] Li X, Li Y, Shen C, et al. Contextual hypergraph modeling for salient object detection. In Proc. IEEE Int.Conf. Comput. Vis. (ICCV), Sydney, Australia, Dec. 2013: 3328-3335.

[152] Sun J, Lu H, Liu X. Saliency region detection based on markov absorption probabilities. IEEE Trans. Image Process., 2015, 24(5): 1639-1649.

[153] Han J, Zhang D, Cheng G, et al. Object detection in optical remote sensing images based on weakly supervised learning andhigh-level feature learning. IEEE Trans. Geosci. Remote Sens., 2015, 53(6): 3325-3337.

[154] Han J, Zhou P, Zhang D, et al. Efficient, simultaneous detection of multi-class geospatial targets based on visual saliency modeling and discriminative learning of sparse coding. ISPRS J. Photogramm. Remote Sens., 2014, 89: 37-48.

[155] Guy G, Medioni G. Inference of surfaces, 3D curves, and junctions from sparse, noisy, 3D data. IEEE Trans. Pattern Anal. Mach. Intell., 1997, 19(11): 1265-1277.

[156] Yee H, Pattanaik S, Greenberg D P. Spatiotemporal sensitivity and visual attention for efficient rendering of dynamic environments. ACM Trans. Graph., 2001, 20(1): 39-65.

[157] Pauly M, Keiser R, Gross M. Multi-scale feature extraction on point-sampled surfaces. Comput. Graph. Forum, 2003, 22(3): 281-289.

[158] Lee C H, Varshney A, Jacobs D W. Mesh saliency. ACM Trans. Graph., 2005, 24(3): 659-666.

[159] Gal R, Cohen-Or D. Salient geometric features for partial shape matching and similarity. ACM Trans. Graph., 2006, 25(1): 130-150.

[160] Shilane P, Funkhouser T. Distinctive regions of 3D surfaces. ACM Trans. Graph., 2007, 26(2): 7:1-7:15.

[161] Castellani U, Cristani M, Fantoni S, et al. Sparse points matching by combining 3D mesh saliency with statistical descriptors. Comput. Graph. Forum, 2008, 27(2): 643-652.

[162] Feixas M, Sbert M, Gonz' alez F. A unified information-theoretic framework for viewpoint selection and mesh saliency. ACM Trans. Appl. Percept., 2009, 6(1): 1:1-1:23.

[163] Kim Y, Varshney A, Jacobs D W, et al. Mesh saliency and human eye fixations. ACM Trans. Appl. Percept., 2010, 7(2): 12:1-12:13.

[164] Han J, Zhang D, Wen S, et al. Two-stage Learning to predict human eye fixations via SDAEs. IEEE Trans. Cybern., 2015, 46(99): 487-498.

[165] Chen X, Saparov A, Pang B, et al. Schelling points on 3D surface meshes. ACM Trans. Graph., 2012, 31(4): 29:1-29:12.

[166] Song R, Liu Y, Martin R R, et al. Mesh saliency via spectral processing. ACM Trans. Graph., 2014, 33(1): 6:1-6:17.

[167] Tangelder J W, Veltkamp R C. A survey of content based 3D shape retrieval methods. Multimedia Tools Appl., 2008, 39(3): 441-471.

[168] Liu Z B, Bu S H, Zhou K, et al. A survey on partial retrieval of 3D shapes. J. Comput. Sci. Technol., 2013, 28(5): 836-851.

[169] Rustamov R M. Laplace-beltrami eigenfunctions for deformation invariant shape representation. In Proc. Eurographics Symp. Geom. Process. (SGP), Barcelona, Spain, Jul. 2007: 225-233.

[170] Wu H Y, Zha H, Luo T, et al. Global and local isometry-invariant descriptor for 3D shape comparison and partial matching. In Proc. IEEE Conf. Comput. Vis. Pattern Recognit. (CVPR), San Francisco, CA, USA, Jun. 2010: 438-445.

[171] Bronstein M, Kokkinos I. Scale-invariant heat kernel signatures for non-rigid shape recognition. In Proc. IEEE Conf. Comput. Vis. Pattern Recognit. (CVPR), San Francisco, CA, USA, Jun. 2010: 1704-1711.

[172] Dey T, Li K, Luo C, et al. Persistent Heat signature for pose-oblivious matching of incomplete models. Comput. Graph. Forum, 2010, 29(5): 1545-1554.

[173] Bronstein M, Bronstein M M, Guibas L J, et al. Shape google: Geometric words and expressions for invariant shape retrieval. ACM Trans. Graph., 2011, 30(1): 1:1-1:20.

[174] Lavou'e G. Combination of bag-of-words descriptors for robust Partial shape retrieval. Visual Comput., 2012, 28(9): 931-942.

[175] Bu S, Liu Z, Han J, et al. Learning high-level feature by deep belief networks for 3-D model retrieval and recognition. IEEE Trans. Multimedia, 2014, 16(8): 2154-2167.

[176] Bu S, Cheng S, Liu Z, et al. Multimodal feature fusion for 3D shape recognition and retrieval. IEEE Multimedia, 2014, 21(4): 38-46.

[177] Cornea N, Demirci M, Silver D, et al. 3D object retrieval using many-to-many matching of curve skeletons. In Proc. Shape Model. Int. (SMI), Cambridge, MA, USA, Jun. 2005: 366-371.

[178] Biasotti S, Marini S, Spagnuolo M, et al. Sub-part correspondence by structural descriptors of 3D shapes. Comput. Aided Des., 2006, 38(9): 1002-1019.

[179] Shapira L, Shalom S, Shamir A, et al. Contextual part analogies in 3D objects. Int. J. Comput. Vis., 2010, 89(2-3): 309-326.

[180] Lian Z, Godil A, Bustos B, et al. and retrieval, Pattern Recogn., 2013, 46(1): 449-461.

[181] Jain V, Zhang H. A spectral approach to shape-based retrieval of articulated 3D models. Comput. Aided Des., 2007, 39(5): 398-407.

[182] Gao Y, Wang M, Zha Z J, et al. Less is more: Efficient 3-D object retrieval with query view selection. IEEE Trans. Multimedia, 2011, 13(5): 1007-1018.

[183] Liu Y S, Ramani K, Liu M. Computing the inner distances of volumetric models for articulated shape description with a visibility graph. IEEE Trans. Pattern Anal. Mach. Intell., 2011, 33(12): 2538-2544.

[184] Gao Y, Tang J, Hong R, et al. Camera constraint-free view-based 3-D object retrieval. IEEE Trans. Image Process., 2012, 21(4): 2269-2281.

[185] Wang M, Gao Y, Lu K, et al. View-based discriminative probabilistic modeling for 3D object retrieval and recognition. IEEE Trans. Image Process., 2013, 22(4): 1395-1407.

[186] Gao Y, Wang M, Tao D, et al. 3-D object retrieval and recognition with hypergraph analysis. IEEE Trans. Image Process., 2012, 21(9): 4290-4303.

[187] Ji R, Xie X, Yao H, et al. Mining city landmarks from blogs by graph modeling. In Proc. ACM Int. Conf. Multimedia (MM), New York, NY, USA, Oct. 2009: 105-114.

[188] Papadakis P, Pratikakis I, Theoharis T, et al. PANORAMA: A 3D shape descriptor based on panoramic views for unsupervised 3D object retrieval. Int. J. Comput. Vis., 2010, 89(2-3): 177-192.

[189] Chen D Y, Tian X P, Shen Y T, et al. On visual similarity based 3D model retrieval. Comput. Graph. Forum, 2003, 22(3): 223-232.

[190] Fu H, Cohen-Or D, Dror G, et al, Upright orientation of man-made objects. ACM Trans. Graph., 2008, 27(3): 42:1-42:7.

[191] Han J, Zhang D, Hu X, et al. Background prior-based salient object detection via deep reconstruction residual. IEEE Trans. Circuits Syst. Video Technol., 2015, 25(8): 1309-1321.

[192] Li B, Lu Y, Li C, et al. SHREC 2014 Large Scale Dataset. [Online]. Available: http://www.itl.nist.gov/iad/vug/sharp/contest/2014/Generic3D/.

[193] Shilane P, Min P, Kazhdan M, et al. The Princeton Shape Benchmark. In Proc. of the Shape Model International(SMI), Washington, DC, USA, 2004, 105: 167-178.

[194] Kazhdan M, Funkhouser T, Rusinkiewicz S. Rotation invariant spherical harmonic representation of 3D shape descriptors. In Proc. Eurographics/ACM SIGGRAPH Symp. Geom. Process. (SGP), Aachen, Germany, Jun. 2003: 156-164.

[195] Liu Z, Chen S, Bu S, et al. High-level semantic feature for 3D shape based on deep belief networks. In Proc. IEEE Int. Conf. Multimedia Expo (ICME), Chengdu, Sichuan, China, Jul. 2014: 1-6.

[196] Shen Y T, Chen D Y, Tian X P, et al. 3D Model Search Engine Based on Lightfield Descriptors. 2003.

[197] Gupta S, Arbelaez P, Malik J. Perceptual organization and recognition of indoor scenes from rgb-dimages. IEEE, 2013: 564-571.